石竹　　　　　　　三色堇　　　　　　　矢车菊

凤仙花　　　　　　福禄考

矮牵牛　　　　　　千日红　　　　　　　紫罗兰

半枝莲　　　　　　万寿菊　　　　　　　金鱼草

百日草　　　　　　翠菊　　　　　　　　波斯菊

U0387244

一串红　　　　　　　麦秆菊　　　　　　　美女樱

肿柄菊　　　　　　　向日葵　　　　　　　蒲包花

孔雀草　　　　　　　香豌豆　　　　　　　白孔雀

雏菊　　　　　　　　香雪球　　　　　　　月见草

花葵　　　　　　　　羽衣甘蓝　　　　　　霞草

何氏凤仙　　　　　火炬花　　　　　四季秋海棠

红掌　　　　　　　白头翁　　　　　　桔梗

虾衣花　　　　　　五色梅　　　　　　迎春花

碧桃　　　　　　　爆竹花　　　　　　花菱草

瓜叶菊　　　　　　四季报春花　　　　菊花

芍药

鸢尾

荷包牡丹

荷兰菊

一枝黄花

君子兰

非洲菊

萱草

飞燕草

玉簪

天竺葵

金光菊

肥皂草

非洲紫罗兰

鹤望兰

剪夏罗

天蓝绣球

耧斗菜

蝴蝶兰

石斛

春兰

葱兰

卡特兰

大丽花

球根海棠

郁金香

百合

美人蕉

仙客来

马蹄莲

小苍兰　　　　　　　　风信子　　　　　　　　水仙花

蛇鞭菊　　　　　　　　唐菖蒲　　　　　　　　葡萄风信子

朱顶红　　　　　　　　大岩桐　　　　　　　　晚香玉

花叶芋　　　　　　　　天门冬　　　　　　　　文殊兰

铃兰　　　　　　　　　文竹　　　　　　　　　橡皮树

绿萝　　　　　　　观赏凤梨　　　　　　绿苋草

红叶甜菜　　　　　　三色苋　　　　　　　水竹

鹿角蕨　　　　　　　孔雀竹芋　　　　　　吊兰

蚌兰　　　　　　　　沿阶草　　　　　　　锦蔓长春

彩叶草　　　　　　　地肤　　　　　　　　西瓜皮椒草

吊竹梅　　　　　　　　　吉祥草　　　　　　　　　肾蕨

铁线蕨　　　　　　　　　一叶兰　　　　　　　　　鸟巢蕨

广东万年青　　　　　　　花叶万年青　　　　　　　含羞草

棕竹　　　　　　　　　　水塔花　　　　　　　　　虎尾兰

酒瓶兰　　　　　　　　　散尾葵　　　　　　　　　紫叶小檗

火炬树　　　　　　　　紫叶李　　　　　　　　常春藤

富贵竹　　　　　　　　八仙花　　　　　　　　牡丹

山茶花　　　　　　　　杜鹃　　　　　　　　　月季

玫瑰　　　　　　　　　栀子花　　　　　　　　扶桑

茉莉花　　　　　　　　一品红　　　　　　　　变叶木

米兰　　　　　白兰花　　　　　虎刺梅

龟背竹　　　　巴西木　　　　　石榴

腊梅　　　　　榆叶梅　　　　　五色椒

佛手　　　　　金桔　　　　　　代代

火棘　　　　佛肚竹　　　　冬珊瑚　　　　紫薇

紫藤　　　　　　　凌霄　　　　　　　　　银柳

白皮松　　　　六月雪　　　　结香　　　　榕树

桂花　　　　叶子花　　　　八角金盘　　　南天竹

双色茉莉　　　袖珍椰子　　　苏铁　　　　鹅掌柴

令箭荷花　　　昙花　　　　倒挂金钟　　　仙人掌

山影拳　　　　　　　蟹爪兰　　　　　　　仙人球

金琥　　　　　　　　芦荟　　　　　　　　龙舌兰

石莲花　　　　　　　生石花　　　　　　　项链掌

吊金钱　　　　沙鱼掌　　　　荷花　　　　睡莲

千屈菜　　　　荇菜　　　　凤眼兰　　　　香蒲

园林苗木繁育丛书

200种

花卉繁育与养护

200ZHONG HUAHUI
FANYU YU YANGHU

孙 颖 主编

化学工业出版社
·北京·

本书从绚丽多彩的植物世界中精选了近200种观赏性较强的花卉植物，并对书中每一种花卉植物的形态特征、生活习性、繁育管理、土壤选择、浇水施肥、光照、修剪、花果期管理、越冬避暑以及病虫害防治方法等，进行了详细的叙述。书中每一种花卉都配有精美的插图。本书通俗易懂，图文并茂，融科学性、知识性、实用性为一体。适合广大花卉种植户、养花爱好者、养花初学者、花木企业员工和园林工作者阅读使用。

图书在版编目（CIP）数据

　　200种花卉繁育与养护/孙颖主编. —北京：化学工业出版社，2015.1　（2025.6重印）
　　（园林苗木繁育丛书）
　　ISBN 978－7－122－22055－4

　　Ⅰ.①2…　Ⅱ.①孙…　Ⅲ.①花卉－观赏园艺　Ⅳ.①S68

　　中国版本图书馆CIP数据核字（2014）第239541号

责任编辑：李　丽　　　　　文字编辑：王新辉
责任校对：蒋　宇　　　　　装帧设计：IS溢思视觉设计工作室

出版发行：化学工业出版社
　　　　　（北京市东城区青年湖南街13号　邮政编码100011）
印　　装：河北延风印务有限公司
850mm×1168mm　1/32　印张10　彩插6　字数230千字
2025年6月北京第1版第11次印刷

购书咨询：010-64518888
售后服务：010-64518899
网　　址：http://www.cip.com.cn
凡购买本书，如有缺损质量问题，本社销售中心负责调换。

定　　价：39.00元　　　　　　　　　　　版权所有　违者必究

前言

我国花卉资源丰富，栽培历史悠久。它们千姿百态、色彩斑斓，不仅把世界装点得优雅自然、妙趣横生，也是人类与自然和谐、共生的纽带。花卉是美好、吉祥、友谊的象征。花卉可栽植在园林中美化环境，也可盆栽，使人赏心悦目，振奋精神，消除疲劳，有益于身心健康。

随着人们生活水平的提高，花卉生产正在迅猛发展，形势喜人。养花已成为人们日常生活中的一种时尚。养花其实是门既简单又复杂的学问，如果我们用心去认识花，抓准养护要点，精心照料花卉，其实养好花很简单；如果我们不了解花的习性，不能对症下药，养好花就变成很难、很复杂的工作。不同的花就像是不同个性的人，都有自己的喜好。因此，养花前我们要充分了解各种花卉的习性，了解花的浇水量、施肥量等具体的养护知识，这样才能做到科学合理的养护。

为了使园艺爱好者更好地掌握花卉种植养护知识，编者翻阅了各种资料并结合自己的种植养护心得编写了此书。编者选取了200种日常生活中具备较高观赏性的花卉植物，从植物的生活习性入手，分析、讲解了每种花卉所需的温度、光照、水分和湿度、施肥等条件以及各种花卉的繁育技术，园艺爱好者可以根据自己的需求选择适宜的植物。

本书由孙颖主编，崔培雪、李秀梅、吕宏立、张向东、徐桂清、杨翠红参与了本书的文字校对工作。

本书通俗易懂，图文并茂，系融科学性、知识性、实用性为一体的科普读物，适用于养花爱好者、养花初学者和学生、广大花卉种植户、花木培育企业员工、园林工作者阅读使用，希望能与读者一起分享种植养护过程中的心得和乐趣。由于时间仓促，书中难免存在疏漏，恳请广大读者批评指正。

编　者

2014 年 9 月

目录

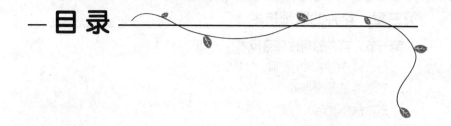

上篇　花卉繁育基础知识

下篇 花卉繁育技术 200 例

第五章 一二年生草本花卉的繁育技术

第六章 多年生草本花卉的繁育技术

第七章 宿根花卉的繁育技术

第八章　球根花卉的繁育技术

第九章　观叶植物的繁育技术

第十章　木本花卉的繁育技术

第十一章　多浆植物及仙人掌类植物的繁育技术

第十二章　水生花卉繁育技术

附录

参考文献　/ 308

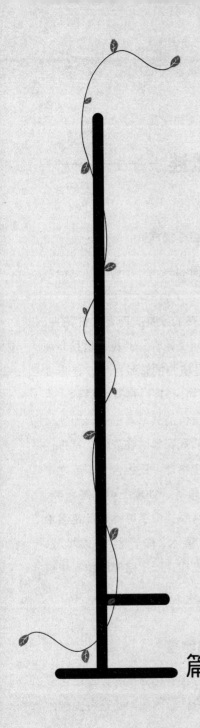

篇　花卉繁育基础知识

第一章　概述

第一节　花卉的相关概念

花，生活中无处不在。它总是在不同的时间、不同的地点给我们不同的美的享受。

花卉的产生发展，随之也带来了花卉的欣赏。而要欣赏花卉，我们也要了解一些花的基本知识。什么叫"花卉"？花卉是具有观赏价值植物的总称。通俗地讲，"花"是植物的繁殖器官，是指姿态优美、色彩鲜艳、气味香馥的观赏植物，"卉"是草的总称。古代花卉为草本植物的通称，是指具有观赏价值的草本植物，即狭义的花卉概念，如凤仙、菊花、一串红、鸡冠花等；在现代，花卉往往是广义的概念，除有欣赏价值的草本植物外，还包含草本或木本的地被植物、花灌木、开花乔木以及盆景等，如麦冬类、景天类、丛生福禄考等地被植物；梅花、桃花、月季、山茶等乔木及花灌木等。另外，散布于南方地域的高大乔木和灌木，移至北方寒冷地域，只能做温室盆栽欣赏，如白兰、印度橡皮树，以及棕榈植物等也被列入广义花卉之内。

第二节　花卉的分类

花卉的种类极多，范畴普遍，不但包含有花的植物，还包含苔藓和蕨类植物。其栽培利用方法也多种多样。因此，花卉有多种分类方式。下面列举几种常用的分类方式。

一、根据生态习惯分类

这种分类方式是根据花卉植物的生态习惯进行分类，应用最为普遍。

（一）露地花卉

露地花卉是指栽植在自然条件下，不加防护措施不需维护能够完成全部生长过程的花卉，即繁殖、栽培和利用均在露地环境。虽然各种花卉在其原产地都可以在自然条件下生长，但在异地栽植时，由于环境发生了变化，尤其是温度的变化，一些南方花卉在北方地区自然条件下无法越冬，而成为温室花卉。一般情况下根据其生活习性，露地花卉可分为五类。

1.一年生花卉

一年生花卉是指在一个生长季或生长周期内完成生活史的花卉。一年生花卉又称春播花卉，通常在春天播种、夏秋季开花生长，然后于冬季到来前枯逝而亡，整个生长过程在一个生长周期内完成。此类花卉多产于热带、亚热带，不耐低温，多为短日照植物。如凤仙花花、鸡冠花、百日草、半枝莲、万寿菊等。

2.二年生花卉

二年生花卉是指在两个生长季内或生长周期内完成生活史的花卉。二年生花卉又称秋播花卉，这类花卉，通常在秋天播种，当年只生长养分器官，次年春季开花，然后枯逝而亡。此类花卉耐寒性较强，多产于温带或寒温带地区。大多数二年生花卉在北方地区秋播幼苗不能露地越冬。如石竹、紫罗兰、羽衣甘蓝、瓜叶菊等。

一般一年生花卉，在春季播种，花期相较于秋播晚。如果需要

提早开花，需要早春在温室中育苗。

一、二年生花卉以播种繁殖为主，此类花卉种类繁多，品种丰富，应用十分广泛。

3.多年生花卉

多年生花卉是指个体寿命超过两年的，能多次开花的花卉。依据地下部分形态变更，又可分两类。

（1）宿根花卉　地下部分形态正常，不产生变态的花卉。越冬时，植株地下根、茎不发生变态。在次年春季，根、茎上的越冬芽开始萌发，形成新的植株。一次栽植可多年受益，多数宿根花卉适宜在寒冷地区生长，以分株繁植为主，是园林布置的重要花卉。如芍药、玉簪、萱草等。

（2）球根花卉　地下部分变态肥大者。球根花卉植株的地下球形、块状的变态茎或变态根,根内贮存大量养分，为多年生草本植物。原产温带、寒温带地区的球根花卉耐寒力较强，冬季地上部分枯萎，地下的根、茎可自然越冬。原产热带、亚热带地区的球根花卉耐寒力差，入冬前需将根、茎挖掘出来置于室内贮藏。根据变态根、变态茎的变态形状，球根可分为鳞茎、块茎、根茎、球茎、块根五大类。其繁殖方法多为分球、扦插、播种等。

①鳞茎类：地下茎呈鱼鳞片状。外被纸质外皮的叫有皮鳞茎，如水仙、郁金香、朱顶红。鳞片的外面没有外皮包被的叫无皮鳞茎，如百合。

②块茎类：地下茎呈不规矩的块状或条状，如马蹄莲、仙客来、大岩桐、晚香玉等。

③根茎类：地下茎肥大呈根状，上面有显明的节，新芽生长于分枝的顶端，如美人蕉、荷花、睡莲等。

④球茎类：地下茎呈球形或扁球形，外面有革质外皮。如唐菖

蒲、小苍兰等。

⑤块根类：地下主根肥大呈块状，根系从块根的末端生出，如大丽花。

4.水生花卉

水生花卉是指在水中或沼泽地中生长的花卉，用于装点池塘、湖泊、河流等水体。北方地区水生花卉种类较少，且多处于野生、半野生状态，如睡莲、荷花等。

5.岩生花卉

岩生花卉指耐旱性强，适合在岩石园栽培的花卉。常在园林中选用。一般为宿根性或基部木质化的亚灌木类植物，还有蕨类等好阴湿的花卉。

（二）温室花卉

温室花卉是指需要在温室内栽培的花卉。原产热带、亚热带及我国南方温暖地域的花卉，在北方寒冷地域栽培不能露地越冬，必须在温室内保护越冬。因温室花卉一般在盆内栽培，所以又称盆栽花卉。与露地花卉一样，温室花卉也分一年生花卉、二年生花卉、宿根花卉、球根花卉等草本花卉和观花、观果、观叶的木本花卉几类。

1.一、二年生花卉

如瓜叶菊、蒲包花、香豌豆等。

2.宿根花卉

如非洲菊、君子兰等。

3.球根花卉

如仙客来、朱顶红、大岩桐、马蹄莲、花叶芋等。

4.兰科植物

依其生态习惯又分为以下两种。

（1）地生兰类　如春兰、葱兰、建兰等。

（2）附生兰类　如石斛、万代兰、兜兰等。

5. 多浆植物

多浆植物指茎叶具有发达的贮水组织，茎、叶肥厚多汁的植物。包含仙人掌科、凤梨科、大戟科、菊科、景天科、龙舌兰科等科的植物。

6. 蕨类植物

为高等植物的一大类，有明显的世代交替特征。我们见到的蕨类植物是它们的孢子体。依据欣赏方法不同，又可分为以下四类。

（1）庭园绿化蕨类　如翠云草、桫椤。其中桫椤又称树蕨，是最大的蕨类植物，高可达 10 多米。它是古老类群，在我国属濒危种，为我国一级保护植物。另外，槐叶蘋、满江红为水面绿化的好资料。

（2）山石盆景蕨类植物　如卷柏、团扇蕨。其中团扇蕨是蕨类植物中形体最小的，仅有几厘米大小。

（3）垂吊蕨类植物　如肾蕨、巢蕨等。

（4）盆栽观叶蕨类植物　如石松、乌蕨、蜈蚣草、铁线蕨等。其中石松、肾蕨、铁线蕨为主要切花配叶资料。

7. 凤梨科植物

如水塔花、凤梨等。

8. 花木类

有一品红、变叶木等。

9. 棕榈科植物

如蒲葵、棕竹、袖珍椰子等观叶花卉。

10. 水生花卉

如王莲、热带睡莲等。

二、根据园林用处分类

1. 花坛花卉

花坛花卉是指适用于布置花坛的一二年生草本露地花卉，比如春天开花的有三色堇、石竹；夏天花坛花卉常栽种凤仙花、雏菊；秋天选用一串红、万寿菊、九月菊等；冬天花坛内可恰当安排羽衣甘蓝等。

2. 盆栽花卉

盆栽花卉是指适宜在花盆内栽植、用于装潢室内及庭园的花卉。如扶桑、文竹、一品红、金橘等。

3. 室内花卉

室内花卉是从众多的花卉中选择出来的，具有很高的观赏价值，适宜在室内环境中较长期摆放的一些花卉。这种花卉比较耐阳而喜温暖，对栽培基质水分变化不过分敏感。一般观叶类植物都可作为室内花卉来欣赏。如发财树、巴西木、绿伟人、绿萝、五彩玉米等。

4. 切花花卉

切花花卉是以生产切花为栽培目的花卉。

（1）宿根类　如非洲菊、满天星、鹤望兰。

（2）球根类　如百合、郁金香、马蹄莲、小苍兰等。

（3）木本类　如桃花、梅花、牡丹。

5. 荫棚花卉

荫棚花卉指在园林设计中，亭台树荫下生长的花卉。麦冬草、红花草以及蕨类植物，皆可作为荫棚花卉。

6. 喜阳性花卉

需要充足的阳光照射才能开花的花卉，叫做喜阳性花卉。喜阳

性花卉适合在全光照、强光照下生长。如果光照不足，就会生长发育不良，开花晚或不能开花，且花色不鲜，香气不浓。

（1）春季花卉　梅花、水仙、迎春、桃花、白兰玉、紫玉兰、琼花、贴梗海棠、木瓜海棠、垂丝海棠、牡丹、芍药、丁香、月季、玫瑰、紫荆、锦带花、连翘、云南黄馨、余雀花、仙客来、风信子、郁金香、马蹄莲、长春菊、天竺葵、报春花、瓜叶菊、矮牵牛、虞美人、金鱼草、美女樱等。

（2）夏秋季花卉　白玉花、茉莉、米兰、九里香、木本夜来香、桂花、广玉兰、扶桑、木芙蓉、木槿、紫薇、夹竹桃、三角花、菠萝花、六月雪、大丽花、五色梅、美人蕉、向日葵、蜀葵、扶郎花、鸡蛋花、红花葱兰、翠菊、一串红、鸡冠花、凤仙花、半枝莲、雁来红、雏菊、万寿菊、菊花、荷花、睡莲等。

（3）冬季花卉　腊梅、一品红、银柳、茶梅、小苍兰等。

（4）果木类　银杏、石榴、金橘、橘、葡萄、枇杷、枣树、柿、猕猴桃、无花果、冬珊瑚等。

（5）藤本类　紫藤、凌霄、蔷薇花、木香、金银花、爬山虎、牵牛花、茑萝等。

（6）观叶类　五针松、黑松、锦松、雪松、龙柏、枷罗木、杨柳、柽柳、红枫、棕榈、大叶黄杨、橡皮树、苏铁、龙血树、芭蕉、变叶木、假叶树、彩叶草等。

（7）多肉类　仙人掌、三角柱、仙人球、仙人山、宝石花、绒毛掌等。

三、根据经济用途分类

1. 药用花卉

如牡丹、芍药、桔梗、牵牛、麦冬、鸡冠花、凤仙花、百合、贝母及石斛等为主要的药用植物，另外，金银花、菊花、荷花等均为常见的中药材。

2. 香料花卉

香花在食品、轻工业等方面的用处很广。如桂花可作食品香料和酿酒，茉莉、白兰等可熏制茶叶，菊花可制高等食品和菜肴，白兰、玫瑰、水仙花、腊梅等可提取香精，其中玫瑰花中提取的玫瑰油，在国际市场上被誉为"液体黄金"，其价值比黄金还贵，在市场上仅一个玫瑰花蕾就值 6 分钱。

3. 食用花卉

应用花的叶或花朵直接食用。如百合，既可做切花，又可食用；菊花脑、黄花菜既可用作绿化苗木，又可以食用。

四、根据花卉原产地分类

（一）中国气象型

中国气象型又称大陆东岸气象型。这一气象型又因冬季的气温高低不同，又分为温暖型与冷凉型。

（1）温暖型（低纬度地域） 如中国水仙、中国石竹、山茶、杜鹃、百合等。

（2）冷凉型（高纬度地域） 如菊花、芍药、荷包牡丹、贴梗海棠。

（二）欧洲气象型

欧洲气象型又称大陆西岸气象型，如三色堇、雏菊、羽衣甘蓝、紫罗兰等。这类花卉在中国地域一般作二年生栽培，即夏秋播种，翌春开花。

（三）地中海气象型

因为这些地域夏季气象干燥，多年生花卉常成球根形态，如风

信子、小苍兰、郁金香、仙客来等。

（四）墨西哥气象型

墨西哥气象型又称热带高原气象型，见于热带及亚热带高山地域。我国云南省也属于这种类型。其原产花卉有大丽花、一品红、万寿菊、云南山茶、月季等。

（五）热带气象型

原产热带的花卉，在温带需要在温室内栽培，一年生草花可以在露地无霜期时栽培。

（1）原产亚洲、非洲及大洋洲热带的著名花卉有鸡冠花、虎尾兰、彩叶草、变叶木等。

（2）原产中美洲和南美洲热带的著名花卉有花烛、长春花、美人蕉、牵牛等。

（六）沙漠气候型

这类地区多为不毛之地的沙漠，主要是多浆类植物。

（1）芦荟　沭阳农林局科技园种植的品种主要有库拉索、斑纹、木立、元江、皂质等。

（2）仙人掌　有普通观赏仙人掌、食用仙人掌两类。

（3）光棍树　又称绿玉树。原产南非热带，我国西南、华南可露地栽培。

（4）龙舌兰　常见绿化树种的剑麻就是同属植物。

（七）寒带气候型

主要分布在阿拉斯加、西伯利亚一带。这些地区冬季漫长而严寒，夏季短促而凉爽，植物生长期只有2~3个月。由于这类气候夏季白天天长、风大，因此，植物低矮，生长缓慢，常成垫状。主要花卉有细叶百合、龙胆、雪莲。

五、依据花卉欣赏部位分类

（1）观叶花卉　是指以观赏叶形、叶色为主的花卉要。如绿伟人、铁树、蕨类植物等。

（2）观果花卉　是指以观赏果实形态、颜色为主的花卉。

（3）观花花卉　是指以观花为主的花卉。

此外，还有按花卉的习性、自然分布等作为依据分类的花卉。

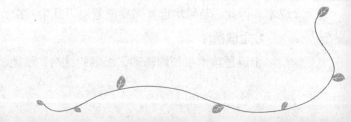

第二章　花圃的建立

第一节　花圃的种类及选择

一、花圃的种类

园林花圃按使用年限长短可分为固定花圃和临时花圃。固定花圃的使用年限较长，需要一定的基础建设和投资，可以种植的苗木种类较多、规模较大。临时花圃是为绿化而临时设置的，或是耕地被征用后短期内不能开发而租给他人短期经营的花圃。

园林花圃按栽植形式分为地栽花圃、盆栽花圃和综合性花圃三类。地栽花圃的面积较大，使用年限较长，土壤肥沃，排灌条件较好，包括起苗能带土球的地栽乔木和灌木。盆栽花圃的面积相对较小，使用年限可长可短，需要充足的水源。综合性花圃既能经营地栽大型乔木，也可以经营各种盆栽灌木、时花和地被植物。

二、花圃的选择

花圃的选择是否得当，直接影响花卉苗木的产量、质量和育苗成本。因此，苗圃地选择需要注意以下几个方面。

1. 土壤条件

土壤是苗木生长的基础，土壤的结构、质地、持水力和肥力都对苗木的生长影响极大。具有团粒结构的壤土类土壤是最理想的土壤,土壤中的腐殖质把矿质土粒互相黏结成0.25～100毫米的小块,具有泡水不散的水隐性,能协调土壤中水分、空气、养料之间的矛盾,改善土壤的理化性质。地栽花圃应选择具有团粒结构的中壤土——轻黏土土壤,有利于花圃土地的保水保肥。盆栽花圃应选择具有一定团粒结构的沙壤土——中壤土土壤,有利于盆土的集中、上盆、浇水和追肥。

2. 水源条件

花卉生长发育所需的水分主要来自于降雨、灌溉和地下水。因此,花圃地应选择在江河湖泊、水库等天然水源附近,以利于引水灌溉,若无天然水源或天然水源不足,也可选择地下水源充足,可打井或挖水池蓄水的地方作为花圃地。

3. 交通条件

道路良好、交通方便,有利于运输。盆栽花圃最好选在主要公路两侧或花圃地较为集中、或在具有集市经营的城镇附近。地栽花圃选择的位置,只要交通便利,安全环境较好即可满足要求。

4. 地形条件

花圃地应选择具有一定坡度、土壤和水湿条件稍差的坡地或农田弃耕地。这样的土地利于排水,通气好,可以自由灌溉,节省劳力,降低费用。土壤较黏的地方,可选择坡度大些的地方,采用梯田种植,防止水土流失。下坡地适合种植对土壤和水湿条件要求较高的苗木;上坡地适合种植抗性较强的花卉。坡向选择南坡,南坡日照长、温度高,有利于花卉的光合作用和营养物质的积累。易被水淹的洼地、重盐碱地、寒流汇集地、林中空地、受污染的农地等都不宜选作花圃地。

第二节 花圃的规划设计与建立

根据培育花卉的种类，确定各种花卉的数量和种植面积，必要时还要绘制平面图并附以规划说明。

（1）生产用地的规划 包括种苗繁殖区、大苗种植区和花木大棚区等。

①种苗繁殖区是培育种苗的地方。种苗长根后可移入营养袋培育，方便出圃和提高移栽成活率。

②大苗种植区是花圃生产的重点区。把种苗区自繁的袋苗或外购的种苗种植在大苗区，通过3～5年的培育，长成2～4米、胸径5～10厘米的大苗。

③花木大棚区是培育花木类或观叶类苗木的地方。地栽苗圃一般不设置花木大棚区。盆栽花圃或综合性花圃一般都设置此区。

（2）非生产用地的规划 包括道路、排灌系统、管理房、场地、围墙、防风林等，面积一般不超过总面积的10%。非生产用地虽不能直接产生经济效益，但对苗木的生长和苗圃的经营管理影响极大，在建花圃时要做出最适合的规划，达到省地、省钱、方便、有效的目的。

（3）花圃的整理 花圃地在播种前或移植前，通过深耕整地，消灭杂草和病虫害，提高蓄水保肥能力，改善土壤的通气状况，加速土壤养分的转化，使不溶性物质转化为可被苗木根系吸收利用的可溶性养分。水稻田须先开沟排水，后深耕、晒白、耙平。

第三章 花卉的繁殖技术

第一节 花卉的有性繁殖技术

有性繁殖又称种子繁殖，是通过播种种子来培育幼苗进行繁殖的方法。其优点是种子繁殖简单易行，繁殖数量大，适宜大规模苗木生产。通过种子繁殖出的幼苗称实生苗。实生苗具有双亲遗传物质，根系发达完整，生长旺盛健壮，后代具有更强的生活力和变异性，对环境的适应能力强。缺点是种子繁殖与无性繁殖的花木相比，开花、结实期要长，一些通过异花授粉的花卉可能继续携带双亲中的致病基因容易发生变异，由于基因重组，其后代有不同程度的退化现象，不一定能保持原品种双亲中的优良性状。

一、种子的采收与贮藏

1. 种子的采收

种子品质的优劣直接影响花卉植株的质量。采集花卉种子时，要选择花色、株形、花形好，并且生长健壮、无病虫害的植株留种做母株。

不同花卉种子的成熟期因花卉本身的生长特性不同而不同。同时，受当年气候的影响，种子成熟的日期也会有所变化。采种前，首先要确定种子是否成熟。鉴别种子是否成熟的方法主要是看果实外部的颜色。各种种子成熟后都有各自特有的颜色特征，如种皮坚硬、种仁干燥、坚实，并具固有气味，这些都是种子成熟的标志。采种时必须掌握好时机，过早过晚都不好。过早，种子发育不良，发芽率低；过晚，种子自然脱落，不利于采收。采集大粒种子时，可用手直接采摘果实；采集小粒种子时，可用剪枝剪子将果穗剪下，然后再收集种子。

2. 种子的调剂

采集种子后，根据不同果实类型，可采用不同的脱粒方法，一般先将果实放置于日光下晾晒，有的果皮可以自然裂开，种子自行脱出；有的需要用棍棒敲打，揉搓，使种子脱出，然后再清除果皮等杂质即可。浆果类果实需将果实放在盆内，用手揉搓后，加水搅拌，种子即可沉入水底，然后将杂质清除，取出种子晾干。

脱粒后的种子还需要精选。可以使用簸箕将种子中的杂质簸出，或者通过粒选分级。精选后经晾晒的种子，要求含水量达到一定标准后，才能入库保存。

3. 种子的贮藏

一般情况下，新采收并且贮藏管理得当的种子，具有很强的发芽率。随贮藏年限的增加种子发芽率会逐渐降低，直至丧失生命力。

花卉种类不同，其种子寿命长短有很大的区别，有的种子寿命仅1年左右，而有的长达4～5年，甚至更长。一般种皮坚硬、透气、透水性差的种子寿命相对较长。除此以外，贮藏方法对种子寿命也有很大影响。

常见花卉的种子贮藏方法有以下几种。

（1）干藏法　干藏法适于贮藏一二年生花卉的种子。将种子装入布袋或纸箱等其他容器中，在凉爽、通风、干燥的环境下，分层摆放，定期检查。

（2）密封贮藏法　密封贮藏是把经过充分干燥的种子装入玻璃瓶类的容器中，密封后放在低温条件下保存。密封贮藏可以降低种子的呼吸作用，有利于延长种子寿命。

（3）湿藏法　湿藏法适用于含水量高、休眠期长、需催芽的种子。将种子与湿沙子按1：3的比例混拌均匀。种子较多时，可混沙沟藏。挖1米深、1米宽的沟，长度根据种子数量而定。沟底铺10厘米厚的湿沙，上面堆放40～50厘米厚混沙的种子，种子上再覆盖20厘米的湿沙，最后上盖10厘米厚的土。每隔1米设一通气孔，防止种子霉烂，种子量少时，可装入木箱放在室内。混沙种子堆积厚度不超过50厘米，并注息保持土壤湿润，防止内部升温，要经常翻动。

二、种子播前处理

优良种子是花卉栽培的重要保证。优良种子种粒大，充实饱满，内含养分充足，胚发育健全，发芽率高。种子的生活力除了与贮存时间有关外，还取决于种子的内因和贮藏条件。花卉种子不同，其寿命长短差别很大。

在适合的温度、空气、水分条件下大多数种子都能顺利发芽，但仍有少数种子需经处理打破种子休眠，才能发芽。

种子发芽温度因花卉种类不同而异。一般花卉种子萌发适宜温度为15～25℃，个别的可达30℃。温度过高，可造成苗木徒长；温度过低，发芽缓慢，消耗种子营养，影响幼苗生长。

种子萌发首先要吸收适量的水分。种子内贮存的养分在有水参与的条件下，才能分解、转化，输送到胚，才能开始生长。水分过多，则影响空气流通，容易引起种子霉烂；水分不足，则发芽缓慢。

为促进种子迅速萌发，最好播前进行浸种。

空气是种子养分分解、转化的重要条件。种子发芽时必须保证充足的空气供应。当苗床灌水过多时，会造成土壤中空气缺乏，容易引起种子腐烂。

除此以外，播种前还要对种子进行消毒处理。

播种前对种子进行消毒处理是防止苗木病虫害的有效措施。主要消毒方法是利用化学药剂浸种。常用的药品有高锰酸钾、硫酸铜、福尔马林等，日光照射及热水浸种也是有效办法。对种子进行处理的目的主要是促进种子发芽。休眠期短或者不休眠的种子可用水浸法。播种前，用冷水或者 40℃左右温水浸泡种子，浸种时间取决于种粒大小和种子吸水的速度。待种子膨胀后，即可将种子捞出，以保湿催芽。对休眠的种子可以使用沙藏法处理。通过沙藏的低温、湿润条件打破种子休眠。沙藏时间因种子不同而异，一般大粒种子可在秋季播种，其作用与沙藏相同。

三、播种时期与方法

1. 播种时期

播种时期因花卉种类不同而异。一年生花卉通常在春季晚霜过后播种。为了促使提早开花，可在温室、温床或阳畦内提早播种育苗。

露地二年生花卉一般宜秋播，北方地区在 8 月底至 9 月初播种为宜。

温室花卉播种没有严格的季节限制，可根据花期随时播种。多数花卉宜春播。

2. 播种方法

播种方法因花卉种类不同而异。

（1）露地花卉的播种 露地花卉一般在室外苗床或者室内浅盆中播种。幼苗需细致的养护管理，苗木生长到一定时期后分苗定植。一些不宜移栽的花卉种类，需采用直播或用营养钵育苗。

播种床的土壤应选用腐殖质丰富的肥沃、沙质土壤。床面要翻耕30厘米左右，播种床可分为高床、低床两种。一般高出地面15～20厘米，低床床面与地面基本相平。

大粒种子的花卉幼苗长势强，可用垄播。播种深度取决种子的大小，覆土深度为种子厚度的3倍左右。小粒种子覆土厚度以盖住种子为宜。小粒种子宜撒播、条播，大粒种子宜点播。播种后要及时浇水。大多数的种子出苗时，一般每天喷一次水。

（2）温室花卉的播种 温室花卉播种常用10厘米深的浅盆。细小的种子用腐叶土、河沙、园土按3：3：2的混合培养土。首先在浅盆内填入一层粗沙砾，再在上面覆盖培养土。然后将盆下部浸入大水盆或水池中，直至盆内土面与盆外水面接近，浸湿土壤后，把盆从水中提出，放平，多余水分从盆内渗出后即可播种。小粒种子宜撒播，大粒种子点播或条播。播后，在种子上面覆土，在盆沿上盖上玻璃或报纸，以减少水分蒸发。盆内土壤干时仍用盆浸法给水。幼苗出土后，逐渐移至光线充足的地方。

第二节 花卉的无性繁殖技术

花卉的无性繁殖又称营养繁殖，是利用植物的枝、茎、叶等营养器官所具备的再生能力，使其形成新的个体的繁殖方法。无性繁殖能保持亲本的优良特性，并且可使植株提早开花结实。无性繁殖

方法包括扦插、嫁接、埋条、分根和压条等方法。

一、扦插繁殖

扦插繁殖是将植物营养器官的一部分插入基质中，使其生根，成长为新植株的一种繁殖方法。扦插可用枝条、根、叶等部位进行。用植物枝条扦插是最常见的方法，枝插又可分为硬枝扦插和软枝扦插。

硬枝扦插是利用休眠期枝条进行扦插。选用一二年生健壮枝条的中段，截成 10 ~ 20 厘米做插穗，每个插穗需带有 3 ~ 4 个芽。插穗的上剪口呈平面，下剪口呈斜面。秋末冬初采条后，按规格剪成插穗，埋藏贮存备用。此方法适用于大多数木本植物的扦插繁殖。

软枝扦插是在生长季节，选用当年生枝条进行扦插。利用当年半木质化的枝条，剪成 10 ~ 15 厘米长的插穗，上面可留 3 ~ 5 片叶。扦插的深度为插穗长度的 1/3 ~ 1/2。扦插后要及时浇水，并用塑料薄膜搭成约 1 米高的拱形棚盖好。此种方法多用于采用硬枝扦插时不易生根的植物。

扦插成活率与植物本身的特性有关。一般情况下阔叶树枝条比针叶树枝条容易生根；树木根茎上的萌蘖枝比树冠上部的枝条容易生根，幼龄树枝条比老龄树枝条容易生根。

扦插基质最好选用不含或少含养分的基质。基质要求疏松、透水、通气。常用的有河沙、珍珠岩、蛭石等，容易生根的品种也可直接插在土壤中。

使用各类扦插基质前都要进行消毒处理，用 0.1% 高锰酸钾溶液对床面灌洒消毒。为了促进插穗生根，在扦插前对不易生根的种类可用一定浓度的植物生长刺激素处理插条。将激素用酒溶解，再加水稀释到适宜的浓度。草本植物适宜浓度为 5 ～ 10 毫克 / 千克，木本植物适宜浓度为 40 ～ 200 毫克 / 千克。一般情况下浸泡 24 小时后扦插。

打插后要对温度、水分、光照等方面进行管理。扦插生根的适宜温度大多为 20 ～ 30℃。插床的地温应比气温高 3 ～ 5℃为宜。基质含水量在 50% ～ 60%，空气相对湿度应保持在 80% 以上，扦插初期应适当遮阳。

二、分株繁殖

分株也称分根，是将根际、地下茎产生的萌蘖切下进行栽植，使其形成独立植株。这种根蘖苗有部分根系，易成活，生长健壮。

分株时间在秋季落叶后至春季萌芽前进行；方法是将根蘖苗带根挖出，从母株根上分割下来，留 5 ～ 7 厘米，适时栽植即可。另外，还有切割块茎、块根的繁殖方法，即用鳞茎、球茎滋生的子球进行繁殖的方法，用匍匐茎上长出的新苗进行繁殖的方法等，这些都属于分株繁殖方法。

三、嫁接繁殖

嫁接繁殖是将植物枝或芽（接穗）接到另一植物（砧木）上，使其结合成新植株的方法。嫁接有芽接、枝接两类。枝接方法有劈接、靠接、切接。其中以芽为接穗的称为芽接法。

嫁接成活的关键是接穗和砧木之间的亲和力，也就是两者的形成层相互结合，产生愈合组织，形成新个体的能力；一般情况下同种之间亲和力最强，同属植物之间相对差些，同科异属之间的亲和难度较大。

嫁接时间以春季砧木树液开始流动，而接穗的芽尚未萌动时为

宜；夏季嫁接一般多用芽接法。

1. 劈接

劈接嫁接常用较粗的砧木，将砧木上部截去，用刀在砧木中间向下垂直劈成与接穗削面长度相近的切口，一般为5厘米左右。将接穗一端削成楔形，把接穗插入砧木的切口内，将形成层对准，扎紧即可。为防止伤口水分蒸发，可用蜡或黄泥将接口封严，培土。

2. 靠接

用靠接法嫁接时先将砧木与接穗移植在一起，或将其中一种先栽植于盆内，选两根粗细相近的枝条，各削等长的切口，削面要稍长，深度要达到枝条中部，使两枝条形成层密切贴合，然后用塑料薄膜绑扎。成活后，将接穗从母株剪下，并截去砧木接口以上部分。

3. 切接

选一年生、生长健壮的枝条，截成6～9厘米的接穗，上面应留有2～3个芽，将接穗下端削成楔形。将砧木距地面5厘米左右处截去枝干，在其顶部距木质部0.2厘米处下切，使切口的长度与接穗长削面的长度相等，然后将接穗插入砧木的切口内，使其对接紧密，用塑料薄膜条将接口处捆扎结实，用湿土将接口处和接穗埋好。

4. 芽接法

芽接法是用芽做接穗。一般是在生长期进行，多采用"T"字形芽接法。选择健壮的芽作为接穗，剪去芽上的叶片，仅留叶柄，将芽削成盾形，在砧木上切割成一"T"字形，将韧皮部剥开后插入盾形接穗，用塑料薄膜条扎紧，叶柄与芽应露在外面。

四、压条繁殖

压条繁殖是指枝条并不脱离母株，在其一定部位培土，使其生根而形成新植株的繁殖方法。压条繁殖多用于扦插难以生根的花卉。压条长成苗的植株较大，成苗快。依压条部位不同，又可分为堆土压条和高枝压条。

1. 堆土压条

堆土压条是指春季在母树周围堆土，将大部枝条埋没在土中，并经常保持土堆的湿润。待枝条生根后，从压条基部带根剪下，与母株分离，形成新植株，从而进行移植。

2. 高枝压条

高枝压条用于植株高、枝条不易弯曲的花卉。先将枝条刻伤或环状剥皮，然后用花盆、塑料薄膜、纸筒等围在伤口上，在内部填满培养土、苔藓等保水材料，扎紧固定，并经常浇水保持湿润。生根后，从下端剪下从而形成新植株。

五、孢子繁殖

蕨类植物在繁殖时，孢子体上有些叶的背面出现成群分布的孢子囊，孢子成熟后，在适合条件下，孢子就会萌发成配子体，继而配子体会产生精子器和颈卵器，精子借助外界水的帮助，进入颈卵器与卵结合，形成合子。合子发育成胚，胚在颈卵器中直接发育成孢子体，分化出根、茎、叶，成为让人观赏的蕨类植物。

孢子进行人工繁殖需要收集孢子、准备基质、孢子播种三个步骤。

1. 收集孢子

孢子的成熟期在 7 ~ 8 月间，当孢子囊群变褐，晃动叶片往下掉时，说明孢子要散发出来，这时给孢子叶套上袋，连叶片剪下，放在通风阴凉处干燥，1 周后孢子可完全脱落。抖动叶子，孢子从囊壳中散出，除去碎片和杂物收集孢子，将其放在干燥的瓶中，置

于干燥阴凉处待用。

2. 准备基质

选择偏酸性的腐殖质土或草炭土通过干燥、灭菌处理即可作为培养孢子的基质。基质不应铺得太厚，培养盆以浅盆为好，这样可有效地控制培养基的温度、湿度等因素，保证孢子在适合的环境下发育，长成幼苗。平整后浇透水，使土壤湿度在95%以上，pH控制在6～6.5。

3. 孢子播种

当年采收的孢子最好在当年播种，萌发率可达90%以上。孢子繁殖一般在春季的2～3月份和秋季的8～9月份。

播种方法有两种：一种是待基质浇透水后，把孢子粉均匀撒播于基质上，千万不要覆土，可稍稍淋水，使孢子粉与土面相接；另一种方法是把孢子粉倒入盛水喷壶中，摇匀后喷在基质上。播后在基质上覆盖地膜，用来保温保湿。不要阳光直射，以散射光为宜，光照时间每天不少于4小时；基质温度保持在20℃左右，气温25～30℃。温度过低、过高均对孢子萌发不利。土壤和空气的相对湿度保持在85%～90%。

六、移植与护理

3～4天后，孢子会产生原叶体（叶状体）。前期的原叶体不需要太多水分。等到萌发后1个月左右，原叶体成熟，其上的精子器和颈卵器也基本成熟后，可适时适量灌水，只有在有水的条件下，精子才能游入颈卵器中与卵细胞结合形成合子，进而发育成孢子体。因此，每天要浇水或喷雾1～2次，最好达到使水沿床面流动的效果。随着孢子体叶出齐后停止浇水，水分控制在60%左右，以后逐渐生长出羽状叶片。

　　当幼苗长到 4～5 厘米时，进行分苗，把幼苗从培养盆移到其他盆中继续培育，移栽时要保持土壤湿润，并适当遮阴。育苗床土壤环境应和培养盆的一样。待到叶片长到 10 厘米以上，叶柄基本纤维化后，便可第二次移栽到花盆中进行培育。

第四章 花卉繁育新技术

第一节 组织培养

组织培养就是根据植物细胞具有的全能性、再生能力和分生能力，在人工控制的环境和无菌条件下，从多细胞植物个体上取出细胞、组织或器官（如芽、茎尖、根尖等）的一部分，接种到特制的培养基上（或特定的条件下），利用玻璃容器进行培养，这些器官或组织会产生细胞分裂形成新的组织，这种新的组织在适合的光照、温度和一定的营养物质和激素条件下会产生分化，生长出各种植物的器官和组织，进而发育成一棵完整的植株。

此方法是植物快速繁殖和保存种质材料以及培育无病毒苗的一种好方法，是现代最先进的植物繁殖方法。

一、组织培养优势

（1）能够保持母本的优良性状。

（2）节省人力、土地，管理方便　组织培养的材料是三角瓶或试管，可以充分利用空间。例如，一间 30 米 ^{2} 的培养室就能摆放 1 万多个三角瓶，可繁殖几万株苗，且周转快，全年均可连续培养。

（3）节约繁殖材料　采用一小部分组织或器官就能繁殖出大量花木苗。

（4）快速　从优良母本上取一小块组织，在合适条件下经过离体培养，一年之内就能繁殖出上万株花木苗，推广迅速。

（5）去病毒　组织培养可以进行脱毒，保证花卉质量，育出无病株。而其他无论是嫁接、扦插或种子播种都可能会使植株感染病毒，影响花卉质量，降低观赏性。目前，水仙、非洲菊、百合、香石竹等已组织培养出无病毒植株。

（6）可进行无性繁殖　对于一些生产上难以用其他方法进行无性繁殖的花木可用组织培养的方法。

（7）复壮品种　长期无性繁殖易产生品种退化，用组织培养可复壮品种。

二、组织培养分类

根据培养的植物组织不同，可把组织培养分为以下几类。

（1）胚胎培养　把从植物胚珠中分离出来的成熟或未成熟的胚作为外植体的离体进行无菌培养。

（2）器官培养　以植物的根、茎、叶、花、果等器官作为外植体的离体进行无菌培养。如把根的根尖和切段，茎的茎尖、茎节和切段，叶的叶原基、叶片、叶柄、叶鞘和子叶，花器的花瓣、雄蕊（花药、花丝）、胚珠、子房、果实等进行离体无菌培养。

（3）组织培养　以分离出植物各部位的组织，如分生组织、形成层、木质部、韧皮部、表皮、皮层、胚乳组织、薄壁组织、髓部等作为外植体进行离体无菌培养。

（4）细胞培养　以单个游离细胞，如用果酸酶从组织中分离的体细胞，或花粉细胞、卵细胞作为接种体的离体无菌培养。

（5）原生质体培养　以去除了细胞壁的原生质为外植体的离体

无菌培养。

三、培养材料

培养材料要根据培养目的不同进行适当选择，选择的基本要求是容易诱导，带菌少。

选取植物组织内部无菌材料，因此要从健壮的花卉植株上选取材料，不要选取带伤口或有病虫害的材料。另一方面要在晴天最好是中午或下午选取材料，不要在雨大、阴天或露水没干的时候选取材料。健康的植株或晴天光合呼吸旺盛的组织，自身消毒作用强，才会无菌。

从外界或室内选取的植物材料，或多或少地会带有各种微生物。这些污染源一旦带入培养基，就会对培养基造成污染，因此植物材料一定要经过严格表面灭菌处理，再经过无菌操作接种到培养基上。

四、组织培养的设备设施

组织培养的设备包括准备室、接种室（无菌操作室）和培养室。

1. 准备室

准备室主要是用来完成洗涤各种器皿、培养基配制、分装、包扎、高压灭菌、药品贮藏等环节的地方。准备室要求明亮、通风。室内主要设备和器皿有工作台、药品柜、电冰箱、分析天平、高压灭菌锅、酸度计、干燥箱、蒸馏水发生器、三角瓶、试管、烧杯、量筒、容量瓶、移液管、pH 试纸、电炉等。

2. 接种室

接种室又叫无菌操作室，是进行无菌工作的场所。无菌室要求地面清洁、干燥，有紫外灯随时为室内杀菌。室内主要的设备和器皿有超净台、紫外灯管、小推车、镊子、培养瓶、解剖刀、培养皿、解剖针等。

3. 培养室

培养室是植物材料分化生长的场所，温度常年保持在 25℃左右，要能保温隔热，并且具有很好的防寒性，能做到冬暖夏凉。室内空气要干燥清洁，定期进行消毒。主要设备有空调机、电暖器、培养架、温湿度表、温度自动记录仪、日光灯等。

五、组织培养的操作方法

1. 植物材料的灭菌

植物材料灭菌通常选用的消毒剂有 0.1% ~ 1% 氯化汞、4 ~ 50 毫克 / 升抗生素、9% ~ 10% 次氯酸钙、2% 次氯酸钠、1% 硝酸银、1% ~ 2% 溴水等。消毒时，先将植物材料漂洗去尘，用滤纸吸干表面水分，再在 70% 乙醇中浸泡 15 ~ 30 秒，最后再浸入消毒剂中 5 ~ 60 分钟，取出后用无菌水冲洗 3 ~ 4 次，滤纸吸干备用。

2. 植物材料的切取

组织培养取用材料的部位、大小、时间及植物生理状态都会影响培养效果。一般切取的最适期应为分生能力强的生长初期，切取的部位应选取茎尖、节间、根尖、嫩叶基部的分生组织处及形成层部位。初代培养外植体应根据原来植物的形状大小而定，一般在数十毫克至 100 毫克之间，太小不易产生愈伤组织。

3. 培养基配制

培养基的配制对培养成功与否起着非常重要的作用。

培养基主要由水、大量元素（氮、磷、钾、钙、硫、镁）、微量元素（铁、锰、锌、硼、铜、钼、钴等）、蔗糖、琼脂、吲哚乙酸、

吲哚丁酸、萘乙酸、细胞分裂素、肌醇、氨基酸、天然化合物（椰乳、香蕉、马铃薯、酵母提取液等）等。

为了简单方便，人们通常配制一些浓溶液，等到用时稀释一下，作为培养基使用。这些浓溶液就是储备溶液，又称为母液。平时将母液放在冰箱中贮藏。待到使用的时候，可以取一定母液稀释，再加上蔗糖、琼脂，配制成一定酸碱度的培养基。把配制好的培养基倒入广口瓶，置于高压锅中消毒灭菌 20 分钟。

六、试管苗移植

移植是试管苗生产的最后一道工序。试管苗长出 1～2 厘米白色的根，并形成侧根或根毛时，即可移植。移植时先放在室外在自然光照下锻炼 2～3 天，再用镊子从瓶中取出把植物的根系用琼脂冲洗干净进行栽植。移植后用细孔喷壶淋水，再用玻璃或塑料罩保湿，1 周后除去塑料罩，浇少许培养液，2～4 周后进行常规管理即可。

第二节　无土栽培

传统栽培花卉以土壤为基质，同时供给水、热、肥、气，而无土栽培则用疏松的沙粒、蛭石等物质代替土壤，用营养液代替有机肥料的施用。它为无污染、无有机质、无菌、无粪尿和无土壤栽培。其栽培方式有营养液膜技术、气培、水培、沙培、蛭石培、砾培、珍珠岩培、岩棉培等。

一、无土栽培优势

1. 品质好、花期早、产量高

由于无土栽培使用的营养液是根据各种花卉生长需要所配制的，利于花卉生长发育，因此花卉生长健壮，生长速度快，花期早且长，产量高，花朵大，色泽鲜艳，香气浓郁。

2. 清洁卫生、病虫害少

无土栽培不像土壤栽培那样可带多种病原菌，同时土壤栽培用有机肥也不可避免地会出现病虫害。如果花卉需要大量出口，则必须采用无污染的无土栽培。

3. 省肥、省水

无土栽培的养分损失不超过 10%，营养液可循环利用。而土壤栽培养分流失多，可达 50% 左右，水的渗透和地面蒸发量也很大。

4. 不受地方限制

无土栽培不受土地限制，在任何有空气和水的地方，就可以种植花卉，因此，在干旱或土质较差地区无土栽培是一种理想的栽培方式。

5. 劳动强度小、省时省工

无土栽培不需配制培养土，不需中耕除草，也不需换盆上土，大大地降低了劳动强度，节省工时。

二、无土栽培操作方法

无土栽培方法有液体培养（水培、气培、营养液膜技术）和固体基质培养（沙培、砾培、岩棉培、蛭石培等）。

（一）液体培养技术

1. 水培槽技术

水培槽技术用到的主要设备有栽培基质、框架、营养液、金属网、水培箱。栽培时，水培箱内放营养液，水培箱上放置金属网，金属网上放置栽培基质。在栽培基质上可播种、栽植、扦插花卉。花卉根系穿过金属网伸入到营养液中吸收水、肥。

2. 营养膜技术

其主要设备由培养水槽、输液及回液系统、贮液罐、营养液等组成。在长形培养水槽中铺一层黑色聚乙烯薄膜，根系沿着流动的

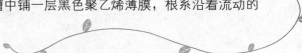

水层水平生长，形成薄片。

3. 气培法

气培法又称喷雾培法。主要设备有人造雾系统、营养液和栽培槽。它是将花卉根系悬挂于栽培槽空气中，用喷雾方法供给根系营养，使花卉始终处于含有各种营养元素的饱和水汽环境中。此方法根系温度直接受气温影响，较难控制。

（二）固体基质培养技术

1. 栽培槽技术

其主要设备有栽培槽、收贮槽、营养液进水管及排水管、营养液、砾石、沙、蛭石等固体基质。栽培槽一般 1 ~ 1.2 米宽，深 30 厘米，内装有固体基质。栽培时，每天向槽内抽灌营养液，深度不超过 35 ~ 40 厘米，营养液在槽内停留 20 ~ 30 分钟后回到收贮槽中，每隔 10 天化验一次营养液成分，每月配一份新营养液，栽培基质和植株根部每年用水清洗一次。

2. 基质袋培

在直径 30 厘米的黑色聚乙烯塑料栽植袋内盛基质，袋底留若干小孔以利排水，定期浇营养液。

3. 基质盆栽

将花盆底孔用瓦片（凹面朝下）盖住，内装蛭石等基质。将洗净根部泥土、浸泡营养液的花卉栽培在花盆基质中，花盆放在托盘上。用营养液灌溉至盆底出水为止。一般每周灌溉营养液一次。此法广泛用于室内栽培茶花、仙客来、仙人掌类等花卉，是一般家庭无土栽培养花的主要形式。

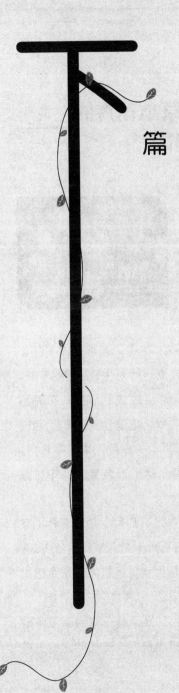

下篇　花卉繁育技术 200 例

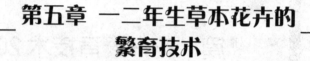

第五章 一二年生草本花卉的繁育技术

1. 石竹

◆**别称**：中国石竹、洛阳石竹、洛阳花。

◆**科属**：石竹科，石竹属。

◆**生长地**：原产于我国东北、西北及长江流域。

◆**形态特征**：宿根性不强的多年生草本花卉，通常多作一二年生栽培。株高 20 ～ 45 厘米，茎丛生，直立。叶对生，互抱茎节部，条状宽披针形，灰绿色。花顶生枝端，单生或成对簇生，有时呈圆锥状聚伞花序，花径约 3 厘米，散发香气，花瓣 5 枚，有紫、红、粉白等色，花瓣尖端有不整齐浅齿。花期 4 ～ 5 月，果熟期 6 月，果实为蒴果。蒴果成熟时顶端 4 ～ 5 裂。种子黑色片状，千粒重约 1 克。

石竹的园艺栽培品种很多，常见的有以下几种：须苞石竹（又名五彩石竹、美国石竹）、十样锦、锦团石竹（又名繁花石竹）。石竹及其他石竹类花卉，植株低矮，多为丛生状，适宜做花坛镶边材料、自然花境或布置岩石园。

◆**生活习性**：喜阳光充足，喜凉爽的气候，耐干旱耐寒但不耐酷暑，怕潮湿和黏质土壤，怕水涝，喜排水良好、疏松肥沃的土壤和干燥、通风的栽培环境，尤喜富含石灰质的肥沃土壤。喜肥，但在稍贫瘠的土壤上也可生长开花。

石竹花朵繁密，花色艳丽，常用来布置花坛或花境，或作节日用花。也可栽植花径、岩石园作点缀或盆栽作切花栽培。

◆**繁育管理**：以播种繁殖为主，也可扦插繁殖。

（1）播种繁殖时间9月初。播前1个月整地作床，因为石竹怕涝，故应作高床。种子发芽率高，可达90%以上。播时种子混沙，以使撒播均匀，播后再用细沙土覆盖，以不见种子为度。如温度控制在20℃左右，播种后5～7天即可发芽，10天后出苗整齐，即可移植，株距为30～40厘米。幼苗期环境温度控制在10～20℃有利于壮苗。温度过高，播种较密时易造成幼苗细弱徒长。

（2）一些重瓣品种结实率低，可以采用扦插繁殖。石竹虽属多年生花卉，但多年生习性不强，一般栽培2年后，芽丛密而细弱，生长不良。扦插时间为10月至翌年3月。扦插是利用生长季或春季茎基部萌生的丛生芽条进行繁殖。在花期刚过时，将丛生芽条中粗壮者剪下，去掉部分叶片，剪成5～6厘米长的小段，插于沙床或露地苗床，插后注意遮阴并保持空气湿度，一般2～3周便能生根，生根后再行移植。一般多用于繁殖某一特殊变种。

幼苗经间苗后，移植一次，然后于11月初定植，使其冬前发棵。定植时株距20厘米×40厘米。定植后每隔10天施用加5倍水的人畜粪尿液一次，次年3月施用加3倍水的液肥一次，以后停止施肥。也可在旺盛生长期每隔半月施1次稀薄液肥。但石竹栽培不宜过肥，尤其对氮肥敏感，应控制其施用量。进行2～3次摘心，以使其多分枝，因蒴果成熟期不一致，先开裂者往往因雨水渗入而导致霉烂，所以应分批采收。采种用母株应隔离栽培

以免种间或品种间杂交。

◆**病虫害防治**：石竹在幼苗期常因排水不良而患立枯病，因此，要注意雨后排涝，并可施用少量草木灰预防立枯病，病株应立即拔除。锈病用 50% 萎锈灵可湿性粉剂 1500 倍液喷洒，红蜘蛛用 40% 氧化乐果乳油 1500 倍液喷洒。

2. 三色堇

◆**别称**：蝴蝶花、猫脸花、鬼脸花、人面花。

◆**科属**：堇菜科，堇菜属。

◆**生长地**：原产欧洲，现中国各地公园均有栽培。

◆**形态特征**：多年生草本植物，常作一二年生栽培。株高 20 厘米左右。全株光滑无毛，茎长，从根际生出分枝，呈丛生状匍匐生长。叶互生，基生叶圆心脏形，茎生叶狭长，边缘浅波状。托叶大而宿存，基部有羽状深裂。花梗从叶腋间抽生出，梗上单生一花，花不整齐，花大，直径 4 ~ 6 厘米，花有五瓣，两侧对称、侧向，花瓣近圆形，排列成覆瓦状。花色有红、黄、黑、白等，每朵花上都同时有三种颜色，故名"三色堇"。

◆**生活习性**：喜凉爽环境，较耐寒，略耐半阴，怕炎热，炎热多雨的夏季常发育不良，并且不能形成种子。生长最适宜温度在 7 ~ 15℃，春季温度白天在 10℃最好，晚间 4 ~ 7℃为宜。如果连续温度在 25℃以上，则花芽消失，无法形成花瓣。温度最低不能低于 -5℃，否则叶片受冻边缘变黄。

◆**施肥**：三色堇喜肥不耐贫瘠，适宜在肥沃湿润的沙壤土生长，贫瘠土地会显著退化。发芽力可保持 2 年。上盆时要在土壤中加入一些腐熟的有机肥或氮磷钾复合肥作基肥，此外，还要在其生长期薄肥勤施，7 ~ 10 天施肥一次即可。苗期可适当施氮肥，现蕾期、花期应施用腐熟的有机液肥或氮磷钾复合肥。同时控制氮肥使用量，如果单施或多施氮肥会造成枝叶徒长，茎干变软，叶多花少。切忌缺肥，否则不仅开不好花，还会造成退化。

◆浇水：三色堇喜湿润，忌涝怕旱。盆土稍干时浇水，保持盆土偏湿润不渍水为好。并且经常向茎叶喷水，保持周围空气湿润，以利其生长。如果在花期多湿就会造成茎叶腐烂，开花时间缩短，结实率低。

◆繁育管理：多用播种繁殖，也可进行扦插繁殖。春、秋两季均可进行播种，但以秋播为好。3 月春播，播于加低温的温床或冷床。秋播一般在 8 月下旬至 9 月上旬进行。将种子播于露地苗床或直接盆播，播后保持适温 15 ~ 20 ℃，经 10 天左右可发芽。扦插繁殖可保持母株的优良性状，插穗需剪取植株基部抽生的枝条。

当幼苗长至 5 ~ 6 片真叶时开始移植，移植时要带土球。11 月定植，提前 2 ~ 3 周施用加 10 倍水的人畜粪尿液一次，定植后施肥要勤，使之茂盛和耐寒，每周 1 次为宜。定植距离一般为 20 ~ 30 厘米。翌年 4 月下旬开花。开花前施用加 3 倍水的人畜粪尿一次，以后不必再施。三色堇种子成熟以首批为最好，因其种子极易散失，因此采种要及时，一般是在果实开始向上翘起，外皮发白时进行采收。由于三色堇可以进行异花授粉，所以留种时要进行品种间间隔，彼此相距百米以上。

◆病虫害防治：三色堇在春季雨水过多时易发生灰霉病，用 65% 代森锌可湿性粉剂 500 倍液喷洒。在生长期常受蚜虫危害，5 ~ 7 月危害期可用 40% 氧化乐果乳油 1500 ~ 2000 倍液喷洒，

每隔1周喷1次，连喷2次效果好。一般家庭栽培的，可用香烟头泡水至茶色喷布或浇于根部土壤，每周浇1次，连续浇3次，能得到较好的防治效果。

3. 矢车菊

◆**别称**：荔枝菊、蓝芙蓉、翠兰、香矢车菊。

◆**科属**：菊科，矢车菊属。

◆**生长地**：原产于欧洲东南部。

◆**形态特征**：一年生草本花卉。株高40～70厘米，茎分枝多，细长。全株被白色棉毛，株形抱合而上。叶互生，具深裂或羽裂；下部基生叶为披针形，全缘。头状花序单生于枝顶，直径3～5厘米，有长柄，花絮边缘为漏斗状小花，6裂。花色有蓝、紫、红、粉、白等色，以蓝色最为常见。花向外伸展，中央筒状花细小。矢车菊花期6～7月末，花期长，但群体花期不长。瘦果长卵形，土黄色，下部有一缺刻。千粒约重5克。矢车菊适于做春夏花坛或大面积自然种植。矮生品种可作盆栽。

◆**生活习性**：喜冷凉气候，耐寒力强，忌炎热和阴湿，在高温酷暑季节生长不良。喜肥沃及疏松土壤，喜阳光充足，其生性较强健，也能在稍贫瘠的土壤上生长。不耐涝，在阴湿地种植生长不良，常会烂根死亡。

◆**繁育管理**：矢车菊常用种子繁殖。春、秋播均可，以秋播最好。9月初播于露地苗床，适当覆盖或设风障保护越冬，初夏开花。春播宜早，于土壤解冻后进行，矢车菊为直根系，不耐移植，可露地直播，苗期适当间苗，6月即可开花，夏季炎热时枯死，花期短而生长差。如定植前或直播前施入基肥，可不必追肥。也可在旺盛生长季每隔半月左右施 1 次腐熟的稀薄饼肥水，花莛初现时增施 1 次 0.5% ~ 1% 过磷酸钙，使花色更艳丽。矢车菊如果过分成熟，种子易散落，但种子成熟期较整齐，也可整个植株割下，一次性采种。整地后又可在栽培矢车菊的地块栽植其他夏秋开花的花卉。

◆**病虫害防治**：病虫害较少。南方地区注意防涝。无需特殊的水肥管理。

4.凤仙花

◆**别称**：季季草、小桃红、指甲花、金凤花、透骨草。

◆**科属**：凤仙花科，凤仙花属。

◆**生长地**：原产于我国南部，印度和马来西亚也有分布，现世界各地广为栽培。

◆**形态特征**：一年生草本植物，株高 30 ~ 80 厘米，茎肉质、富含水分，节部膨大、粗壮、光滑、直立，茎色常与花色有关，茎部青绿色或红褐色至深褐色。叶互生，披针形，边缘有锯齿，叶柄有腺体，花大、单生或数朵簇生叶腋，花色繁多，有白、粉、雪青、红、紫及杂色等，花瓣大，共 5 枚。花期 6 ~ 8 月，蒴果肉质、纺锤形、有茸毛，种子圆形、褐色，千粒重 10 克左右，成熟时易爆裂出，可在蒴果稍发白时采收。采收后的果实应充分翻晾，并及时清除已经开裂的果皮，否则肉质果皮水分很多，易引起霉烂。凤仙花可作花坛、花境材料或盆栽，也可用作空隙地绿化。

◆**生活习性**：喜温暖和光照，不耐寒，但喜湿润排水良好、肥沃的土壤。因为茎部肉质肥厚，在夏季炎热干旱时，易落叶并逐渐

凋萎。在阴湿环境下易徒长、倒伏，开花不良。

◆**繁育管理**：凤仙花以播种繁殖为主，同时具有自播繁殖能力，对土壤适应性很强。一般 4 月播种，凤仙花种子大且发芽迅速整齐，幼苗生长极快，一般不必温室育苗，7 月中旬开花，花期保持 40 ~ 50 天。如果要保证国庆用花，则应于 7 月中、下旬播种，10 月初即可开花。由于幼苗生长迅速，要及时间苗，保证株行距为（30 ~ 40）厘米 ×（30 ~ 40）厘米。在炎热干旱时期要注意适当浇水，保持土壤湿润，以免真叶凋萎。在生育期注意施肥，每隔半月施用加 5 倍水的人畜粪尿液 1 次，或每 20 ~ 30 天施肥 1 次，各种有机肥料或氮、磷、钾肥均佳，成株后氮肥要减少，可增加磷、钾肥，能促进多开花，若茂盛则免施肥也能开花。夏季阴雨连绵应注意排水。实践中，盆栽凤仙时，可将主茎打顶，并摘除主茎及分枝基部花朵，不让开花，直至植株长成丛状为止，则所有分枝顶部能同时开花，增加观赏价值。花坛用植株也可作同样处理。蒴果成熟后容易弹裂，所以只要观察果皮发白时，用手指轻按，能裂开的就采下作种。

凤仙花因栽植过密或遇阴天、夏天通风不良易患白粉病，尤其开花后期发病更严重。可用 1000 ~ 1500 倍的甲基托布津可湿性粉剂喷治，或用 200 倍硫黄粉液防治，或用 25% 多菌灵 500 倍液喷杀，并及时拔除、销毁病害植株、病叶等。蚜虫、盲蝽用 40% 氧化乐果乳油 2000 倍液喷杀。在庭院栽培时，若与大牵牛或芍药等临近种植，会相互传染，应加倍防治，也可适当疏植，改善通风透气条件。

5. 福禄考

◆**别称**：洋梅花、小洋花、桔梗石竹、草夹竹桃等。

◆**科属**：花荵科，福禄考属。

◆**生长地**：原产于北美洲南部。

◆**形态特征**：一年生草本植物，株高 15 ～ 45 厘米，茎直立，多分枝，呈丛状生长，有腺毛。叶阔卵形、矩圆形至披针形，被茸毛，基生叶对生，茎生叶互生。顶生聚伞花序，花冠高脚碟状，具有较细的花筒，直径 2 ～ 2.5 厘米，5 浅裂，原种为红色，现有白、蓝、紫、粉、斑纹等单色，还有复色品种。花瓣有圆瓣种、须瓣种、星状瓣种及放射状瓣种，还有矮生种和大花种。花期 6 ～ 9 月，盛花期 6 月末至 8 月初。蒴果圆球形，成熟时 3 裂，种子椭圆形，浅褐色，千粒重约 2.0 克。福禄考株形低矮，花期整齐，花色鲜艳，适合做春夏花坛材料和盆栽。

◆**生活习性**：喜凉爽，但耐寒性不很强，喜温暖，不耐旱，忌酷暑，忌碱性土壤，喜疏松、排水良好的中性或微酸性肥沃土壤。种子的发芽率较低，生活力可保持 1 ～ 2 年。

◆**繁育管理**：一般采用播种繁殖为主。春播、秋播均可。春播于 2 ～ 3 月进行，在温室或温床中播种，温度保持在 15 ～ 20℃，温度过高不易发芽。其种子在正常条件下发芽也较慢，且不整齐，一般经 2 ～ 3 周可发芽出苗，6 ～ 7 月即可开花。福禄考种子发芽厌光，因此播种后应注意严密覆土。秋播于 9 月上、中旬播种福禄考，播种后要轻轻覆一层薄土或者将种子混沙播种，播后保持土壤湿润。秋播必须注意小苗的越冬，若晚上温度突然降低时，可用草席覆盖保温，以免受冻，秋播苗第二年 5 月即可开花。

在种苗 3 ～ 4 片真叶期进行分苗移植。幼苗初期节间短，略显莲座状。如果播种过密，分苗不及时，会造成幼苗徒长，茎细

弱，节间伸长，这样的苗移植后不易成活或株形差，生长势弱，因而应适当控制浇水并充分见光，及时分苗。移植后株行距为（20～25）厘米×（20～25）厘米，因其株丛小，分枝细弱，应用时株行距不宜过大，否则不能覆盖底面，影响观赏效果。盆栽，每盆宜栽3～4株。福禄考忌酷暑，因此夏季中午要适当遮阴。福禄考不喜肥，因此不宜过多施肥，生长期间追施1～2次5倍水的人畜粪尿液即可。生育期或开花期间，每隔20～30天均需用氮、磷、钾肥追肥1次。平时要保证水分的供应但不能积水，雨季注意排水防涝。福禄考应栽在阳光充足的地方，阳光不足，会导致花色不鲜艳。福禄考的种子成熟后易散失，因此适合随熟随采，可在大部分蒴果发黄时，采下整个花序，晾干脱粒。福禄考植株矮小，花色丰富，着花繁密，且花期长，因此可用于布置花坛，或盆栽观赏。

◆**病虫害防治**：福禄考生性强健，病虫害较少，繁育管理粗放。

6.鸡冠花

◆**别称**：红鸡冠、老来红、鸡公花、鸡髻花、鸡冠海棠等。

◆**科属**：苋科，青葙属。

◆**生长地**：原产非洲、美洲热带和印度，现我国各地区均有栽培。

◆**形态特征**：一年生草本植物，株高40～90厘米，茎直立光滑，粗壮无毛，上部扁平，有棱状纵沟。单叶互生，卵形，呈长椭圆形至卵状披针形，全缘，绿色或带红色。基部渐窄而成叶柄。顶生或分枝末端生扁平穗状花序，肉质，扁平而肥厚，如鸡冠，故名鸡冠花，上端宽，有皱褶，密生线状鳞片，下端渐窄，常残留扁平的茎。

花色有紫、橙、白、红、黄等色，中部以下密生多数小花，每花宿存的苞片及花被片均呈膜质。花期 8 ～ 10 月。种子扁圆形、黑色，有光泽、轻且柔韧，千粒重约 0.8 克。鸡冠花主要用于花坛、花带、花镜等绿化布置，也可作切花、干花，还可盆栽。

◆**生活习性**：鸡冠花喜阳光充足、炎热、干燥的气候，怕涝耐旱，不耐寒，一旦霜期来临，则植株受冻枯死。适宜在土地肥沃、排水良好的沙质壤土中种植。喜肥，不耐贫瘠。忌连作，直根系，不耐移植。生长迅速，能自播繁衍，鸡冠花为异花授粉植物，品种间极易天然杂交。

◆**繁育管理**：一般采用种子繁殖。品种不同，播种期有差异。高大品种因生长期长，宜 3 月播种于温床，如播种过晚常因秋凉寒冷而结实不佳，花期也短；一般品种可于 4 ～ 5 月播于露地苗床。播种后白天温度保持在 21℃ 以上，夜间 17℃ 以上，6 ～ 8 天可出苗，出苗后适当间苗，当幼苗生出数片真叶时，带土移栽。种子发芽及幼苗的生长均要求较高的温度和充足的光照。在北方寒冷地区，播种过早常因光线不足、水分过多、温度较低等原因，生长不良，甚至腐烂死亡，从而达不到提早育苗的目的。鸡冠花怕涝，但在生长旺期耗水量大，应注意保持土壤肥沃湿润，雨季注意排涝。播种采用室内盆播和箱播，种子较少，播后覆土不应过厚，不露出种子为宜。在 20 ～ 22℃ 条件下，1 周左右即可出苗整齐。幼苗长出真叶时，进行第一次移植，也可待苗稍大些，4 ～ 6 片真叶时直接上钵。在潮湿、低温季节移苗时，栽植过深容易根茎腐烂，还要适当控制浇水。7 月初将幼苗带土团定植于露地，株行距为（25 ～ 35）厘米 ×（25 ～ 35）厘米，保持土壤湿润可使花期长，开花良好。采种分两次进行。第一次先采花序下部的种子，以免过熟的种子散落。第二次可在秋季将整个花序采下晒干脱粒。

◆**施肥**：鸡冠花喜肥，基肥要充足，生长期每隔半月施用加 10 倍水的人畜粪尿液一次，注意避免沾污叶片，影响美观。用氮、磷、钾肥混合液每半月追肥 1 次。留种用的应隔离种植，避免杂交。

◆**病虫害防治**：鸡冠花易遭受蚜虫虫害和病害。蚜虫虫害可用 1∶1000 的乐果稀释液喷杀，或用 90 % 敌百虫原药 800 倍液喷杀。如排水不良则易感染立枯病。可用波尔多液连喷 2～3 次，每隔 10 天 1 次。并及时拔除病株，进行土壤消毒。

7. 矮牵牛

◆**别称**：碧冬茄、番薯花、撞羽朝颜、矮喇叭、键子花、灵芝牡丹。

◆**科属**：茄科，矮牵牛属。

◆**生长地**：原产于南美洲阿根廷，现世界各地广泛栽培。

◆**形态特征**：多年生草本植物，通常作一二年生花卉栽培。株高 30～60 厘米，全株被黏毛。上部叶对生，中下部叶互生，叶片卵形，全缘，无柄。茎较细，多分枝，稍丛生。花单生于叶腋或枝顶，花冠漏斗状，先端有波状浅裂，花瓣边缘有平瓣、锯齿状、波状等。花色变化多样，有白、粉、蓝、黄、红、紫等，另外还有星状、双色等。花期 4～10 月。蒴果尖卵形，成熟时开裂。种子细小，粒状，呈褐色，千粒约重 0.1 克。矮牵牛花大而色彩丰富，花期长，酷暑季节也经久不败，因此可用于布置花坛，也可盆栽观赏或作切花。

◆**生活习性**：矮牵牛耐寒性不强，喜凉爽的夏季，喜温暖和阳光充足的环境。较耐热和干旱，在 35℃ 下可正常生长。忌水湿，喜排水良好的沙质壤土，雨涝、过肥或阴凉天气则枝条徒长，易倒伏，影响开花。

◆**繁育管理**：以播种繁殖为主，也可扦插繁殖。播种繁殖：春、秋播种均可。矮牵牛种子细小，发芽需光照，可提高发芽率。要求播种土保水、透气性良好，播种前将土面刮平并稍压，浇透底水后，将种子与细沙土或细沙充分混匀撒播，播种不要过密，否则分苗不及时，易得猝倒病，不必覆土。注意保持土表湿润，在20℃左右矮牵牛7～10天发芽，出苗整齐。当幼苗长至6～7片真叶时可定植。扦插繁殖：由于重瓣及大花的品种常不易结实，可采用扦插方法繁殖。扦插一般取嫩茎或茎基部侧枝，剪成5～7厘米长的茎段做插穗，扦插于湿沙床中，温度为20～25℃，适当避光，保持湿润，15～20天生根，根长5厘米时即可移植，成活率较高。

一般露地定植株距30～40厘米，定植时要带土团，以免伤根太多，难以恢复。秋播苗经移植一次以后，可在温室中越冬，冬季室温不能低于10℃，到翌年春季即可开花，而且花可一直开到10月底。开花期特别是夏季要及时补充水分。在生长过程中每隔半月施用加5倍水的人畜粪尿液1次，或在生长期或开花期每20～25天施用氮、磷、钾复合液肥1次。并进行整形修剪，促使开花。田间管理还应注意控制植株高度。蒴果成熟后会自行开裂，种子散落，故应在清晨采种，在蒴果尖端发黄或微裂时采下，以防种子散失。夏季高温、高湿对结实不利，应尽量避开。

◆**病虫害防治**：常有花叶病、青枯病等危害。预防此两种病害，在栽培植株时，要注意给盆土进行消毒处理。发现病株要立即拔除并用10%抗菌剂401醋酸溶液1000倍液喷洒防治，也可用好生灵等农药的800倍液喷杀。虫害有蚜虫危害，用10%二氯苯醚菊酯乳油2000～3000倍液喷杀，也可用万灵800～1000倍

液喷杀。

8. 千日红

◆**别称**：火球、杨梅花、千年红。

◆**科属**：苋科，千日红属。

◆**生长地**：原产亚洲热带地区。

◆**形态特征**：一年生草本植物。

株高 40～60 厘米，茎强健，上部多分枝，节部膨大。叶对生，全缘，长圆形，叶片上被灰白色长毛。头状花序，球形单生于枝顶，或 2～3 个花序集生，花序球渐开，渐伸长，呈长圆形，长者可达 3 厘米以上。花色为紫红色，栽培变种有千日白，花白色；千日粉，花粉色。花期 7 月至降霜。外部密被白色绵毛，种子千粒重约 3.0 克。种子近球形，千日红可做花坛、花境栽植材料，也可盆栽，还可做干花。在花序已伸长，下部小花未褪色前，剪取花枝，捆扎成束，倒挂于阴凉处，干后即可做干花材料。

◆**生活习性**：千日红喜温暖阳光、炎热气候，耐干热，不耐寒，怕霜雪，要求肥沃和排水良好的沙壤土。千日红植株低矮，繁花似锦。适于花坛、花境、盆栽，亦可作鲜切花和干花。

◆**繁育管理**：千日红以播种繁殖为主，也可扦插。发芽适温 16～23℃，3～4 月春播或 9～10 月秋播，以直播为好。种子有短密的茸毛，互相粘连，不易播种且发芽率低，播种前用粗沙揉搓将茸毛揉掉后再播或用冷水浸种 1～2 天后挤出水分稍干后拌土拌沙再播，播后 7～10 天发芽。幼苗需移植或间苗 1 次，移苗后需遮阴 2～3 天，保持土壤湿润，否则易倒苗。生长期可摘心 1 次，促发侧枝，多开花。每月施用加 10 倍水的人畜粪尿液 1 次，花前增施磷肥 1 次，花后可进行修剪和施肥，促使重新抽枝，可再次开花,选取节间较密的种株采种,随熟随采。当花序球下部小苞片褪色变黄时,将整个花序采下,晾晒脱粒。应选择株形紧凑、花序球较大的植株采收种子。千日红的种子及成熟的果序易遭鼠食,应及时采收。采后将种子充分晾干以防霉烂。

◆**病虫害防治**:千日红大苗很强健,很少发生病虫害。在夏季高温、多湿时有时发生叶斑病和病毒危害,可用 10% 抗菌剂 401 醋酸溶液 1000 倍液喷洒防治。此外要避免连作,注意雨季排水。

9. 紫罗兰

◆**别称**:四桃克、草桂花、草紫罗兰。

◆**科属**:十字花科,紫罗兰属。

◆**生长地**:原产地中海沿岸,目前我国南部地区有广泛栽培。

◆**形态特征**:亚灌木状二年生草本,茎基部木质化,直立,有时有分枝,株高 30 ~ 60 厘米,全株被灰色星状柔毛。单叶互生,叶片宽大,呈长椭圆形或倒披针形,先端圆钝,全缘。总状花序顶生或腋生,花梗粗壮,花紫红、淡红、淡黄等色,有芳香,花期 4 ~ 5 月。角果圆柱形。单瓣花能结籽,重瓣花不结籽,种子有翅。

◆**生活习性**:紫罗兰喜温和气候,忌酷热和严寒,适宜肥沃、湿润及深厚土壤。紫罗兰花序大,色彩鲜艳且芳香,适宜布置春季花坛和花境,也可作盆栽观赏或作切花。

◆**繁育管理**:紫罗兰主要采用播种繁殖,一般早春温室播种,夏、秋季开花,或秋季播种,早春在温室开花。播前盆土要保持较湿

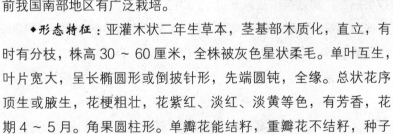

润的环境，播后要盖一层薄细土，不再浇水，在半月内如果盆土干燥，可以把盆的一半放在水中，让水从盆地进入。播种后注意遮阴，约 15 天后出苗，在幼苗真叶展开前，进行一次分栽，拔苗的时候注意不要伤到根须，为保护根系，要带土球，否则根系受损很难成活。等其生长一段时间便可上盆定植。生长期追肥 2 ～ 3 次，为避免徒长，应少施氮肥，以磷、钾肥为主，宜用稀薄的麻枯水或猪粪水。初霜到来之前，搬入室内向阳处越冬，秋季播种的紫罗兰，在冬季正是花芽分化即将开花的时候，要注意保持一定的温度以利于花芽分化，通过增加光照或者人工补光等方法给植株增温，以使植株如期开放但不要突然让植株处在比较热的暖气旁边。

◆**病虫害防治**：紫罗兰经常受到猝倒病、霜霉病、菌核病、立枯病等病害的侵染。

（1）猝倒病、立枯病：预防这种病要对育苗床进行消毒，及时拔出病苗。加强苗床通风降湿，如果苗床土潮湿，应撒施少量细干土或草木灰。发现病株可喷洒 75% 百菌清可湿性粉剂 800 ～ 1000 倍液或 65% 代森锰锌可湿性粉剂 600 倍液、64% 杀毒矾可湿性粉剂 500 倍液。

（2）菌核病 需要对盆土进行消毒处理。比如用 50% 退菌特可湿性粉剂对土壤消毒，然后用 50% 速克灵 1500 倍液或 50% 农利灵 1000 倍液、50% 菌核净 1000 倍液喷雾。

（3）霜霉病 防治这种病害发生，可以喷施 58% 瑞毒霉锰锌可湿性粉剂 600 倍液或 64% 杀毒矾可湿性粉剂 500 倍液、40% 乙磷铝可湿性粉剂 250 ～ 300 倍液。

蚜虫可以喷施乐果或氧化乐果，根结线虫病可用 3% 呋喃丹防治。

10. 半枝莲

◆**别称**：太阳花、死不了、龙须牡丹、洋马齿苋。

◆**科属**：马齿苋科，马齿苋属。

◆**生长地**：原产于巴西等美洲热带地区，现我国各地均有栽培。

◆**形态特征**：一年生、肉质草本花卉。株高 10 ~ 20 厘米，茎肉质圆形，匍匐状或斜伸，多数带紫红色，多分枝。单叶互生或散生，叶片肉质圆柱形，银绿色。花 1 至数朵簇生于枝顶，花径 2.5 ~ 4.0 厘米，基部有 8 ~ 9 枚轮生的叶状苞片。单瓣、半重瓣或重瓣，花色鲜艳丰富，有红、黄、紫、白等色，以及一些中间色。其花朵于阳光充足的上午逐渐开放，午后至傍晚陆续凋谢，故而又称午时花、太阳花。花、果期 6 ~ 9 月，蒴果圆形，盖裂，种子细小，具银灰色金属光泽。半枝莲适应性强，株形矮小，生长健壮，花色丰富，花朵娇美，是布置花坛、花台、花境、岩石园的常用植物，也可盆栽观赏，又是很好的阳台花卉。

◆**生活习性**：属强阳性植物。喜欢温暖、阳光充足和稍干燥的环境。不耐寒，不耐阴湿，忌酷热。耐贫瘠，适宜干燥沙质土壤。

◆**繁育管理**：可用播种和扦插法繁殖。春、夏、秋三季均能扦插育苗，盆栽或花坛均可直接插枝。夏秋扦插，土壤不可太潮湿，否则易腐烂。半枝莲种子细小，要求表土细平，播种前将种子与细沙混匀，如此撒播种子发芽整齐，播种不宜过密，播后不覆土或稍覆土，以土表不露种子为宜。播种在 4 ~ 5 月进行，播于露地苗床，7 ~ 8 天后即可出苗。7 ~ 8 月生长期剪取嫩枝扦插，极易生根成活。幼苗经间苗、移植，于 5 月中、下旬定植，株距 25 ~ 30 厘米。每隔半月可施用加 5 倍水的人畜粪尿液 1 次，进

入花期要注重追施磷、钾肥,每20～30天追肥1次。大苗期的半枝莲生长迅速,开花旺盛,较耐旱,怕积水,天旱时适当补充水分。花后蒴果成熟,遇晴天易开裂使种子散落,应在花瓣干枯易落时采摘。扦插繁殖极易成活,生长期随意截取一段嫩茎,插入稍湿润的土壤中,1周左右即可生根成活,故得名"死不了",半枝莲也可自播。

◆**病虫害防治**:半枝莲病虫害较少。白锈病用等量式波尔多液喷洒,虫害用10%除虫精乳油2500倍液喷杀。若苗期发现猝倒病或腐烂病,应控制浇水,使其充分见光,及时分苗,并在患处施以百菌清药土防治。

11. 万寿菊

◆**别称**:臭芙蓉、蜂窝菊、臭菊花、黄芙蓉。

◆**科属**:菊科,万寿菊属。

◆**生长地**:原产于墨西哥。

◆**形态特征**:一年生草本花卉。植株有矮、中、高3种。茎直立粗壮、光滑,有细棱线,基部常产生不定根,多分枝。叶互生或对生,羽状全裂,边缘有锯齿,叶缘背面有明显油腺点,有特殊浓烈臭味。头状花序单生于枝顶,花黄色或白色、橙黄色,花的直径6～10厘米。花形变化多,有平瓣形和长爪状瓣形等,以重瓣为主。花期6～9月,果熟期7～9月,瘦果黑色,种子长披针形,有膜质冠毛,千粒重4.0克左右。目前深受欢迎的是矮生杂交种,株高仅25～35厘米,株形紧密,观赏价值较高,但采种后,后代易发生变化。万寿菊花期长,花大色艳,是花坛、花境的良好材料,矮生品种可做盆栽或花丛,高生品种做带状栽植可替代篱垣,作切花水养持久。

◆**生活习性**：性强健，生长迅速，喜阳光温暖，耐干旱，对土壤、水肥要求不严，耐移植，不耐寒，怕霜冻。栽培容易，病虫害较少。在多湿、酷暑季节开花、生长不良。

◆**繁育管理**：以播种繁殖为主，也可扦插繁殖。种子发芽力强，发芽整齐而迅速，于 4 月下旬至 5 月上旬播种，播于露地苗床。为了控制植株高度可夏播，60 天左右即可开花。在湿润土壤中 2～3天即可发芽，1 周内出苗整齐。夏季也可露地扦插，略予遮阴，极易成活，插后 2 周生根，约 1 个月即可开花。

万寿菊栽培简单，移植易成活，生长迅速。当播种苗有 5～7 枚真叶时进行定植，株距最少应在 30 厘米以上，对早播者应于花前设立支架，以防倒伏，为增加分枝，可在生长期内进行摘心。万寿菊花期长，极少发生病虫害，幼苗强壮，但后期易倒伏，因此要注意通风，并在生长后期适当控制水肥，抑制徒长。尽管万寿菊对土壤要求不严格，但栽植万寿菊应以用树叶和草堆沤制的混合肥作基肥；如若盆栽，可在盆土中掺入少量饼肥。生长期每隔 10 天施用加 10 倍水的人畜粪尿液 1 次，也可用氮、磷、钾肥，每月追肥 1 次，但生长后期应注意控肥，特别是氮肥和磷肥。雨季注意排水防涝，水分过大生长不良，易发生植株枯萎、花絮腐烂的现象。万寿菊夏季开花所结的种子发芽率比较低，故应采收 9 月以后开花所结的种子，并以新鲜、有光泽的种子为好。

◆**病虫害防治**：万寿菊病虫害较少，幼苗易感染猝倒病、立枯病、一定要注意土壤消毒，发病后立即喷洒 1000 倍甲基托布津或75% 百菌清 600 倍液加以防治。但生长期易受红蜘蛛危害，可喷洒 1000 倍的敌敌畏液，每周喷 1 次，连续喷 3 次即可。

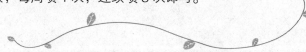

12. 金鱼草

◆**别称**：龙口花、洋彩雀、龙头花、狮子花。

◆**科属**：玄参科，金鱼草属。

◆**生长地**：原产于地中海沿岸，北部非洲也有分布，是现今北方地区绿化中常用的一二年生露地花卉之一。

◆**形态特征**：多年生直立草本花卉，常作一二年生花卉露地栽培。株高 20～90 厘米，分为高、中、矮三种类型。茎直立，下部叶对生，上部叶互生，叶矩圆状披针形，全缘。总状花序顶生，长达 25 厘米，花冠唇形筒状，有茸毛，花冠长 3～5 厘米，花色有白、红、粉、黄等色，也有复色。花期 5～7 月，蒴果卵球形，孔裂，种子细小，灰褐色，千粒重约 0.15 克。金鱼草的花色繁多，美丽鲜艳，高、中型可作花丛、花群及切花，中、矮型可用于布置花坛和盆栽观赏。金鱼草对有害气体抗性强，可栽植在工矿企业等污染地区。

◆**生活习性**：金鱼草性强健，有一定的耐寒性。喜凉爽，一般早霜不致冻死。喜阳光，稍耐半阴，忌酷热，幼苗期生长缓慢，喜肥沃且排水良好的肥沃土壤，若光照不充足，容易导致植株徒长，影响开花，也可在弱碱性土壤上正常生长。

◆**繁育管理**：播种或扦插繁殖。在南方做秋播于二年生花卉，栽培幼苗可在冷床内越冬，春季开花。在北方寒冷地区宜春播。秋播于 8 月末至 9 月上旬播种，发芽适温 20℃左右，播后间苗 1 次，移植 1～2 次，翌年 6～7 月开花。为保持优良性状或在缺少金鱼草种子时，可进行扦插繁殖，一般多于 6～7 月或

9 月扦插。金鱼草种子细小，发芽时喜光，因而采用混沙播种，混沙用的沙粒大小与种子近似，混沙量为能使种子均匀布满播种箱为宜。由于播种覆土薄或不覆土，种子易干燥，除播前将底土浇透水外，还要在播种箱上加塑料膜或无纺布覆盖，以利保湿，出苗后撤去。种子发芽率高，发芽整齐，在 18 ～ 20℃条件下，5 ～ 7 天出苗。金鱼草幼苗耐移植，幼苗 3 ～ 4 片真叶时移苗，定植距离，矮型 15 ～ 18 厘米，中型 25 ～ 30 厘米，高型 40 ～ 50 厘米。如果布置花坛，则栽植距离可缩小。移苗时不可栽植过深，否则遇低温、阴雨天，易发生烂根、烂茎现象。高型、中型品种适当摘心，可促生侧枝，增多花穗，但作切花，则不摘心而摘侧枝培养独杆。金鱼草较耐寒，在 4 月中旬移入温床炼苗，5 月中旬定植露地。除栽前施足基肥外，常用腐熟的堆肥、饼肥等含氮、磷、钾丰富的肥料。生长期每隔 10 天施用加 5 倍水的人畜粪尿液，开花前施用加 3 倍水的肥液 1 次，并保持土壤湿润。也可每隔 7 ～ 10 天追施 1 次稀薄的氮、磷、钾复合液肥。为使茎干粗壮硬实，后期应酌情增加钾肥施用量。7 月中下旬若进行重剪，并施清淡肥液 1 ～ 2 次，国庆节期间可再次开花。夏季高温季节金鱼草开花、生长不良，若在入秋后将残枝稍加修剪，并适当追肥，又可旺盛开花，直至霜降。品种间杂交易造成品种混杂退化，应注意留种母株的隔离，当蒴果变棕黄时采收果实，晒干脱粒贮藏。

◆**病虫害防治**：危害金鱼草的害虫主要是蚜虫，防治方法是用 1∶1000 的敌敌畏溶液隔周喷洒 1 次，连续喷 2 ～ 3 次即可。立枯病、猝倒病是苗期发生的主要病害，用 50% 克菌丹 500 倍液或 75% 百菌清 800 倍液喷杀。

13. 百日草

◆**别称**：步步高、对叶梅、节节高、对叶菊、百日菊。

◆**科属**：菊科，百日草属。

◆**生长地**：原产于墨西哥。

◆**形态特征**：一年生直立草本花卉，茎有粗毛，侧枝呈叉状分生，高于主茎。其高度因品种不同而有所差异，矮者 20 ~ 30 厘米，高者达 90 厘米。叶对生，广卵圆形至椭圆形，基部抱茎，全缘，有短糙毛，无叶柄。头状花序单生于枝顶。花梗长而中空，花径 5 ~ 12 厘米，舌状花有红、粉、白、黄、紫等色，诸色均有浓淡之分，有重瓣、单瓣、半重瓣。花期 9 ~ 10 月。蒴果大型，果实为楔状广卵形，顶部尖，中部微凹，中心管状花，果实为椭圆形至卵形，较扁平。种子千粒重 5.9 克。百日草因花大色艳，花期长，在园林绿化中应用极为广泛，可用于花坛、花境及庭院绿化。也可盆栽作切花，很耐水播。

◆**生活习性**：喜充足阳光，在 15℃以上就能正常生长。植株健壮耐干旱，喜肥沃深厚而排水良好、肥沃的土壤，如土壤贫瘠干旱则生长不良，花朵显著减少，且花色不良，花朵瘦小。忌酷暑。百日草性强健，极耐移植。其花朵的重瓣性常受日照长短的影响，长日照下重瓣性强，而短日照下重瓣性稍差。百日草为天然异花授粉植物，后代变异大，因而在采种及留种时，需注意选优。

◆**繁育管理**：一般用种子繁殖。4 月播种于露地苗床，如果播得太早，幼苗生长发育不良，则植株始终不能良好成长。百日草种子发芽迅速，发芽率一般在 60% ~ 70%，发芽时需黑暗，覆土时勿使种子暴露出来，在 20 ~ 22℃下，3 ~ 5 天即可出苗，2 片真叶时可移植，一般播后 70 ~ 80 天便可开花。实践中发现舌状花结实的种子发芽率低于管状花结实的种子，而且百日草种子易染病，影响幼苗质量，在播种前最好将种子用高锰酸钾浸泡或用杀菌剂拌种等。除种子繁殖外，还可利用夏季侧枝扦插，注意防护遮阴。百日草侧根较少，移植后恢复比较慢，因此应在小苗时进行定植，高茎品种株距 50 厘米，矮生品种株距 30 厘米，在育苗期间应摘心 1 ~ 2 次，促使多发侧枝。作切花的不能摘心，但应注意及时设立支柱以防风折，当主茎顶端花盛开时齐地切取。基肥以有机肥为主，如堆肥、厩肥等。生长发育期间每隔 10 天施用加 10 倍水的人畜粪尿液 1 次，最好雨后施少量磷肥和钾肥，促使开花更茂盛，并防止倒伏。

◆**病虫害防治**：青枯病主要为害植株的根颈部，可用 65% 代森锌可湿性粉剂 700 ~ 800 倍液喷雾。在夏季高温多雨时易发生黑斑病，而且若连作则更为严重，除用托布津 800 倍液防治外，应避免连作，适当疏植。当百日草花序周围小花已干枯、中部花褪色时，将整个花序采下，晒干脱粒净种。角斑病：最初在叶片上呈现褐色圆形小斑，逐渐扩大至叶脉，形成多角形。防治方法：①避免连作；②用药剂对土壤消毒。蚜虫、短额负蝗可用 50% 杀螟松乳油 1000 倍液喷杀。细菌腐败病主要发生在茎、叶、叶柄，被害部位呈暗绿色并软化腐败，有恶臭味，造成茎易折断。主要以预防为主，一旦发现病株可连根拔除并集中烧毁。

14. 翠菊

◆**别称**：兰菊、五月菊、江西腊、八月菊、云南菊仔。

◆**科属**：菊科，翠菊属。

◆**生长地**：原产于我国东北、华北、四川及云南等地。

◆**形态特征**：一年生或二年生草本花卉，直立，株高20～100厘米。茎有分枝，全株疏生白色短毛。叶互生，叶片卵形至长椭圆形，叶缘有不规则粗锯齿。头状花序较大，单生枝顶，舌状花常为紫色，心部管状花为黄色。花期为7～10月。种子楔形，浅黄色，千粒重2.0克。翠菊栽培品种极为丰富，花形雅致，变化大，花有纯白、雪青、粉红、紫红等色，近年又培育出黄色品种。花形及花瓣形也变化多样。此外，还有矮生型可做花坛、盆栽观赏，中型和高生品种常用于园景布置和切花。翠菊曾是北方庭院绿化常栽培的草花之一。

◆**生长习性**：喜凉爽，不耐寒，忌酷热，炎热季节开花不良，因而南方温暖地区栽培不多。喜阳，耐轻微遮阳。根系较浅，要求肥沃、排水良好的土壤。能自播繁衍。忌连作。

◆**繁育管理**：翠菊以种子繁殖为主，翠菊种子发芽率在60%以上，有些品种可达95%以上，发芽率随种子贮藏期延长而明显下降，因而应用时不宜保留种子，更不能使用陈种子。可在3月温室播种或4月中旬露地直播，采用一般播种方法，易操作管理，但播种不宜过密，否则幼苗徒长，如遇连续阴雨天或低温高湿环境也偶发猝倒病。翠菊幼苗极耐移植，幼苗经1～2次移植后，于6月初定植露地，矮生品种株行距为（20～30）厘米×（20～30）厘米，高生种为（30～40）厘米×（30～40）厘米。翠菊属于浅根性植物，既不耐表土干旱，又怕水涝。因此露地栽培应保持土壤适当湿润。在干旱土壤上往往植株细弱，矮小，分枝少，开花小；水涝则会造成植株生长缓慢和黄叶现象。在冷凉条件下翠菊生长强健，夏季高温多雨季节，开花不良，头状花序易腐烂，甚至整个植株茎叶枯萎而死。翠菊采种容易，当头状花序的舌状花干枯时，将整个花序采下，晒干脱粒即可。

◆**病虫害防治**：翠菊夏季病害较严重，除一些观赏效果极好的新品种外，越来越受到人们的冷落，应用日趋减少。实际上，翠菊的病害可以通过种子消毒、苗期施药和轮作等方法防治，从而收到良好的栽培效果。

15. 波斯菊

◆**别称**：大波斯菊、秋樱、扫帚梅、秋英。

◆**科属**：菊科，秋英属。

◆**生长地**：原产于墨西哥和南美等地。

◆**形态特征**：一年生草本花卉，株高 1.2 ~ 1.5 米。茎光滑、纤细，多分枝。叶对生，长约 10 厘米，二回羽状全裂，裂片稀疏，细线形，全缘。头状花序单生于枝梢，具卵状披针形的总苞，舌状花多单轮，也有重瓣品种，有红、粉、紫、白等色，盘心管状花黄色。瘦果先端有芒刺状喙，果面平滑、线形，黑褐色，千粒重8.2克。花果期7 ~ 11月。波斯菊生性强健，株形疏散，飘逸，植株高枝杈多，花蕾繁密，常用作自然式花坛、花境的背景材料或群植于草坪周围。近年来多实行直播，粗放管理，用于树丛边缘及高速公路两旁绿化，颇具野趣，也可作切花。

◆**生活习性**：喜阳光、凉爽的气候。不耐寒，也怕酷热，是短日照植物，在秋季短日照条件下开花，但要求充足的光照。性强健，不择土质，可耐贫瘠土壤，常见在路旁瘠薄土地上生长，但以疏松及多含腐殖质的土壤为宜。如栽植地施以基肥则生长期间不需再施肥，以防植株徒长，开花不良。波斯菊原本多在秋后开花，现杂交种可由6～7月开至9～10月。种子有自播能力，成熟后可自行散开，翌年于圃地发芽自生。

◆**繁育管理**：播种或扦插繁殖。3～4月上旬播种，适宜发芽温度为20℃，如温度适宜播后6～7天小苗即可出土，出苗后要适当间苗。在生长期内不需要特殊管理。波斯菊也可自播繁殖，可在生长期内采用嫩枝扦插，成活率也高，即剪取15厘米左右的健壮枝梢插于沙壤土内，适当遮阴及保持湿润，5～6天即可生根。波斯菊植株高大，在迎风处栽植应设置支柱以防倒伏及折损。一般多培育成矮化植株，即在小苗高20～30厘米时摘心，以后再对新生顶芽连续数次摘除，植株便可矮化，同时也增多了花数，增加了观赏价值。栽植圃地适合稍施基肥。因为种子成熟后容易脱落，所以应在清晨湿度较高时，采收瘦果稍变黑色的花序，防止中午高温、干燥时，瘦果散成放射状，一触即落。

◆**病虫害防治**：在高温、高湿季节易发生叶斑病、白粉病，可用50%托布津可湿性粉剂500倍液喷洒。蚜虫、金龟子用10%除虫精乳油2500倍液喷杀。

16. 一串红

◆**别称**：墙下红、串红、西洋红、爆仗红、撒尔维亚、草象牙红。

◆**科属**：唇形科，鼠尾草属。

◆**生长地**：原产南美热带及亚热带地区。我国各地露地栽培甚多。

◆**形态特征**：多年生草本，多作一年生栽培。一串红因品种不同株高差异很大。高生一串红株高50～80厘米，矮生品种株高约30厘米。茎直立、光滑，有四棱，多分枝。叶对生，卵形，边缘有锯齿，呈黄绿色。假总状花序顶生，被红色柔毛，小花2～6朵轮生，鲜红色，花萼钟状，常宿存。花冠唇形，红色。花谢后花冠脱落，花萼仍可观赏。一串红花期长，可从7月开到霜降。果实为三棱状卵形小坚果，黑褐色。种子千粒重3.0克左右。果熟期9～11月。其变种有：一串白，花白色，萼略带绿色；一串紫，花及萼均为紫色；丛生一串红，株形较矮，花序密；矮一串红，株高仅约20厘米，花亮红色，花朵密集于总梗上。一串红花色鲜艳，花期长，是最普遍栽培的草本花卉，适宜布置大型花坛、花带和花境，在草坪边缘、树丛外围成片种植效果也好，一些矮生品种常用于盆栽，布置花架、美化阳台。

◆**生活习性**：喜温暖和阳光充足的栽培环境，不耐寒，遇霜冻则植株易受冻死亡，耐半阴，忌霜雪和高温，怕积水和碱性土壤，适栽于疏松肥沃和排水良好的沙壤土。生长适温20～25℃，15℃以下叶色发黄甚至脱落，30℃以上则花、叶变小。

◆**繁育管理**：一串红以播种繁殖为主。春、秋季播种。秋季播种需在温室内越冬。种子喜光，播种后不可覆土。一串红种子发芽率不高，且发芽较慢，为促进种子萌发，可以在播种前用冷水浸种24小时，种子浸水后分泌出一层透明黏液。为使播种时种子分散均匀，应混沙，以不见种子为宜，否则发芽慢，且不整齐。播后保持盆土湿润，发芽适温20～25℃，3～6月均可播种，早播早开花，1周后子叶陆续出土，15～20天后出苗整齐，逐渐加强光照，增强通风。温室培育一串红时，播种过密或温度忽高忽低，或连续阴天盆土过湿，常发猝倒病致使大面积死苗。除药物防治外，应及时分苗，加强通风光照，控制浇水。一串红也可扦插繁殖，5～8月为扦插繁殖期，扦插的插穗，要求枝条是剪自成株未带花蕾的健壮侧芽，每段 6 ~ 8 厘米，并带有 4 ~ 5 枚叶片，靠近切口的叶片摘去，再扦插于湿润的细沙中，保持日照 60% ~ 70%，经 10 ~ 15 天可生根，待根旺盛时再移植。

播种苗具 2 片真叶时可移植，株行距为 30 厘米 ×30 厘米。缓苗后，为壮苗可适当降低生长温度至 15℃并加强光照。6 片真叶时摘心，只留基部 2 片叶，生长过程中需摘心 2 ~ 3 次，以促使多分枝，植株矮壮，花枝增多。生长期施肥要勤，每周施用加 10 倍水的人畜粪尿液 1 次，花期增施 2 ~ 3 次磷、钾肥。但也不应过旺，否则枝叶生长旺盛，开花少。一串红成苗茎极脆易折断。整个花序成熟不一致，下部先成熟，采种在 8 ~ 9 月陆续进行，种子少，易自然脱落，应在萼由红转白时及时采收，连花萼一同采下，晾干后脱粒，贮藏种子时，应预防遭鼠食。

◆病虫害防治：常发生叶斑病和霜霉病，用 65% 代森锌可湿性粉剂 500 倍液喷洒。一串红幼苗猝倒病严重，子叶期至 4 片真叶期是高发期，可通过在播种土及分苗土表面撒药土的方法防治，药土可用百菌清等拌制。大苗生长健壮，很少发病。虫害有银纹夜蛾、粉虱、蚜虫、红蜘蛛等，可用 10% 二氯苯醚菊酯乳油 2000 倍液喷杀，或用 1500 倍的 40% 氧化乐果乳油喷杀。

17. 麦秆菊

◆别称：蜡菊、贝细工、干巴花、铁菊。

◆科属：菊科，蜡菊属。

◆生长地：原产于澳大利亚，现分布于我国部分地区。

◆形态特征：一年生草本花卉，株高 50 ~ 100 厘米，茎粗壮直立，上部多分枝，似麦秆。叶互生，长椭圆状披针形，全缘，短叶柄。头状花序单生枝顶，花瓣干燥，具光泽，好像蜡纸做的假花一样，故名蜡菊。茎3～6厘米，总苞片多层，干膜质，苞片伸长成舌状花样。花色有红、粉、白、黄、橙等色。管状花黄色，集生于花盘中心。晴天花开放，雨天及夜间关闭。花期7月至霜降，果熟期9～10月。种子灰褐色，短柱状，有光泽，千粒重0.9克。麦秆菊可用来布置花坛，或在林缘自然丛植。麦秆菊总苞片干蜡质，呈花瓣状，不变形，色彩绚丽，干后很久不凋谢不褪色。因此，近年来麦秆菊除少量用于绿化外，主要用于制作干花。

◆**生活习性**：不耐寒，怕炎热，夏季多停止生长。喜肥沃、湿润而排水良好的环境。喜向阳处生长，施肥不宜过多，否则花虽繁多但花色不艳。对土壤要求不严，适应性强。

◆**繁育管理**：麦秆菊多采用种子繁殖。春、秋、冬均可播种。3～4月在温床或温室中盆播。秋播在温床或冷室中越冬，春天定植露地。麦秆菊种子发芽率高，发芽整齐，播种过密幼苗易徒长。播种覆土不宜过厚，发芽适温15～20℃，约7天出苗。当幼苗长出3～4片真叶，苗高6～8厘米时进行分苗，长出7～8片真叶时定植，株行距20厘米×30厘米。育苗期间的幼苗很少感染病害，养护较容易。摘心可促分枝，肥料用稀薄的人粪尿或豆饼水，或氮、磷、钾肥稀释液，每20～30天追施一次。采种时尽量选择花色深的花头，清晨用手摘，以免种子散落。根腐病用10%抗菌剂401醋酸溶液1000倍液喷洒，叶蝉用50%二溴磷乳油1500倍液喷杀。播种苗经1～2次移植，于5月末定植露地，定植株行距为（30～40）厘米×（30～40）厘米。麦秆菊幼苗培育3个月左右即可开花，生长期很少有病害，繁育管理较粗放。若水肥过多反而会使苞片色泽不艳，且易破裂。其种子成熟后易散落，应及时采收。

◆**病虫害防治**：麦秆菊很少有病虫害。由于天然杂交等原因，优良品种在栽培数年后，易出现苞片数减少及色泽变淡等退化现象，采种时应注意不断选优，在栽培时采种植株应适当隔离。

18. 美女樱

◆**别称**：草五色梅、四季绣球、铺地马鞭草、铺地锦。

◆**科属**：马鞭草科，马鞭草属。

◆**生长地**：原产于南美巴西、秘鲁、乌拉圭等地，现世界各地广泛栽培。

◆**形态特征**：多年生草本花卉，常作一二年生栽培。株高 20 ~ 50 厘米，茎四棱、低矮，匍匐状外展。全株被灰色柔毛。叶对生，有柄，长圆形或卵圆形，边缘有整齐的圆钝锯齿。穗状花序顶生，花小，呈漏斗状，密集成伞房状排列，全长 6 ~ 9 厘米。花萼细长筒状。花色多，有白、深红、粉红、蓝、紫等色，且有复色品种，花略具芳香。花期长，6 月至霜降不断开花，蒴果 9 ~ 10 月成熟，坚果呈棒状，长 4 ~ 5 毫米，浅黄色，千粒重 2.5 克。美女樱植株低矮，分枝繁茂，花期甚长，适合做花坛、花径和盆栽的材料，也可在林缘、草坪成片栽植，还可作切花材料，此外，直立丛生品种可做盆栽。

◆**生活习性**：喜温暖湿润气候，喜阳，不耐阴，亦不甚耐寒，不耐干旱，在疏松肥沃、较湿润、排水良好的土壤中生长健壮，开花亦繁茂，适合温度 10 ~ 25℃。稍耐微碱性土壤。在我国上海等暖地可做二年生栽培，露地越冬。

◆**繁育管理**：繁殖主要用扦插、压条，亦可分株或播种。扦插可在气温 15℃左右的季节进行，剪取稍硬化的新梢，切成 6 厘米的插条，插于温室沙床或露地苗床。扦插后即遮阴，2～3天以后可稍受日光，促使生长。需15天左右发出新根，当幼苗长出5～6枚叶片时可移植，长到7～8厘米高时可定植。也可用匍匐枝进行压条，待生根后将节与节连接处切开，分栽成苗。还可将节间生根枝条切下分栽。播种繁殖通常在9月初播于苗床或盆内，因其种子少，发芽慢且出苗不佳，生产上较少使用。因其根系较浅，夏季应注意浇水，干旱则长势弱，分枝少。雨季生长旺盛，茎节着地极易生根，但水分过多会引起徒长，开花减少。每半月施薄肥1次，用10倍水稀释的人畜粪尿液喷施，以使新梢发育良好。花前增施磷、钾肥2～3次。养护期间水分不可过多或过少，如水分过多，茎枝细弱徒长，开花甚少；若缺少肥水，植株生长发育不良，有提早结籽现象。7月末种子开始陆续成熟，当花序枯黄时，采下整个花序，晾晒后脱粒。

◆**病虫害防治**：美女樱露地生长期不需特殊管理，生长健壮，抗病能力较强，很少发生病虫害。当有白粉病、根腐病时可用70%托布津可湿性粉剂1000倍液喷杀。蚜虫、粉虱可用2.5%鱼藤精乳油1000倍液喷杀。

19. 肿柄菊

◆**别称**：假向日葵、提汤菊、王爷葵。

◆**科属**：菊科，肿柄菊属。

◆**生长地**：原产墨西哥。

◆**形态特征**：多年生草本，常作一年生栽培，株高90～120厘米，茎粗壮，少分枝。单叶互生，叶片卵形接近菱形，有时3浅裂，先端尖长，两面粗糙被毛，叶缘有锯齿。头状花序枝顶单生，花序梗长，近蒂部逐渐膨大似肿胀状，花橙黄色。花期7～10月。果熟期8～10月。瘦果，种子有芒刺。肿柄菊花大，花期长，色彩红艳，在园林绿地中常用来布置夏、秋季花篱、花境，或植于隙地、林缘等处，也可用作切花。

◆**生活习性**：喜光、耐旱，不耐寒，不择土壤，适应性强，喜温暖通风环境，生长势旺盛，能自播。

◆**繁育管理**：通常采用播种法或分株法繁殖，其繁殖期为4～5月。分株法繁殖植株生长速度快，成活后当年即可开花。生产上主要采用播种法繁殖，4～5月将种子播于露地苗床，种子有嫌光性，应略覆土，保持床面湿润，15天左右即可发芽出苗。发芽适宜温度为20～30℃，生长适宜温度为15～35℃。经间苗、移植后待苗高达15厘米时定植园地，株距40厘米。生长期需松土、追肥、除草和浇水。每2～3个月追肥1次，可用腐熟的饼肥澄清液加水10倍以上。花蕾形成时加施磷肥。

肿柄菊较少发生病虫害。

20. 向日葵

◆**别称**：葵花、太阳花、向阳花。

◆**科属**：菊科，向日葵属。

◆**生长地**：原产于北美洲，目前我国均有栽培。

◆**形态特征**：一年生草本植物，植株强壮，株高0.9～3米，被粗硬刚毛，髓部发达。单叶互生，宽卵形，两面覆盖糙毛，边缘具稀疏锯齿，有长柄。头状花序于茎顶单生，直径可达35厘米，舌状花金黄色。花期7～9月，瘦果可食。用于观赏的品种有重瓣矮向日葵、樱红向日葵、大花重瓣向日葵、红花向日葵等。向日葵花大色鲜，可栽植于零星隙地、边缘地；种子可榨油，油饼为优良饲料；茎秆是良好的造纸原料。

◆**生活习性**：对土壤选择性不强，但以肥沃、疏松的沙壤土最好。喜温热，向阳生长，不耐寒，不耐阴。

◆**繁育管理**：向日葵以种子繁殖为主。3～4月将种子播于苗床中，覆土，盖草。在温度适宜的条件下，7～10天后幼苗即可出土。幼苗生长迅速，应及时间苗，植株高10厘米时可定植，株行距视品种而异，高茎者60厘米，矮茎者40厘米。生长健壮，对水肥要求不严。施足底肥，以腐熟的人粪尿和骨粉、磷酸做基肥，与土壤充分混合后使用。每半个月施肥1次，用1%硫酸钾或草木灰水或磷酸二氢钾液肥喷雾，或适量加氮肥，混合后进行根外追肥。

◆**病虫害防治**：发现黑斑病、白粉病可用50%托布津可湿性粉剂500倍液喷洒。红蜘蛛可用40%氧化乐果乳油800倍液喷杀。

21. 蒲包花

◆**别称**：荷包花、猴子花。

◆**科属**：玄参科，蒲包花属。

◆**生长地**：原产墨西哥、秘鲁、智利等地，澳洲和新西兰也有分布，现各地均有栽培。

◆**形态特征**：多年生草本植物，多作一年生栽培，株高30～50厘米，全株有茸毛。单叶对生或轮生，叶面有皱纹，黄绿色。下部叶较大，上部叶较小，椭圆形。不规则聚伞状花序，顶生，花瓣2，唇形，上唇小而直立前伸，下唇大而鼓起成荷包状，又似拖鞋，花径约4厘米。花色有橙、粉、黄、褐、乳白、红、紫等深浅不同

的颜色，复色品种则在各种颜色的底色上，有不同色的斑点。蒲包花花形奇特，色泽鲜艳，花朵繁多，花期长且正值元旦、春节，可作节日花坛摆设，也可盆栽作室内装饰。

◆**生活习性**：喜凉爽、光照充足、空气湿润而又通风良好的环境，适宜在低温室内向阳处栽培。喜温暖，不耐高温、高湿，怕强光直射，不耐严寒。生长适温 7 ~ 15℃，开花适温 10 ~ 13℃，温度高于 20℃则不利其生长和开花。要求肥沃、疏松、排水良好的微酸性沙质壤土，长日照可促进花芽分化和花蕾发育。春、夏、秋季高温时，应适当遮阳。忌盆土积水，宜用排水良好、富含腐殖质的肥沃、疏松土壤。

◆**繁育管理**：一般多采用播种繁殖，夏季也可进行扦插繁殖，但要求凉爽的环境。播种繁殖，蒲包花种子细小，可于 8 月下旬至 9 月上旬混沙撒播于盆内，不需覆土，用浸盆法保持盆土湿润，播种适温 18℃左右，10 ~ 15 天发芽。苗刚出土，就立即移到有光照处，保持盆土湿润，并逐渐撤去覆盖物。发芽后要及时间苗，以免幼苗徒长而生长细弱，温度降低至 15℃，置于通风而有光线处，以利幼苗茁壮成长。小苗长出 2 ~ 3 片真叶时，即应进行分苗，盆栽花土以腐叶土或混合培养土为好；当真叶长到 5 ~ 6 片时，应一盆一株，于上口径 10 厘米的小盆定植养护。蒲包花喜光，缓苗后宜放到通风、光照好的地方。如中午光线过强，需适当遮阳，生长期温度不能过低或过高，应保持在 7 ~ 15℃，否则小苗易徒长。在晴天无风天气要打开天窗，通风换气。12 月可上大盆定植。蒲包花喜肥，定植后每隔 10 天施一次饼渣肥水，由稀薄逐渐加浓。其花忌干，又怕湿，因此，浇水要间干间湿。盆上不能过湿，更不能积水，过湿会引起根系和叶片腐烂。浇水时不能把水浇在叶面或芽上，否则容易烂叶、烂心。叶面如有积水，应及时吸去，但蒲包花要求较高的空气湿度，一般相对湿度要达80%以上，所以应经常往室内地面上喷水，增加空气湿度。旺盛生长季节可每隔10天左右施1次腐熟的稀薄饼肥水，也可间隔几次施复合花肥。花蕾初现时即增施1次0.5%～1%过磷酸钙，使花色更鲜艳。开花后每周追施一次人畜粪尿液或饼肥液，勿使肥水沾在叶面，如有茎叶徒长现象，应及时停止或减少追肥。蒲包花为长日照植物，延长光照能提前开花。开花时适当降低湿度，温度控制在5～8℃时，可延长开花期。蒲包花自然授粉能力差，结实较为困难，因此在开花期要进行人工授粉，受精后应摘去花冠，以免花冠霉烂，有利于种子发育饱满，还能提高结实量。中午应遮阳，加强室内空气流通，适当控制浇水量，以利种子发育成熟。蒴果变黄后即可分批采收，拣净，收贮待用。

◆**病虫害防治**：在栽培过程中若发现畸形植株，应及时剔除。夏季高温时，幼苗易发生猝倒病和腐烂病，栽培中应注意湿度不可过高，移栽时不要栽得过深。可用1：800的70%托布津可湿性粉剂喷雾。蚜虫、红蜘蛛等虫害也常有发生，生长期如盆土干燥易发生红蜘蛛，可用1：2000的10%扫螨净乳油喷洒防治。花茎抽出后易发生蚜虫，可用1：（1000～1500）的40%氧化乐果乳油喷雾防治。

22. 孔雀草

◆**别称**：红黄草、藤菊、小万寿菊。

◆**科属**：菊科，万寿菊属。

◆**生长地**：原产墨西哥。

◆**形态特征**：一年生草本花卉。

株高20～50厘米，茎直立，带紫色，

多分枝，植株呈丛生状。叶对生或互生，羽状全裂，线状披针形，有异味。头状花序单生，花径 3 ~ 5 厘米；舌状花黄色，基部或边缘红褐色，花期 6 ~ 9 月，果熟期 9 ~ 10 月。孔雀草一般可从 7 月开花直到降霜。种子黑色，披针形，具膜质冠毛，千粒重 3.0 克左右，品种间有差异。由于花期长，育苗开花早，一些矮生品种常用作盆花栽培布置花架。孔雀草花大色艳，植株较矮，花期长，耐旱，最宜作花坛边缘材料或花丛、花境等栽植，也可作盆栽观赏。

◆**生活习性**：喜温暖、稍干燥和阳光充足的环境，较耐寒，耐干旱，也耐半阴，怕水湿，喜疏松肥沃和排水良好的沙壤土。

◆**繁育管理**：常用播种和扦插繁殖。播种，4 月春播，播后 7 ~ 9 天发芽。扦插，5 ~ 6 月进行，剪取嫩枝插条，插后 12 ~ 15 天生根。播种苗 50 ~ 60 天开花，扦插苗 60 ~ 70 天开花。幼苗生长快，需及时间苗，具 5 ~ 7 片叶时定植或盆栽。株高 15 厘米时应摘心，促使分枝。生长期每半月施肥 1 次，可施用加 10 ~ 15 倍水的人畜粪尿。开花前增施 1 次磷、钾肥。花后及时摘除残花，修枝疏叶，可再次开花。孔雀草易杂交，采种植株需隔离栽植。孔雀草采种容易，当舌状花及总苞褪色干燥时，将整个花序采下晒干后脱粒。孔雀草也可用扦插繁殖，5 ~ 11 月间采植株下部的嫩枝做插穗，长 5 ~ 8 厘米，扦插于湿沙土中，一般 7 ~ 14 天可生根，1 个月后即可开花。因扦插繁殖不适于大量生产，一般生产上不用此法。

◆**病虫害防治**：常见有叶斑病和红蜘蛛危害。叶斑病用 65% 代森锌可湿性粉剂 500 倍液喷洒。红蜘蛛可用 50% 马拉松乳油 2000 倍液喷杀，或喷 1000 倍三氯杀螨醇防治。

23.香豌豆

◆**别称**：豌豆花、腐香豌豆。

◆**科属**：蝶形花科，香豌豆属。

◆**生长地**：原产意大利西西里岛，现广为栽培。

◆**形态特征**：一、二年生草本，全株被白色粗毛，茎蔓长1.5～2米，茎有翅。羽状复叶，互生，基部一对小叶正常，卵状椭圆形，背面微带白粉，顶部小叶变为卷须三叉状。总状花序腋生，有长梗，着花2～5朵，蝶形，具芳香，有白、粉红、榴红、大红、蓝、董紫及深褐等色，亦有带斑或镶边等复色品种，还有波状花瓣、矮型及皱瓣品种。荚果，种子球形，花期冬春季节。香豌豆为冬、春优良切花。在冬暖夏凉地区也是很好的垂直绿化材料，可作花篱、矮花屏或盆栽美化阳台、窗台等。

◆**生活习性**：喜冬暖夏凉、阳光充足、空气湿润的环境，也稍耐阴，最忌干热风吹袭和阴雨连绵的天气。要求土层深厚、湿润而排水良好的沙质壤土，pH6.5～7.5为宜，不耐干燥或积水，忌连作。

◆**繁育管理**：常用播种法繁殖。9～10月直接播于露地或盆中，窝内施用堆肥或粪肥以及草木灰、过磷酸钙等作基肥。播种后施用稀薄人畜粪尿液。适宜发芽温度为20℃。出苗后每月施用加5倍水的人畜粪尿液2～3次。待小苗主蔓高15～20厘米时，留茎部2～3节摘心，促使腋芽萌发。以后逐步将蔓引缚在支架上，随时剪去卷须。

◆**病虫害防治**：根腐病，应及时拔除病株，并用甲氧乙氯汞等防止蔓延；白粉病，可用代森锌1000倍液防治；炭疽病，种子用甲氧乙氯汞1000倍液浸30分钟，发芽后再喷布代森锌400倍液预防。易发生的虫害有红蜘蛛、蚜虫，可用50%～70%克螨特乳

剂 1500 倍液喷杀。

24. 白孔雀

◆**别称**：硬枝满天星。

◆**科属**：菊科，孔雀草属。

◆**生长地**：原产美国科罗拉多州、密苏里州，我国各地均有栽培。

◆**形态特征**：一年生草本花卉，高 1 米左右，枝条柔软，花朵朴素雅致。茎圆柱形，绿色，多分枝。近基部叶片较大，披针形，上部叶渐缩小，全缘。花白色，呈圆锥状，花径 1 ~ 1.5 厘米，花心淡黄，数十朵至数百朵繁花状如满天星。花期 3 ~ 5 月。白孔雀花形小巧，花枝繁密，是插花、花束、花篮配花的好材料。

◆**生活习性**：喜光照充足、凉爽的气候条件，生长适温 15 ~ 25℃，要求土层深厚、结构疏松、富含腐殖质、排水透气性能良好的沙质土。在多雨季节，如排水不良易死亡。

◆**繁育管理**：可用播种、分株或扦插法繁殖，以分株繁殖为主。花期后，待地下茎发生蘖芽，长至 2 ~ 3 厘米高时，用脚芽苗进行分株繁殖。幼苗期生长慢，吸收能力差，要勤施薄施氮肥，以 1% 尿素为主，每 5 天 1 次。当具 6 ~ 8 枚真叶时，进行移植，株行距 30 厘米 ×30 厘米，每穴 4 株苗。当植株进入旺盛期，可逐步提高液肥浓度，氮：磷：钾为 2：2：1。从花芽分化形成到现蕾期，每亩施复合肥 50 千克。

◆**病虫害防治**：常见有叶斑病和红蜘蛛危害。红蜘蛛可用 50% 马拉松乳油 2000 倍液喷杀，叶斑病用等量式波尔多液喷洒。

25.雏菊

◆**别称**：春菊、延命菊、马兰头花、玛格丽特。

◆**科属**：菊科，雏菊属。

◆**生长地**：原产欧洲。

◆**形态特征**：多年生草本，作二年生栽培。植株矮小，株高7～13厘米，全株具毛。叶基部簇生，长钥匙形或倒长卵形，基部渐狭，先端圆钝，略有锯齿。头状花序单生，花莛自叶丛中抽出，舌状花条形平展，单轮排列于盘边，淡红或白色。盘心管状花，黄色。花序直径一般为5厘米，巨花种能达7.5厘米，小花种仅有3.8厘米左右。瘦果扁平，倒卵形。花期4～6月。雏菊适宜于布置花坛、花境边缘或沿小径栽植，此外也可盆栽观赏。

◆**生活习性**：耐寒，可耐-4℃的低温，喜冷凉的气候条件，通常情况下可以露地覆盖越冬。不耐酷热。喜肥沃、湿润且排水良好的土壤。花谢后，种子落地，在梅雨季节能萌发成大量苗株。

◆**繁育管理**：播种繁殖，有时也可采用分株或扦插繁殖。9月进行露地播种，寒冷地区也可以温室内早春播种。播后保持温度在28℃左右，约7天就可以出苗。由于雏菊的种子比较小，通常采用撒播的方式，但实生繁殖往往不能保持母株的特征。而扦插和分株繁殖则能保持母株的优良特性。雏菊对繁育管理要求不严。雏菊耐移植，移植可以促发新根，甚至在大量开花时也可移植。当雏菊播种苗有2～3枚真叶时开始移植，4～5枚真叶时定植。雏菊喜肥，喜水，定植后即可施用加5倍水的人畜粪尿一次，以后每2～3周施一次，也可每15天追施1次稀薄氮、磷、钾复合液肥。到3月不必再施。夏季开花后，将老株分开栽植，加强肥水管理，当年秋季仍可以开花。雏菊的种子比较小，且成熟期又不一致，因此，采

种要及时。当舌状花大部分开谢时，失色卷缩，位于盘边的舌状花冠一触即落时，虽总花梗尚青，也应采取。本种容易退化，而一些重瓣性特高的植株结果很少，应特别注意优选。

◆**病虫害防治**：雏菊病虫害较少，若有菌核病时可用50%托布津可湿性粉剂500倍液喷洒。当有蚜虫为害时，用1500倍的敌敌畏药液，隔5天喷1次，连续喷2次，效果显著。

26. 香雪球

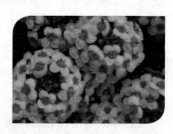

◆**别称**：小白花。

◆**科属**：十字花科，香雪球属。

◆**生长地**：原产欧洲及西亚。

◆**形态特征**：多年生草本花卉，常作一年生栽培。植株矮小，15～20厘米高。多分枝。叶披针形，有绵毛，全缘，互生。花顶生，总状花序，花轴短，花朵细小密生，成球形，花白色，还有深紫、淡紫、紫红等色，有淡淡清香。还有大花和白缘观叶品种。角果种子扁平。花期3～6月。

◆**生活习性**：喜冷凉，忌炎热，要求阳光充足，稍耐阴，宜疏松土壤，忌涝，较耐干旱、瘠薄。香雪球是一种很好的蜜源植物。可作为布置花坛、花境镶边的优良材料，宜于岩石园墙缘栽种，也可盆栽和作地被等。

◆**繁育管理**：香雪球常用播种或扦插繁殖。播种宜秋播，出苗快而整齐，发芽适温为20℃左右，将种子撒播于疏松的沙质壤土上，稍加镇压，浇水保持湿度，5～10天出苗，3～4片真叶时定植上盆。盆栽培养土最好预施少量腐熟堆肥或磷、钾肥。春播6月开花，秋播则翌年5月盛花。扦插宜于秋季进行，选生长健壮的枝条为插穗。生长期间应注意浇水施肥和松土。花后应剪除花枝，进行追肥，使用氮、磷、钾肥或各种有机肥料。追肥浓度宜低（无机肥需加水100倍以上），腐熟的饼肥澄清液需加水10倍以上。应置于半阴处。病虫害较少。

27. 月见草

◆**别称**：待霄草、香月见草、山芝麻。

◆**科属**：柳叶菜科、月见草属。

◆**生长地**：原产北美。

◆**形态特征**：二年生草本植物，可作一年生栽培。植株高大，株高可达1～1.5米。分枝开展。叶倒披针形或卵圆形，互生。花黄色，有香味，花瓣4片簇生于叶腋，花径4～5厘米。花期6～9月。月见草傍晚开花，适合种植于夏季夜晚游玩休息的地方，也可植于花丛中或小径上。

◆**生活习性**：适应性强，对土壤要求不严，但以疏松肥沃、排水良好的中性至微酸性壤土生长最好。喜光，有一定耐寒能力，怕涝，耐干旱。花夜晚开放，白天闭合，有缕缕清香。月见草有很强的自播能力，经一次播种，以后开花不绝。

◆**繁育管理**：月见草常用播种繁殖。在整好的床面上播种，播后覆土的厚度以刚盖住种子为宜，然后再覆盖一层稻草，以减少水分的蒸发散失。温度保持在15～25℃，约1周即可出苗。月见草的自播繁殖能力很强，繁育管理方便。生长季节每2周肥1次，适当追施氮肥，同时配合磷、钾肥，可使花大色鲜，且花期延长。花后将花枝剪去，可重新萌发枝条再次开花。冬季地上部分枯萎，剪除地上部分，培土过冬。雨后注意排水防涝，应经常用清水喷洒叶面，除去叶面之灰尘，以免叶片黄化脱落。

◆**病虫害防治**：发现病虫害，要及时喷药防治，并集中烧毁或深埋病株，防止病菌进一步侵染蔓延。叶斑病、锈病用代森锌可湿性粉剂600倍液喷洒，蚜虫用2.5%鱼藤精乳油1200倍液喷洒。

28. 花葵

◆**别称**：裂叶花葵。

◆**科属**：锦葵科，花葵属。

◆**生长地**：原产欧洲地中海沿岸。

◆**形态特征**：一年生草本，株高0.9~1.5米，分枝较多。叶互生，叶缘有不规则锯齿。上部叶有角，下部叶近圆心形。花单生叶腋，红色或玫瑰红色，花径约10厘米。花期5~6月。蒴果，果熟期6~7月。

◆**生活习性**：较耐寒，喜阳光充足的环境，对土壤要求不严，但要保证排水良好。花葵花朵大而色彩鲜艳，可布置花坛、花境，也可盆栽观赏。

◆**繁育管理**：花葵多采用播种繁殖。9月播于露地苗床。幼苗经一次移栽后，于10月底至11月初定植。花葵管理方便，遇严寒，需覆盖防冻。在生长发育期应追肥，多用速效肥，如无机肥及充分腐熟的饼肥和人畜粪尿液。追施浓度宜低（无机肥需加水100~150倍），腐熟的饼肥澄清液需加水10~15倍。

29. 羽衣甘蓝

◆**别称**：叶牡丹、牡丹菜、花菜、花果。

◆**科属**：十字花科，甘蓝属。

◆**生长地**：原产西欧。

◆**形态特征**：二年生越冬草本，株高 30 ~ 40 厘米，花序高达 1.2 米。茎粗短，花茎直立。叶矩圆倒卵形，宽大卷边，叶色有淡红、紫红、白、黄等多种。观叶期 12 月至翌年 2 月，花期 3 ~ 4 月。角果长圆柱形，种子 4 ~ 5 月成熟。

◆**生活习性**：喜光、耐寒，喜排水良好的肥沃土壤。种子易自然杂交。羽衣甘蓝是冬季花坛的主要材料，亦作盆栽观赏。

◆**繁育管理**：种子繁殖，于 7 月中旬至 8 月上旬播种于露地苗床，播后 1 周左右发芽、出苗，注意午间遮阴，保持土壤湿润。幼苗长出 3 ~ 4 片叶时分苗带土移栽，株行距 10 厘米 ×10 厘米。于 11 月下旬定植于花坛或盆栽。也可于 8 月直播于土壤肥沃的盆土内，每盆 2 ~ 3 粒，覆土，待萌发长叶时，盆内留健壮苗 1 株，其余拔除另栽。生长期间保持盆土湿润，放置于向阳温暖处，每月施用加 10 倍水的人畜粪尿液 1 ~ 2 次。为防止立枯病，应严格土壤消毒，防止过早抽蔓开花，可将刚抽出的茎剪去（留种植株除外）。

30. 霞草

◆**别称**：丝石竹、满天星、缕丝花。

◆**科属**：石竹科，丝石竹属。

◆**生长地**：原产小亚细亚至高加索一带，欧洲、亚洲和北非的一些国家均有栽培。

◆**形态特征**：一二年生草本植物，株高 30 ~ 45 厘米，全株光滑，被白粉，纤细多分枝。叶对生，披针形。5 片花瓣，纯白色或粉红色，倒卵形。花径 6 毫米，花梗细长，为疏散开展的圆锥状聚伞花序。花期 6 ~ 8 月，有重瓣和大花品种。蒴果卵圆形，果熟期 7 ~ 9 月。

◆**生活习性**：喜凉爽干燥和阳光充足的环境，耐寒，怕积水，

忌高温，耐盐碱，要求含石灰质、肥沃而排水良好的壤土。霞草枝、叶纤细，分枝极多，小花如繁星密布，轻盈飘逸，可用于花坛、花境或花丛，也可作插花并是制作干花的理想花材。

◆**繁育管理**：以播种法繁殖为主。春、秋季播种。寒冷地区宜春播，土壤不结冻地区可秋播。发芽最适温度为 21 ~ 22℃，7 ~ 10 天幼苗出土。定植后长至 8 节左右时摘心，侧芽长至 5 ~ 10 厘米时抹芽，去弱留强。定植初期勤灌水，花芽开始形成时适当控水。霞草为直根性花卉，须根少不耐移植，如需移植应多带土球。生长期每半月施肥 1 次，并加施 1 ~ 2 次磷肥。春播苗花期晚而短，秋播苗花期早而长。种子后熟性差，采种过早影响发芽率。

◆**病虫害防治**：其主要危害有枯萎病、黄化病和叶蝉。枯萎病、黄化病用 65% 代森锌可湿性粉剂 500 倍液喷洒，叶蝉可用 50% 杀螟松乳油 1500 倍液喷杀。

第六章 多年生草本花卉的繁育技术

1. 何氏凤仙

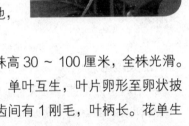

◆**别称**：温室凤仙、玻璃翠、瓦勒凤仙。

◆**科属**：凤仙花科，凤仙花属。

◆**生长地**：原产非洲热带山地，现广泛栽培于世界各地。

◆**形态特征**：多年生常绿草本，株高 30～100 厘米，全株光滑。茎直立，多汁，半透明状，多分枝。单叶互生，叶片卵形至卵状披针形，两端尖，叶缘具圆齿，各锯齿间有 1 刚毛，叶柄长。花单生或 2 朵簇生叶腋，花形扁平，花径 4～4.5 厘米，花色丰富，花萼后延形成细长的距。花期 5～9 月。蒴果，椭圆形。

◆**生活习性**：何氏凤仙喜冬季温暖，夏季凉爽通风、日照充足的环境，不耐旱，不耐寒，不耐涝。越冬温度为 5℃左右，适宜生长的温度为 13～16℃，适宜疏松、肥沃、排水良好的腐殖沙壤土。何氏凤仙枝叶碧绿，花色鲜红、美丽，适合盆栽观赏。南方地区可布置庭园。

◆**繁育管理**：何氏凤仙用播种和扦插法繁殖，全年皆可播种，种子寿命可达 6 年，2～3 年发芽力不减。实生苗经 1 年的培育便能开花。扦插可在春、秋季进行，插后注意遮阳、保湿。苗期定期

浇水追肥，生长期每 2 周追施稀薄液肥 1 次，可施用加水 10 ~ 15 倍的腐熟饼肥澄清液。适当摘心。幼苗经 2 ~ 3 次摘心，促其分枝，使株形更丰满、优美。夏季在阴棚下栽培，冬季温度要求在 10℃ 以上。越冬温度在 16℃ 以上可以开花；低于 12℃ 叶片变黄，下部脱落。冬季应放在向阳的窗边，5 ~ 10 月可移至室外阳光下栽培。

◆**病虫害防治**：易患白粉病，以提前预防为好，环境要通风，有散射光或是半光。在春、夏、秋三季各用三唑酮 1000 倍液进行叶面喷雾，可有效防止白粉病的发生。如果已经发生病害，可每隔 7 ~ 8 天喷 1 次，连续 2 ~ 3 次即可痊愈。茎腐病可用 50% 多菌灵可湿性粉剂 1000 倍液喷洒。虫害中最主要的是螨，即常说的红蜘蛛。红蜘蛛是一种刺吸式害虫，一旦发现虫害，可用扫螨净或螨虫清灭杀。

2. 火炬花

◆**别称**：火把莲、红火棒。

◆**科属**：百合科，火把莲属。

◆**生长地**：原产南非海拔 1800 ~ 3000 米高山及沿海岸浸润线的岩石泥炭层上，现我国各地均有栽培。

◆**形态特征**：火炬花为多年生草本，根状茎稍带肉质，茎直立，叶近基部丛生，剑形，稍带白粉，60 ~ 90 厘米。总状花序长约 30 厘米，小花朵百余个，小花圆筒形，长约 4.5 厘米，顶部花冠红色，下部花色渐浅，雄蕊伸出，呈火炬形，花冠橘红色。在粉绿的叶丛中花萼直立悬挂成串的红花状如火炬。花期 7 ~ 8 月。蒴果黄褐色。果期 9 月。

◆**生活习性**：喜温暖和光照充足，对土壤要求不严，但以腐殖质丰富、排水良好的轻黏质壤土为宜，忌雨涝积水。火炬花用于路旁、街心花园成行成丛种植，也可坡地片植或栽植在花坛、花境中心部位。花枝还是美丽的切花材料。

◆**繁育管理**：火炬花可采用播种法繁殖和分株法繁殖。播种适宜春秋两季，早春播种效果最好。发芽适温约25℃，2～3周出土。1月温室播种育苗，待幼苗长至5～10厘米可定植，株行距为30厘米×40厘米，当年秋季可开花。分株繁殖可用4～5年生的株丛，春、秋季将蘖芽带根分切栽植，每株需有2～3个芽，并附着一些须根，分别栽种，可独立成株。栽植前应施适量基肥和磷、钾肥。幼苗移植或分株后，应浇透水2～3次，及时中耕除草并保持土壤湿润，约2周后恢复生长。苗期施氮肥追苗，花茎抽出前后追施磷、钾肥。栽培地施用适量腐熟有机肥，可施用加10倍水稀释的腐熟饼肥澄清液或加10倍水稀释的人畜粪尿。花期前要增加灌水，花谢后停止浇水。

◆**病虫害防治**：花期易遭金龟子咬食花朵，可用0.2%氧化乐果防治。

3.四季秋海棠

◆**别称**：瓜子海棠、玻璃海棠、洋秋海棠、四季海棠、虎耳海棠。

◆**科属**：秋海棠科，秋海棠属。

◆**生长地**：原产南美巴西，现中国均有栽植。

◆**形态特征**：四季秋海棠为多年生肉质草本植物。株高15～30厘米。根纤维状，茎、叶均为肉质，直立，无毛，有光泽，基部多分枝，多叶。叶互生，卵圆形或歪心形，长5～8厘米，叶缘有不规则缺刻，着生细茸毛，两面光亮，绿色，但主脉通常微红。叶色因品种而异，有绿、红、铜红、褐绿等色，变化丰富，并具有蜡质光泽。花顶生或腋生，雌雄异花，雌花有倒三角形子房，雄花较大，有花被片 4，雌花稍小，有花被片 5。蒴果绿色，有带红色的翅。花期特长，几乎全年开花，但以秋末、冬、春三季较盛。

◆**生活习性**：四季秋海棠喜温暖湿润和阳光充足的环境，耐半阴，喜凉爽，怕干燥，忌积水，宜在疏松肥沃和排水良好的沙壤土中生长，夏天注意遮阴、通风排水。冬季温度不低于 5℃，生长适温 18 ~ 20℃。室内培养的植株，应放在有散射光且空气流通的地方，晚间需打开窗户，通风换气。四季秋海棠姿态优美，叶色娇嫩光亮，花朵成簇，四季开放，花叶竞艳，清丽高雅，且稍带清香，适合布置花坛或盆栽。

◆**繁育管理**：四季秋海棠可用播种、扦插、分株法繁殖。播种于春、秋两季进行，宜用当年收获的新鲜种子，播种使用的基质应严格消毒，将种子均匀撒入盆土压平，播后可不覆土（因种子具好光性）。覆盖玻璃即可，在 20 ~ 22℃条件下，7 天左右即可发芽，当出现 2 片真叶时应及时间苗，4 片真叶时可上小盆。春、秋季为扦插、分株适期，成长速度快，剪取顶端嫩枝 10 厘米作插条，插于沙床，扦插后 2 周即可生根，根长 2 ~ 3 厘米时上盆。分株在春季换盆时进行。将母株切成几份，切口用木炭粉涂抹，以防止伤口腐烂。当真叶长到 1 ~ 2 片叶时，盆栽每 12 ~ 15 厘米盆植 1 株，花坛株距 20 ~ 30 厘米。定植前，土中施足基肥。盆土、用腐殖土、砻糠灰、园土等量混合，加适量厩肥、骨粉或过磷酸钙。在生长期每 7 ~ 10 天施稀薄肥料一次，可用加 10 ~ 15 倍水稀释的人畜粪尿。初花出现后，增施 1 ~ 2 次磷、钾肥。盆土需经常保持湿润或叶面多喷水。通常要摘心 2 ~ 3 次，促其多分枝。生育适温

15 ~ 25℃。夏季 30℃以上呈半休眠状态，将枝条强剪，应置于通风凉爽的半阴处越夏，秋季气温降低即进入生育期。果实成熟后，随熟随采，放置阴处晾干收贮。

◆**病虫害防治**：四季秋海棠易受叶斑病、白粉病和介壳虫、卷叶蛾危害。病害可用 75% 百菌清可湿性粉剂 800 倍液喷洒，虫害用 50% 杀螟松乳油 1500 倍液喷杀。夏季通风不良，叶易患白粉病，可用代森锌防治。

4. 红掌

◆**别称**：哥伦比亚花烛、安祖花、火鹤花、红鹤芋、烛台花。

◆**科属**：天南星科，花烛属。

◆**生长地**：原产哥伦比亚西南部热带雨林，现欧洲、亚洲、非洲皆有广泛栽培。

◆**形态特征**：红掌为多年生常绿草本，株高 30 ~ 70 厘米，具肉质根，无茎，叶自短茎中抽生，革质，单生，心形，叶片长圆状心形或卵圆形，深绿色，叶柄坚硬细长，叶脉凹陷。花顶生，佛焰苞片具有明亮蜡质光泽，肉穗花序圆柱形，直立。同类品种繁多，花色有红、桃红、朱红、白、红底绿纹、鹅黄等色，苞片有大小等变化。花期持久，全年均可开花，但以春至秋季较盛。初看好像人造假花，花姿奇特美艳，切花寿命长达 30 天以上，为插花的高级花材。

◆**生活习性**：红掌要求高温高湿环境。生长最低温度为 15℃，20 ~ 30℃生长最好。空气相对湿度应在 80% 以上，忌阳光直射，夏季需遮光 50%，光线过强会使叶片泛黄乃至变白。要求排水、通气良好的环境，不耐盐碱。红掌花苞艳丽，植株美观，观赏期长，

宜盆栽观赏，可在室内的茶几、案头做装饰花卉，亦是良好的切花材料。

◆**繁育管理**：红掌主要采用分株、扦插、播种或组织培养法繁殖。实生苗需 3～4 年才能开花。分株结合春季换盆，于 4～5 月份进行，将植株自盆中磕出，把具有气生根的侧枝剪下另行栽植，形成单株。幼株至少要具有 3～4 枚叶片。扦插是将老的枝条去除叶片，剪成 1～2 节的小段，插于 25～35℃ 的插床上，30 天左右即可生根。为大量发展花烛，现采用组织培养法进行繁育。一般用腐叶土、碎木炭等混合进行栽培。生长季节每月施 0.2% 尿素水溶液一次。除正常浇水外，每天应喷水 1～2 次，10 月份移温室弱光处，控制浇水。

◆**病虫害防治**：常见病虫害有疫病、根腐病、红蜘蛛。疫病用阿特菌防治，根腐病用普克菌防治，红蜘蛛用三氯杀螨醇、遍地克、氧化乐果和氟氯菊酯、杀螨剂等喷杀。

5. 白头翁

◆**别称**：奈何草、粉乳草、老翁花、老冠花、猫爪子花、白头草、老姑草、菊菊苗等。

◆**科属**：毛茛科，银莲花属。

◆**生长地**：原产地中海地区。分布在中国的吉林、辽宁、河北、山东、河南、山西、陕西、黑龙江等省的山冈、荒坡及田野间。

◆**形态特征**：白头翁为多年生草本植物。株高 20～40 厘米，根状茎粗 0.8～1.5 厘米。全株密被白色柔毛。叶基生，4～5 片，宽卵形，3 出复叶或羽状复叶。花葶高 15～35 厘米，花单生，蓝紫色，直径 6～8 厘米，花萼花瓣状，结实时有长须着生，成熟时呈白色，酷似老翁之头，故称"白头翁"。聚合果直径 9 ～ 12 厘米；瘦果纺锤形，扁长，3.5 ～ 4 毫米，有长柔毛，宿存花柱长 3.5 ～ 6.5 厘米，有向上斜展的长柔毛。花期 4 ～ 5 月。

◆**生活习性**：白头翁耐寒、耐干旱瘠薄，喜阳光充足，宜选排水良好的土壤。白头翁花期早，花色艳，花后观果，果后叶片密厚丛生，是很好的地被植物，适于花境、草坪缀花及林缘散植。

◆**繁育管理**：白头翁多用播种法或分株法繁殖。春、秋季均可播种，秋季为播种适期。种子寿命极短，发芽率不高，发芽适温 15 ～ 18℃。种子采收后应立即播种，播种后应注意保持湿度，20 ～ 30 天可发芽，幼苗长大后进行 1 ～ 2 次假植，按株距 15 厘米定苗。若栽培适宜，翌年可开花。实生苗 2 ～ 3 年就可开花。分株以秋季进行为好。将地下肉质根挖出分栽即可。栽植深度 3 ～ 4 厘米。定植前土中宜施用基肥，将经发酵的饼肥、骨粉、过磷酸钙施入土中，加入量要适中。每月再用氮、磷、钾肥追肥 1 次，比例为 4∶3∶2。

◆**病虫害防治**：白头翁花期易受菊天牛危害，发生虫害可用 40% 乐果乳油 2000 倍液喷杀。

6. 桔梗

◆**别称**：铃铛花、僧帽花、包袱花、道拉基。

◆**科属**：桔梗科，桔梗属。

◆**生长地**：原产我国，广布华南至东北。朝鲜、日本也有分布。

◆**形态特征**：桔梗为多年生草本植物。根呈胡萝卜形，通常无毛，株高 0.4 ～ 1.2 米。全株具白色乳汁。茎丛生，上部有分枝。叶 3

枚轮生、对生或互生，无柄或有极短的柄，叶片卵形或卵状披针形，叶背被白粉。花常单生，偶或数朵聚生茎顶，花萼和花冠钟状，5 裂，裂片三角形。花冠通常蓝色，也有白色、浅雪青色，含苞时形似僧冠，故又名僧帽花。花径 3 ~ 5 厘米。花期 7 ~ 9 月。

◆**生活习性**：桔梗喜阳光充足，耐寒，可露地或覆土防寒越冬。宜栽培在海拔 1100m 以下的丘陵地带，适宜半阴半阳的沙质壤土，以富含磷钾肥的中性夹沙土生长较好，生长适温 15 ~ 23℃。桔梗栽培养护容易，花朵大，花期较长，可用来布置花坛、花境或岩石园，也可作盆花观赏，或作切花。朝鲜族将其用作野菜食用。其根可入药，嫩叶可腌制成咸菜，在中国东北地区称为"狗宝"咸菜。在朝鲜半岛、中国延边地区，桔梗是很有名的泡菜食材。

◆**繁育管理**：桔梗可用播种或分株法繁殖，温暖地区秋、冬至为播种适期，高冷地春、秋季均适合播种。种子发芽适温 15 ~ 20℃。直根系，不耐移植，最好采用直播。桔梗种子应选择 2 年生以上非陈积的种子(种子陈积 1 年，发芽率要降低 70% 以上)。春播宜用温烫浸种，可提早出苗，即将种子置于温水中，随即搅拌至水凉后，再浸泡 8 小时，种子用湿布包好，再用湿麻袋片盖好，每天早晚用温水冲洗一次，约 5 天，待种子萌动时即可播种。由于桔梗苗弱，播后要加强管理，注意保温保湿，及时间苗，5 月定植，追肥 1 ~ 2 次，可用加 5 倍水稀释的人畜粪尿液或加 30 倍水腐熟的饼肥上清液。为了促进分枝、增加花数，在株高 6 ~ 8 厘米时可进行摘心。另外，花后及时修剪、施肥，秋季可再次开花。分株繁殖在春、秋均可进行，分株时要将根颈部的芽连同根一起分离栽植，4 年左右进行 1 次。

◆**病虫害防治**：桔梗易生叶斑病、根腐病、根线虫病、白粉病。叶斑病用 50% 托布津可湿性粉剂 500 倍液喷洒。根腐病用多菌灵 1000 倍液浇灌病区，雨后注意排水，田间不宜过湿。白粉病发病初用 0.3 波美度石硫合剂或白粉净 500 倍液喷施或用 20% 锈宁粉 1800 倍液喷洒。根线虫病：施入 1500 千克/公顷茶籽饼肥做基肥，可减轻危害，播前用石灰氮或二溴氯丙烷进行土壤消毒。桔梗易受蚜虫、卷叶虫侵害，可用 40% 氧化乐果乳油 1500 倍液喷杀。

7. 虾衣花

◆**别称**：麒麟吐珠、虾衣草、虾夷花、虾黄花、狐尾木。

◆**科属**：爵床科，麒麟吐珠属。

◆**生长地**：原产墨西哥，现在世界各地皆有栽培。

◆**形态特征**：虾衣花为常绿亚灌木，株高 1～2 米，全株具毛。茎柔弱，多分枝，圆形，细弱，茎节部膨大，嫩茎节基红紫色。单叶对生，卵圆形或椭圆形，先端尖，基部楔形，全缘，有毛。顶生穗状花序，长 6～15 厘米，侧垂，苞片多数而重叠，具棕色、红色、黄绿色、黄色的宿存苞片，形色如同虾衣，是主要观赏部位。花冠细长，超出苞片之外，白色，唇形，下唇 3 浅裂，具 3 条紫色斑纹，上唇稍 2 裂，花萼白色，具稀疏柔毛。花期长，四季开花不断，虾衣花常年开花不断，以 4～5 月最盛。蒴果。果期全年。

◆**生活习性**：虾衣花性喜温暖湿润、光照充足、通风良好的环境，稍耐阴，忌阳光暴晒，具有一定耐寒能力，适宜富含腐殖质的沙壤土。最低温度 5～10℃，适合生长温度 18～28℃。虾衣花花形奇特，常年开花，是室内盆栽的佳品。在长江以南地区可露地栽培，用于

花坛、路边、林缘等处。

◆**繁育管理**：虾衣花蒴果不易成熟，种子难得，少用播种繁殖，常用扦插繁殖，只要温度适宜，全年均可进行，一般在 6 月花后结合修剪进行。选取当年生健壮的 2 ~ 3 个节间的穗条作插穗，截为 10 厘米左右，插入洁净河沙中，老枝或嫩枝扦插均可，在同等温度条件下，嫩枝生根较快。黄沙、蛭石或珍珠岩均可作为扦插基质，嫩枝扦插要对基质严格消毒。在 20 ~ 25℃下，约半月后生根，插穗生根后，及时移栽上盆并适当遮阴，待新叶长出后，移向阳光充足的地方。次年即可开花。盆土按园土、腐叶土和沙土为 6：2：2 的比例配制。将盆摆放于稍阴、通风良好的地方。生长期每 2 周施一次加 5 倍水的人畜粪尿液或加 20 倍水稀释的腐熟饼肥上清液，并合理增施 5% 磷酸二氢钾，以控制植株徒长。花期之后，应及时修剪，剪除花序，避免养分损耗，并促发新枝。为使植株饱满，可多次摘心。10 月移入温室栽培，室温保持 15℃，冬季可继续开花。

◆**病虫害防治**：虾衣花抗性强，病虫害少。温室栽培中应注意防治介壳虫、红蜘蛛危害。红蜘蛛可用柑橘皮加水 10 倍左右浸泡 24 小时，过滤之后用滤液喷洒植株。介壳虫可用白酒对水，比例为 1：2，治虫时，浇透盆土的表层。

8. 五色梅

◆**别称**：山大丹、如意草、五彩花、五雷丹、五色绣球、变色草、大红绣球。

◆**科属**：马鞭草科，马缨丹属。

◆**生长地**：原产美洲热带，中国广东、海南、福建、台湾、广西等省、区有栽培。

◆**形态特征**：五色梅为常绿阔叶半藤性灌木，株高 0.8 ～ 1.5 米，茎呈四棱，有短柔毛，多分枝，具短倒钩刺。单叶对生，卵形或卵状长圆形，先端尖，基部圆形，叶面皱折，两面有糙毛。茎、叶具强烈气味。伞形花序腋生，具小花 20 ～ 25 朵，花冠筒细长，顶端多 5 裂，状似梅花，花冠颜色黄、红、白等色，花朵随着开放而色彩由淡红、粉红、黄、枯黄、鲜红，最终变为洋红色，花期较长，在南方露地栽植几乎一年四季有花，6 ～ 10 月最盛。果为圆球形浆果，熟时紫黑色。果熟期 10 ～ 11 月。

◆**生活习性**：五色梅性喜光照充足、温暖湿润的环境，不耐寒，稍耐旱，耐瘠薄壤土，在疏松肥沃、排水良好的沙壤土中生长较好。五色梅花色丰富，花期长，适宜盆栽观赏，华南地区可露地栽植，布置花坛、庭院或作为花篱。

◆**繁育管理**：五色梅多以软枝扦插繁殖为主，5 月剪取充实枝条进行扦插，20 天即可生根成活。给予充足光照，每月追施液肥，可用 10 倍水稀释的人畜粪尿。夏季置于阴棚下，定期向叶面洒水，秋季入温室前可强剪，深秋入温室养护，越冬温度 5℃以上，适当减少浇水。

◆**病虫害防治**：五色梅生长期病虫害较少，偶尔发生灰霉病，应注意通风，降低湿度，及时摘除病花，集中烧毁或深埋于土中，发病初期喷 50% 速克灵可湿性粉剂 2000 倍液，或 50% 扑海因可湿性粉剂 1500 倍液，每 2 周 1 次，喷药次数因发病情况而定。虫害易发生叶枯线虫，可用 15% 涕灭威颗粒剂，每平方米盆土 5 ～ 6 克，或直径为 25 厘米左右的盆用药 2 ～ 3 克并深入土中。或使用 3% 呋喃丹，每盆 3 ～ 5 克并深入土中。也可在危害期用 50% 杀螟松乳剂和 50% 西维因可湿性粉剂 1000 倍液叶面喷洒。

9. 迎春花

◆**别称**：迎春、金腰带、黄素馨。

◆**科属**：木犀科，素馨属。

◆**生长地**：原产我国甘肃、陕西、四川、云南西北部、西藏东南部。

◆**形态特征**：迎春花为落叶藤状灌木植物，高 2 ~ 3 米，直立匍匐。小枝细长呈拱状，枝条稍扭且下垂，有四棱，绿色，光滑无毛。三出复叶，对生，幼枝基部偶有单叶，小叶卵形至矩圆状卵形，全缘，叶轴具狭翼，叶柄长 3 ~ 10 毫米，无毛。花单生叶腋，先叶开放，花冠黄色，高脚碟状，花萼绿色，裂片 5 ~ 6 枚，窄披针形，花冠黄色，基部向上渐扩大，裂片 5 ~ 6 枚，长圆形或椭圆形，先端锐尖或圆钝。具清香，花期 2 ~ 4 月。

◆**生活习性**：迎春花性喜阳光，喜温暖、湿润的环境，较耐寒、耐旱，怕涝，较耐碱。在华北地区和鄢陵均可露地越冬。对土壤要求不严，适宜疏松肥沃和排水良好的沙质土，在酸性土中生长旺盛，在碱性土中生长不良。根部萌发力强。耐修剪。枝条着地部分极易生根。迎春花是园林绿地中早春珍贵花木之一，可丛植于草坪、墙隅、假山、岸边等处，也可盆栽观赏或制作成盆景观赏。

◆**繁育管理**：迎春花可采用扦插、压条、分株法繁殖，其中以扦插为主。扦插春、夏、秋三季均可进行，其中在早春 2 ~ 3 月扦插，成活率高。剪取半木质化的枝条，12 ~ 15 厘米长，插入沙土中，保持湿润，约 15 天生根。压条多在春季进行，将较长的枝条浅埋于沙土中，不必刻伤，40 ~ 50 天后生根，当年秋季分栽。分株可在春、秋季进行，春季移植时地上枝干截除一部分，需带宿土。也可干插，即在整好的苗床内扦插后灌透水。栽植前施足基肥，生长期内摘心 3 ~ 4 次，促使其分枝，花后进行整形、修剪。栽培容易，管理粗放，只要注意肥水管理，均生长良好。

◆**病虫害防治**：迎春花偶有蚜虫危害，可喷施 40% 乐果 1500 倍液防治。褐斑病发病初期喷洒 70% 百菌清可湿性粉剂 1000 倍液等杀菌剂。灰霉病发病初期喷洒 50% 速克灵或 50% 扑海因可湿性粉剂 1500 倍液。最好与 65% 甲霉灵可湿性粉剂 500 倍液交替施用，以防止产生抗药性。

10. 碧桃

◆**别称**：千叶桃花。

◆**科属**：蔷薇科，李属。

◆**生长地**：原产我国，分布在西北、

华北、华东、西南等地。

◆**形态特征**：碧桃为落叶小乔木，是桃树的一个变种，属于观赏桃花类的半重瓣及重瓣品种。树冠宽广而平展，茎干红褐色，老时粗糙呈鳞片状，有光泽，无毛，芽密被灰色茸毛。单叶互生，椭圆状披针形，先端渐尖，边缘具细锯齿。花单生，几无柄，花色有白、粉红、红等色，花形有单瓣、重瓣之分，花期 3 ~ 4 月，先叶开放或花叶同放。

◆**生活习性**：碧桃性喜阳光充足和排水良好的环境，耐寒，耐旱，不耐潮湿，要求通风良好。能在 - 25℃的自然环境中安然越冬。不择肥料，适宜疏松、肥沃的偏酸性土壤，不耐碱土，忌黏重土壤，不喜欢积水，如栽植在积水低洼的地方容易出现死苗现象。碧桃花朵丰腴，色彩鲜艳丰富，花形多，是园林中早春重要的观花树种之一，可片植成园，也常植于水边、庭院、草坪等地，可与柳树在水边配置，形成桃红柳绿的景色。也可作盆栽、切花、桩景等。

◆**繁育管理**：碧桃的繁殖以嫁接为主，可采用切接法和芽接法。

砧木可用实生苗如杏、李等，切接在春、秋两季进行，芽接在8～9月进行，一般用"T"字形芽接法，成活后第二年春季将砧木上部剪去。栽植宜在早春或秋后带土进行，开花之前和谢花后追肥1～2次，切接法追施以1％磷酸二氢钾为主的磷肥，芽接法追施以加20倍水稀释的腐熟饼肥上清液为主的氮肥。冬季落叶后进行修剪，剪去枯枝、病枝、弱枝、内心枝和徒长枝，并修剪成开心形或碗形。碧桃耐旱，怕水湿，一般除早春及秋末各浇一次开冻水及封冻水外其他季节不用浇水。但在夏季高温天气，如遇连续干旱，适当的浇水是非常必要的。雨天还应做好排水工作，以防水大烂根导致植株死亡。碧桃喜肥，但不宜过多，可用腐熟发酵的牛马粪做基肥，每年入冬前施一些芝麻酱渣，6～7月如施用1～2次速效磷、钾肥，可促进花芽分化。

◆**病虫害防治**：其病虫害主要有桃蚜、红蜘蛛、桃褐腐病。桃褐腐病轻微发病时，靓果安按800倍液稀释喷洒，10～15天用药1次；病情严重时，靓果安按500倍液稀释，7～10天喷施1次。桃蚜可喷洒1500倍的80％敌敌畏乳油水液，或喷1000倍的40％乐果乳油水液防治。

11. 爆竹花

◆**别称**：爆仗花、鞭炮花、吉祥草。

◆**科属**：玄参科，爆仗竹属。

◆**生长地**：原产美洲热带墨西哥。

◆**形态特征**：爆竹花为常绿半灌木，株高0.6～1米，直立，全体无毛，茎细，柔韧，多分枝，枝上具纵棱，绿色，全株披散状。单叶对生或轮生，常退化成鳞片状，聚伞花序着生枝顶，有时花单生，小花下垂，花5裂，花冠筒状柱形，边缘呈唇形，红色，由于花筒下垂，密挂于枝头上，不见绿爆竹花叶，只见红筒成串，如爆竹状，故名。花期 5 ~ 11 月。蒴果近球形。

◆**生活习性**：爆竹花性喜温暖、湿润环境，喜好阳光，光照越强开花越好。不耐寒，忌涝。对土壤要求不严。温室栽培越冬最低温度 12℃。爆竹花红色，筒状花形，如吊挂的成串鞭炮，美丽悦目，主要用于盆栽观赏。

◆**繁育管理**：爆竹花可扦插、压条、分株繁殖，其中以扦插繁殖为主。取 2 年生枝条进行扦插，将粗、细枝条剪成 10 ~ 15 厘米的段，插于素沙中，遮阴，保持 80% ~ 90% 的湿度，1 个月后，即可生根发芽，长出 3 片真叶后进行移栽。或将植株的下垂枝条压入土中，即可生根，长成独立的新植株。分株宜在 7 ~ 9 月的雨季进行。爆竹花怕水涝，稍耐旱，移栽后不宜多浇水，浇水做到见干见湿，既不能长期积水，也不能过于干旱，以保持盆土湿润而不积水为佳。空气干燥时可向植株喷水，以增加湿度。生长期应保持充足光照，盛夏也不必遮阴。夏季每 20 天追施 1 次 5% 磷酸二氢钾，生长期每 10 天左右施一次腐熟的薄饼肥。秋末入温室，越冬温度维持 8℃以上即可。

◆**病虫害防治**：爆仗花主要的病虫害有蚜虫、圆形盾蚧和黑毛虫等。

12. 花菱草

◆**别称**：金英花、人参花、加州罂粟、洋丽春。

◆**科属**：罂粟科，花菱草属。

◆**生长地**：原产美国加利福尼亚

州，中国广泛引种作庭园观赏植物。

◆**形态特征**：花菱草为多年生草本植物，无毛，茎直立，明显具纵肋。具肉质根，株高 30 ～ 60 厘米，全株被白粉，分枝多，开展，呈二歧状，植株带蓝灰色，株形铺散。叶互生，多回三出羽状，深裂至全裂。花单生，着生于枝端，花梗长，萼片 2 枚，花瓣 4 枚，花径 5 ～ 7 厘米，花瓣狭扇形，亮黄色，基部色深。有乳白、淡黄、杏黄、金黄、橙黄、橙红、橘红、猩红、玫红、青铜、浅粉、紫褐等色品种，还有半重瓣和重瓣品种。果实为狭长圆柱形蒴果，具多数种子，圆球形，具明显网纹。花期 5 ～ 6 月，果期 6 ～ 9 月。

◆**生活习性**：花菱草喜冷凉、干燥的气候，不耐湿热，耐寒。喜疏松肥沃、排水良好的沙质土壤，也耐瘠土，忌高温，怕涝。花朵在阳光下开放，在阴天及夜晚闭合。花菱草枝叶细密，形态美丽，叶形优美，花色鲜艳夺目，花朵金黄色，开花繁茂，是布置花坛、花境的好材料，亦可盆栽。

◆**繁育管理**：花菱草用播种法繁殖，自播繁衍能力强，不耐移植，秋季或早春播种。冬季土壤不结冻的地区可秋播。北方地区于早春在室内育苗，15 ～ 20℃条件下，1 周左右出苗，出苗后需进行间苗。于真叶开展前及时起苗上盆，移苗、定植时植株需带宿土，也可在土地结冻前露地直播。定植株距为 40 厘米。加风障保护，幼苗翌年出土。幼苗期要供给充足的水分和养分，促使其生长健壮。生长期施肥浇水应充足，每 20 ～ 30 天追肥 1 次，可施用腐熟的饼肥澄清液，需加水 10 ～ 15 倍施用。春、夏季雨水过多时要及时排水，以防根颈霉烂。要进行中耕除草，以利植株伸展。

—— 第七章 宿根花卉的繁育技术 ——

1. 瓜叶菊

◆**别称**：千日莲、瓜秧菊、千里光、瓜叶莲、千叶莲等。

◆**科属**：菊科，瓜叶菊属。

◆**生长地**：原产西班牙加那利群岛。

◆**形态特征**：多年生宿根草本花卉。茎粗壮，成"之"字形，绿中带紫色条纹或紫晕。株高30～60厘米。叶大，三角形心状，边缘具多角或波状锯齿，似葫芦科的瓜类叶片，故名瓜叶菊。叶柄粗壮有槽沟，叶柄基部成耳状，半抱茎。多数篮状花序，簇生呈伞房状，花序周围是舌状花10～18枚，呈紫红、雪青、红、墨红、粉、蓝、白等色，中央为筒状花，紫色或黄色。花色以蓝色与紫色为特色。瘦果纺锤形，表面纵条纹，覆白色冠毛。花期12月至翌年5月。瓜叶菊异花授粉，易自然杂交，园艺品种极多，有其他室内花卉少见的蓝色花和"蛇目"型的复色花，深受人们喜爱。花色丰富，常见类型有大花形，花大而密集；星形，花小量多；多花形，花小数量多，以株矮多花类型观赏价值最高。瓜叶菊是冬季常见的代表性盆花。其花期长，又恰逢元旦、春节、"五一"等重大节日，是这些节日常用的重要花卉。矮型品种常用于早春花坛布置；高型品种适于切花，是制作花篮、花圈、艺术插花等的良好花材。

◆**生活习性**：瓜叶菊夏秋播种，冬春开花，是冬季极为普遍的

盆花。喜湿润温暖、凉爽通风的环境，不耐高温，也不耐寒，适于低温温室及冷床中栽培。夏季忌高温和水涝，必须保持低温。夏季怕阳光直射，冬季要求较充足的阳光。瓜叶菊喜肥，要求疏松肥沃、排水良好的沙质土壤，pH 在 6.0 ~ 7.5。

◆**繁育管理**：瓜叶菊的繁殖以播种为主。而重瓣品种为防止自然杂交或品质退化，以扦插繁殖为主。瓜叶菊开花后在 5 ~ 6 月间，常于基部叶腋间生出侧芽，可将侧芽取下，在清洁河沙中扦插。扦插时可适当疏除叶片，以减小蒸腾，促进生根，扦插后浇足水并进行遮阴防晒。如果母株没有侧芽长出，可将茎高 10 厘米以上部分全部剪去，以促使侧芽发生。播种期视所需花期而定。早花品种播后 5 ~ 6 个月开花；一般品种 7 ~ 8 个月开花；晚花品种要 10 个月开花。在北京 2 ~ 9 月均可播种，以一般品种为例，元旦用花，3 月播种；春节用花，5 月播种；"五一"节用花，则于8 ~ 9 月播种。其中以 8 ~ 9 月播种效果最好，因为此时雨季已过，气温逐渐转凉，苗株免受高温雨涝的影响，生长苗壮，开花大而美。播种期亦不可过迟，若 9 月以后播种苗株较小时，日照长度已逐渐转长，使花蕾提早发育开花，植株矮小，着花稀疏，花朵变小，观赏价值严重降低。

播种盆土。加少量腐熟的有机肥和过磷酸钙。播种可用浅盆或木箱。将种子与少量细沙混合均匀后播在浅盆中，注意撒播均匀，播后覆盖一层细土，厚度以不见种子为度。播后不能用喷壶喷水，以避免种子被冲刷得暴露出来，可以采用浸盆法或喷雾法使盆土完全湿润。盆上加盖玻璃保持湿润，一边稍留空隙通风换气。然后将播种盆置于阴棚下，或放置于冷床或冷室阴面，注意通风和维持较低温度。发芽的最适温度为 21℃，约 1 周发芽出苗。出苗后逐步撤去遮阴物，移开玻璃，使幼苗逐渐接受阳光照射，但中午必须遮阴，2周后可进行全光照。为延长花期，可每隔10天左右盆播一次。播种后约20天，幼苗可长出2～3片真叶，此时应进行第一次分苗，可选用阔口瓦盆移植，盆土由腐叶土3份、壤土2份、沙土1份配合而成，将幼苗从播种浅盆移入阔口瓦盆中，株行距3厘米×3厘米，根部多带宿土，以免伤根，有利于成活。移栽后用细孔喷水壶浇透水，浇水时不能将幼苗根部泥土冲走。浇水后将幼苗置于阴凉处，保持土壤湿润，经过1周缓苗后才能放在阳光下，继续生长。瓜叶菊缓苗后每1～2周可施薄肥水一次，浓度逐渐增加。幼苗时应保持凉爽条件，室温7～8℃以利蹲苗，若室温超过15℃则会徒长枝叶而影响开花。当幼苗真叶长出5～7片时，要进行第二次分苗。选直径为12～17厘米的盆，盆土由腐叶土2份、壤土3份、沙土1份配合而成，并适当施以豆饼、骨粉或过磷酸钙做基肥。栽植时要注意将植株置于花盆正中并保持植株端正，浇足水后置于阴凉处，成活后给予全光照。瓜叶菊在生长期内喜阳光，不宜遮阴。要定期转动花盆，使枝叶受光均匀，株形端正不偏斜。瓜叶菊不需要很多的肥料，太多的氮肥会使叶子过分生长而花朵减少，花色不正。因花期长，在生长期间应及时补充肥料，保证开花不断。一般现蕾前每隔7～10天施1次稀薄的腐熟豆饼水，至现蕾为止。花蕾一着色就开始往叶面喷洒1次0.2%磷酸二氢钾或0.5%过磷酸钙，以促进花蕾生长和开花。开花期最适宜温度为10～15℃，越冬温度8℃以上。花朵凋谢后植株仍需适度光照，以满足种子发育所需，种子3～4月间易成熟，一般种子由外向内分批成熟。留种植株在炎热的中午前后要适当遮阴，否则结实不良。种子成熟后于晴天采下晾干，贮藏备用。

◆**病虫害防治**：瓜叶菊在高温高湿、通风不良时容易发生白粉病、

锈病和立枯病，可用 70% 甲基托布津 1000 倍液喷治。植株拥挤，通风不良，常有蚜虫和红蜘蛛危害，可用 40% 乐果 1000 倍液喷杀。幼苗时常发生潜叶蛾，可用乐果 1000 倍液防治。

2.四季报春花

◆**别称**：四季樱草、仙荷莲、球头樱草、仙鹤莲等。

◆**科属**：报春花科，报春花属。

◆**生长地**：原产我国湖北、湖南、江西等地及我国西部和西南部云贵及西藏高原地带。

◆**形态特征**：多年生宿根草本花卉。株高 20 ~ 30 厘米，叶有长柄，基生，叶片长圆心脏形，边缘有不规则粗齿，两面及叶柄密生白色含毒质腺毛，花莛自叶丛基部抽出，顶生聚伞形花序，小花多数，1 ~ 2 层，花冠 5 ~ 7 浅裂，基部筒状，有玫瑰红、白、紫、粉红等色。四季报春花为冬春季节的观赏花卉，可室内盆栽观赏，也可布置花坛或作切花、插花之用。

◆**生活习性**：喜排水良好、多腐殖质、疏松的沙质土壤，较耐湿。在纬度低、海拔高、气候凉爽、湿润的环境中生长良好。幼苗不耐高温忌暴晒，喜通风环境，在酸性土壤上生长不良，叶片变黄。生长适温 20℃左右，条件适宜，可四季开花。

◆**繁育管理**：四季报春花繁殖率很高，一般采用播种繁殖，重瓣品种也可扦插繁殖。春、秋季均可进行。因种子寿命较短，采种后立即播种，一般存放不超过半年。播种于装有培养土（泥炭：蛭石为 1：1）的盆中，盆土用细筛过筛。播种期 6 ~ 9 月，一般 6 月下旬播种，植株生长健壮，但因夏季气温高必须注意遮阴，8 ~ 9 月播种，虽管理方便，但植株矮小。种子极细小，故播种不宜过密，播后不用覆土，将盆浸入水中，使盆土浸透，盖上玻璃及报纸，减少水分蒸发，同时在玻璃一端用木条垫起约 1 厘米的缝隙，以利空气流通，并放于阴暗处，在 15 ~ 20℃条件下，10 天左右可以出苗。出苗率达 60% 时，去掉玻璃和覆盖物。小苗出齐时，逐步移至光照充足、凉爽、通风处，以防幼苗徒长。

幼苗期忌强烈日晒和高温，宜遮帘避中午直射日光，移苗后，逐渐缩短遮阴时间，白天温度保持在 18 ℃左右，夜间保持在 15℃。如欲使冬天开花，可夜间补充光照 3 小时。每 10 天追施稀薄的氮磷液肥 1 次，忌肥沾污叶片，以免伤叶。待花茎露头时增施 1 次以磷肥为主的液肥，促进开花，以提高品质。结实期间，注意室内通风，保持干燥，如湿度太大则结实不良。5 ~ 6 月种子成熟，因果实成熟期不一致，宜随熟随采收。

◆**病虫害防治**：报春花幼苗易患猝倒病，发现病株立即清除，并对土壤消毒。报春花叶部常发生白粉病，可喷洒 50% 多菌灵可湿性粉剂 800 倍液，每 7 天喷 1 次。介壳虫为害，可人工捕捉或喷洒 40% 氧化乐果乳油 1000 倍液防治。

3. 菊花

◆**别称**：黄花、秋菊、节花等。

◆**科属**：菊科，菊属。

◆**生长地**：原产于我国北部地区，华中及华东地区也有分布。

◆**形态特征**：多年生宿根草本，茎基部半木质化，株高 0.6 ~ 2 米，多分枝，花后地上茎大都枯死。单叶互生，卵形至披针形，羽状浅裂至深裂，边缘有粗锯齿。小枝绿色或带灰褐色，全株被灰色柔毛。茎顶生单个或多个头状花序，有香气。舌状花为雌性花，色、

形、大小多变，筒状花为两性花，密集成盘状，多黄色或黄绿色。花色有白、粉红、玫红、雪青、紫红、墨红、淡黄、黄、棕黄至棕红，此外，还有复色。种子浅褐色，扁平楔形，长 1 ~ 3 毫米，千粒重约 1 克。花期 10 ~ 12 月。菊花是我国传统十大名花之一，栽培历史悠久，园艺品种繁多，花形、花色丰富多彩，可用于布置花坛、花境。大型品种可造成多种形状，也可作切花。

◆ **生活习性**：适应性强，耐寒，喜凉爽，在深厚肥沃、排水良好的沙质壤土生长良好。喜阳光充足的环境，炎热中午应适当遮阴。菊花为短日照植物，若人为控制光照，可延长花期，周年开花。稍耐阴，较耐旱，不耐积水，忌湿涝、连作。生长发育最适温度为 18 ~ 22℃，夜间温度下降到 10℃左右有利于花芽分化。

◆ **繁育管理**：主要为扦插繁殖，还可嫁接、分株和播种。扦插法适期为 4 ~ 5 月，用嫩枝顶梢或中部，截成 8 ~ 10 厘米长的插穗，扦插于露地苗床，插后第 1 周遮阴，保持土壤湿润，第 2 周时中午遮阴，以后全日照，2 ~ 3 周后生根。分株法：秋季将整个母株挖出来，抖掉根上的泥土，去掉枯枝残根，将地上部分截短至 6 ~ 10 厘米，用刀将根系分成若干小丛，每丛有 2 ~ 4 根枝干及完整的根系，栽植后成活率很高。嫁接法：以野生粗壮的艾属蒿草（黄蒿、青蒿）作砧木，将主茎截短劈接，也可使蒿草萌发多数侧枝后，于每个侧枝上逐一劈接菊芽，是培养大型大立菊的主要方法之一。嫁接期 1 ~ 3 月。入冬后，把种株残花剪去，移植到背风向阳处越冬，第二年春天加强肥水管理，于 4 月中上旬剪取种株上生长粗壮的新梢做插穗进行扦插，当新株根系较为发达时即可移植。盆土用园土 5 份、草木灰 1 份、腐叶土 2 份、厩肥土 2 份加少量石灰、骨粉配制而成。可先将菊花移植到口径为

157 厘米的瓦盆中，8 月后再定植到口径为 25 厘米的盆中。移植上盆后放在阴凉处，4 ～ 5 天后移至阳光充足处。为了使菊花多开花，要多次摘心，促生分枝，若培养独本菊，则要多次摘除侧芽，以促进留下来的花的生长。菊花喜肥，定植后每隔 10 ～ 15 天施稀薄饼肥水肥 1 次，由淡渐浓。到花蕾初绽时停止施用。含苞待放时加施 1 次 0.2% 磷酸二氢钾溶液，可使花色正、花期长。每次施肥的第二天一定要浇水，并及时松土。菊花现蕾后需水量增大，此时应浇足水，保证植株生长良好，花大色艳。9 月花蕾出现后，应保留每枝顶端的正蕾，同时剔去侧蕾，使养分集中。花朵开放后，应设立支柱扶植枝条，以免花朵歪斜。

◆**病虫害防治**：菊花白粉病可用 50% 退菌特 1000 倍液喷洒。菊花叶斑病可在幼苗期用高锰酸钾或福尔马林进行消毒，或喷洒石灰等量 100 ～ 160 倍波尔多液于叶面。发现蚜虫、红蜘蛛等虫害时，可用 40% 乐果乳剂 1500 倍液，也可用 30 ～ 40 倍的烟草水喷杀。

4. 芍药

◆**别称**：婪尾春、将离、没骨花、余容、犁食、白术等。

◆**科属**：毛茛科，芍药属。

◆**生长地**：原产于我国北部，现我国东北、华北山区及内蒙古自治区的山坡草地仍有野生。

◆**形态特征**：为多年生宿根草本植物。具肥大的肉质根。茎丛生于根颈上，株高 60 ～ 80 厘米，叶为二回三出羽状复叶，顶梢处着生叶为单叶，小叶常 3 深裂，裂片披针形至椭圆形，全缘。茎顶部分枝，花单生于枝顶，单瓣或重瓣；有紫红、粉红、黄或白色。花期 5 月末到 6 月末；果熟期 8 ～ 9 月。种子黑色，

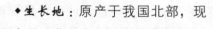

球形。芍药花形极为丰富，常见的有单瓣类、千层类、楼子类和台阁类。芍药是一种极重要的露地宿根花卉，花期不长，但花大色艳，园林中普遍栽植，常用于布置花坛、花境或成片栽植，也可作切花。

◆**生活习性**：芍药耐寒性极强，北方可露地越冬，夏季喜冷凉气候，栽植于阳光充足处生长旺盛，花多而大；在南方暖地栽培，稍荫处也可开花，但生长不良，常引起不结实。适应性强，生长强健，以沙质壤土或壤土为宜，黏土及沙土虽也能生长，但生长不良，盐碱地及低洼地不宜栽培。土壤排水必须良好，在湿润土壤中生长最好。如果从秋季到翌年春季土壤保持湿润，则生长、开花好。

◆**繁育管理**：芍药以分株繁殖为主，亦可播种繁殖。分株繁殖可以保持品种优良特性，开花期比播种者早，分株时间一般在 8 ~ 9 月下旬，有利于伤根愈合。分株时先将 3 年以上的株根掘起，芍药根系较深，起挖时应注意保护，抖落泥土，阴干稍蔫后，根据新芽的分布顺自然纹理可分离之处分开，或用刀劈开，使每丛带有 3 ~ 5 个芽，剪除腐烂根系，分栽后来年即可开花。分株年限因栽培目的不同而异。作花坛栽植或切花栽培时，应 6 ~ 7 年分株 1 次。作药用栽培以采根为目的，应 3 ~ 5 年分株 1 次。芍药播种繁殖主要用于培育新品种或大量繁苗。芍药种子成熟后，应立即播种，播种愈迟则发芽率越低。播种地选背风向阳、排水良好、富含腐殖质的沙壤土为好。播种后当年秋季生根，但不出土，翌年春暖后新芽出土。幼苗生长缓慢，第一年只长 1 ~ 2 片叶，苗高 3 ~ 4 厘米，第二年生长加快，3 ~ 5 年可开花。有些品种种子熟后落地，可自行萌生。芍药喜肥，在分株繁殖时，要施基肥，且每年春季发芽前后，要在植株周围开沟施肥，每年秋冬之际根据土壤肥力情况，可再施一些迟效肥。栽培芍药的地方，应阳光充足，土壤湿润，否则开花不良。芍药根系较深，且为肉质根，栽植地应选背风向阳、土层深厚、地势高燥之处。栽植前应深耕，并充分施以基肥（有机肥为主）。栽植深度一般以芽上覆土厚 3 ～ 4 厘米为宜，并适当镇压。芍药喜肥，无过肥之害，发芽时浇水 1 ～ 2 次，结合浇第一次水施追肥；4 月花蕾出现时，施用稀薄人畜粪尿液 1 次并加 2% 磷酸二氢钾；8 月形成次年花芽时，再施肥液 1 次；11 月施 1 次基肥。早春在根部外围挖沟施饼肥或粪肥。芍药喜湿润土壤，但又怕涝，要注意旱浇涝排。芍药开花时保持土壤湿润花才开得大而美。芍药现蕾后及时摘除侧蕾，以便使养分集中于顶蕾，使花大而美。对于容易倒伏的品种，应设立支柱。

◆**病虫害防治**：芍药在生长过程中，病虫害较多，如褐斑病、炭疽病、叶斑病、锈病、菌核病等，应及时拔除病株或剪除病部并烧毁，喷洒波尔多液或其他药剂对土壤进行消毒；虫害以蚜虫为主，用氧化乐果防治。

5. 鸢尾

◆**别称**：蓝蝴蝶、铁扁担、蝴蝶花、扁竹花等。

◆**科属**：鸢尾科，鸢尾属。

◆**生长地**：我国云南、四川、江苏、浙江一带均有分布。

◆**形态特征**：多年生宿根草本花卉。地下根状茎粗短而多节、坚硬，浅黄色。株高 30 ～ 60 厘米。叶剑形，质薄，长 30 ～ 50 厘米，宽 2.5 ～ 3.0 厘米，中脉不明显，浅绿色，交互排列成两列。花茎从叶丛中抽出，高 30 ～ 50 厘米。与叶近等长，具 1 ～ 2 分枝，每枝着花 1 ～ 3 朵。花蝶形，蓝紫色。花期 4 月下旬至 6 月上旬。果熟期 7 ～ 8 月，蒴果，长圆形。鸢尾花大而美丽，叶片青翠碧绿，观赏价值高，可布置花坛、花境，尤其适宜小溪边或小路旁自然式栽培。也可作切花之用，是我国园林中广泛栽培的种类。

◆**生活习性**：多生长在 800 ～ 1800 米高的灌木林缘。耐寒性强，露地栽培时，地上茎叶在冬季不完全枯萎。对土壤选择性不强，但以排水良好、适度湿润、含石灰质的弱碱性壤土为宜。喜阳光充足，但荫处也能生长。耐干燥。在半阴、半阳处生长良好。其花芽分化在秋季 8 ～ 9 月间完成。春季根茎先端的顶芽生长开花，在顶芽两侧常发生数个侧芽，侧芽在春季生长后，形成新根茎，并在秋季重新分化花芽。花芽开花后则顶芽死亡，侧芽继续形成花芽。

◆**繁育管理**：以分株繁殖为主，也可播种繁殖。分株繁殖根据株形不同而异，或分根茎或分株丛。当根状茎伸长长大时，就可进行分株，可每隔 2 ～ 4 年进行一次，于春秋两季或花后进行。分割根茎时，应使每段带 2 ～ 3 个芽为好，割后用草木灰涂抹伤口，稍阴干后扦插于湿沙中，在 20℃ 条件下促使不定芽发生，形成新植株。分株丛也是将植株挖出，3 ～ 5 芽一丛，分成数丛重新栽植。一般春秋分株均可，暖地以秋季分株丛为佳，不要太迟，以免影响地下生长。而寒冷地区则以春季分株丛为佳，以防冻害。鸢尾类花卉栽培比较容易，无需特殊管理。3 ～ 4 年分株繁殖一次，在早春发芽前将已繁殖的根茎栽植于露地，适当施以基肥，定植株行距为（25 ～ 30）厘米 ×（25 ～ 30）厘米，种植时切勿过深，以根茎不露土为宜。开花前及花谢后可各施一次追肥，生长更旺盛，生长期注意浇水，当地下休眠时可暂停浇水，雨季注意排水，防止积水发生软腐病。播种繁殖，种子随采随播，播后翌年春季发芽，2～3年开花，仅用于培育新品种。栽植前施入腐熟的堆肥，生长期追施加5倍水的稀薄人畜粪尿液2～3次，要经常进行中耕除草、浇水管理。花后及时剪除花茎，以免消耗养分。

◆**病虫害防治**：鸢尾易得锈病、软腐病、叶斑病及蚀夜蛾、蜗牛、地老虎、根螨等，要及时防治。锈病发病初期可用25%粉锈宁400倍液防治；软腐病，可用1：1：100的波尔多液防治。蚀夜蛾可用90%敌百虫1200倍液灌根防治。

6. 荷包牡丹

◆**别称**：兔儿牡丹、铃儿草、荷包花。

◆**科属**：罂粟科，荷包牡丹属。

◆**生长地**：原产于我国北部，日本及俄罗斯的西伯利亚也有分布。

◆**形态特征**：多年生宿根草本花卉。具地下肉质根状茎，高30～60厘米。叶对生，三回羽状复叶，叶形、叶色略似牡丹，得名"荷包牡丹"。具白粉，有长柄，全裂。总状花序顶生呈拱形伸展，花朵着生于一侧并下垂，花鲜红色，花瓣4枚，外侧2枚基部膨大呈囊状，形似荷包，内2枚狭长，近白色。花期4～6月，蒴果细长圆形，6月成熟时两裂，种子黑色，球形，具冠状物。荷包牡丹耐阴力强，可成片配植在林下或林缘，是不可多得的观花花卉。还可用于布置花境、花坛、庭院丛植或盆栽，也可作切花。

◆**生活习性**：性耐寒而不耐夏季高温，喜冷凉，在高温干旱的条件下生长不良，花后至7月间茎叶枯黄进入休眠状态；喜湿润和

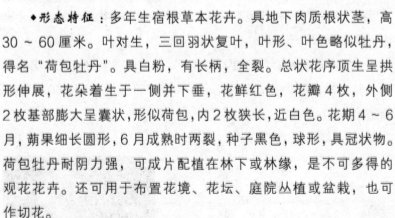

富含腐殖质土壤，在沙土及黏土中生长不良。生长期间喜侧方遮阴，忌阳光直射，耐半阴，花后期宜有适当遮阳。在阳光直射或干旱条件下，会促使开花不良，过早枯萎休眠。

◆**繁育管理**：主要以分株繁殖为主，也可进行播种繁殖。分株繁殖以春季新芽开始萌动时进行最好，也可秋季 9 ~ 10 月间进行。分株时先带土球挖出老植株，去除老残根，根据芽的多少切割成几块，每块带 3 ~ 5 个芽，分别栽植，注意栽植穴内施入一些基肥，茎段的栽植深度应与原来相同，约 3 年分株一次。种子繁殖可秋季播种，亦可将当年种子湿沙层积处理，第二年春季进行播种。荷包牡丹种子细小，播后覆土以不见种子为度，或混沙播种不覆土。播后要保持表土湿润，出现干燥后及时喷水。三年生的播种苗可开花。荷包牡丹栽培比较简便。冬季在近根处施以饼肥或堆肥，生长期追施 1 ~ 2 次加 5 倍水稀释的人畜粪尿液或加 20 倍水稀释的腐熟饼肥上清液，均可使花叶繁茂。夏季注意防涝。荷包牡丹可进行促成栽培，秋季落叶后，将植株挖出，栽植于盆中，放在空气比较湿润、温度在 12 ~ 15℃的环境下，约 2 个月可开花，花后再放置于冷室内，早春重新栽于露地。

◆**病虫害防治**：介壳虫，用 40% 氧化乐果乳油 1000 倍液喷杀；有时发生叶斑病，可用 65% 代森锌可湿性粉剂 600 倍液喷洒防治。

7. 荷兰菊

◆**别称**：纽约紫菀、老妈散、柳叶菊。

◆**科属**：菊科，紫菀属。

◆**生长地**：原产北美，现广泛栽

培于北半球温带地区。

◆**形态特征**：多年生草本宿根花卉。株高 40 ~ 80 厘米，主茎粗壮直立，多分枝，被柔毛。茎基部木质化。叶互生，长圆形至线状披针形。全株光滑，嫩茎时期常紫红色，有地下横走茎。头状花序伞房状着生，直径 2 ~ 3 厘米，舌状花平展，条形花瓣，筒状花黄色。花色有紫红、蓝紫或白色。花期 7 ~ 9 月。瘦果具冠毛，9 ~ 10 月成熟。荷兰菊为典型的秋花类宿根花卉，因耐修剪，可以做修剪绿篱、花篱，也可用于花境、花台、草地边缘、丛植或切花、花篮。矮生种可做花坛或盆栽。

◆**生活习性**：耐严寒，也较耐旱，适应性强，喜阳光充足、通风良好和夏季凉爽的环境。生性强健，不择土壤，但夏季忌干燥，栽于肥沃、湿润、排水良好的沙质土壤上，生长更好。

◆**繁育管理**：原始类型用播种法繁殖，3 月下旬至 4 月中旬露地播种。发芽适温 15 ~ 18℃，播后 14 天出苗。栽培品种用扦插法或分株法繁殖。秋季，剪去植株地上部分，移至阳畦或塑料大棚过冬，其基部蘖芽长约 10 厘米、具 8 片叶时，扦插于 22 ~ 24℃ 的苗床上，20 天后生根。大棚扦插以 2 ~ 5 月上旬为好，露地扦插 5 ~ 8 月为宜。荷兰菊萌蘖能力较强，分株繁殖系数高，春、秋季均可。也可用组织培养的方法繁殖。生长期每半月施肥 1 次，可施用加水 10 倍的腐熟的饼肥澄清液。花前需适当追肥，可用磷酸二氢钾以 0.1% ~ 0.3% 浓度或少量人畜粪尿以 10 倍水稀释后施用。生长期需适当摘心，这样可以使株形圆整、丰满，开花多。荷兰菊在露地栽培较简易，一般不需特殊管理。生长期可进行 4 ~ 6 次摘心整形，以形成整齐的绿篱或花篱状，摘心以后约 40 天开花，一般在 8 月中下旬为最后一次摘心，在国庆节可大量开花。目前以盆栽多见，一般是每年更新。取嫩枝扦插，作宿根栽培，一般 2 年就要更新 1 次。

◆**病虫害防治**：株行距过密，萌蘖多，生长拥挤，通风不良，在空气湿度大的季节易发生白粉病、褐斑病，应及时用 65% 托布津粉剂 600 倍液、75% 百菌清可湿性粉剂 1000 倍液喷洒；蚜虫危害时，可用 80% 敌敌畏乳油 1000 ~ 1500 倍液喷洒防治。

8. 一枝黄花

◆**别称**：加拿大一枝黄花。

◆**科属**：菊科，一枝黄花属。

◆**生长地**：原产于北美洲，在欧洲及亚洲各地均有栽培。

◆**形态特征**：多年生宿根草本花卉，株高 1 ~ 2 米，茎直立，光滑，单一或上部具分枝。叶卵形或长圆状披针形，具 3 行明显叶脉，叶边缘有粗锯齿或浅锯齿，叶背面有毛。头状花序排成总状或总状圆锥形，长 1 ~ 2 厘米，总苞倒圆锥形。花小，黄色，花期 6 ~ 7 月。一枝黄花植株高，花形优美，可丛植或作花境栽植，也适宜作疏林地被。近年来，一枝黄花作为切花市场看好，可在保护地栽培，商品价值较高，因而切花栽培逐渐增多。

◆**生活习性**：喜光照充足、背风、凉爽、高燥的环境，生性较强健，耐寒，耐旱，对土壤选择性不强，但以疏松肥沃的壤土为好。

◆**繁育管理**：以分株繁殖为主，也可采用播种繁殖，宜春、秋季进行。分株繁殖，于 3 ~ 4 月将母株的根掘起，分成 4 ~ 6 份，即可分栽。播种于 4 月上旬采用盆播或箱播方法，在室温 15 ~ 18℃的条件下播种，保持盆土湿润，覆土稍厚，经 10 ~ 15 天出土。出苗后，幼苗生长缓慢，及时逐次地撤除覆盖物，约 40 天幼苗长出 2 ~ 3 对真叶时，进行移栽，1 个月后定植。定植株行

距为（40 ~ 50）厘米 × （40 ~ 50）厘米。定植时施足基肥，可
施腐熟的堆肥，也可施饼肥，加水 4 成使之发酵，而后干燥，施用
时埋入盆边的四周，经浇水使其慢慢分解不断供应养分。开花期追
施 1% 尿素 1 ~ 2 次。当年开花结实较少，2 年后苗生长逐年旺盛。
花期 7 ~ 8 月份。一枝黄花为宿根花卉，年年春季出芽前后植株
周围施有机肥一次，若做切花生产则在花期前后适当追肥。成株宜
2 ~ 3 年分株一次。一枝黄花虽有一定耐寒力，但在北方寒冷的气
候条件下，冬季仍有冻死的可能性。因而露地栽培应选择小气候条
件较好、向阳、背风的高燥环境，以保证安全越冬。

◆**病虫害防治**：锈病、疮痂病，可用 50% 萎锈灵可湿性粉剂
2000 倍液喷洒。卷叶蛾危害，用 10% 除虫菊酯乳油 3000 倍液喷杀。

9. 君子兰

◆**别称**：剑叶石蒜、大花君子兰、
大叶石蒜、达木兰。

◆**科属**：石蒜科，君子兰属。

◆**生长地**：原产南非。现我国以
长春为中心，育出不少园艺品种。

◆**形态特征**：多年生常绿草本植物。茎粗短，高 4 ~ 10 厘米，
被叶鞘包裹，形成假鳞茎。叶二列状，交叠互生，叶扁平宽大，
呈带状，叶形似剑，长 20 ~ 80 厘米，宽 8 ~ 10 厘米。根肉质纤
维状，粗长，不分枝。伞形花序顶生，花序粗壮，高 20 ~ 50 厘米，
小花有柄，漏斗状直立，着花 7 ~ 30 朵。花色有黄、橙红、橙黄、
深红、鲜红等色。花期 1 ~ 5 月。君子兰的栽培品种很多，主要
从叶片长、宽、直立程度、光泽、叶脉、叶色及花的大小和色彩
方面区别。健康的君子兰叶面反光度高，看上去油亮，叶色浅绿，

叶面摸上去光滑细腻,叶片柔韧性强,脉纹粗壮突起。君子兰叶、花、果均美丽,可全年室内盆栽观赏,也是布置会场、厅堂的名贵花卉。

◆**生活习性**:喜凉爽湿润,耐寒性较差,要求阳光充足,秋凉生长,春天开花,夏季休眠。适生温度在 15 ~ 25℃,空气湿度70% ~ 80% 为宜。对土壤要求严格,要求土壤疏松肥沃、通气透水、富含腐殖质、偏酸性。

◆**繁育管理**:君子兰常用播种和分株繁殖法。播种繁殖:君子兰需人工授粉方可结实。授粉后 8 ~ 9 个月果实成熟,果色变红即可采收,剥出种子阴干 3 ~ 4 天,即可播种,室温 10 ~ 25℃,约20 天即可生根,40 天抽出子叶,约 60 天长出第一片真叶时可分苗,第二年春即可上盆。分株繁殖:多年生老植株每年可以从根茎部萌发出多个根蘖苗,在进行翻盆换土时将根蘖苗分离出来另植,分株伤口处抹上草木灰以防伤口腐烂。长根的分株可直接植入盆中,未长根的分株插入素沙土中,待生根后可上盆。栽培君子兰时,先在盆底的排水孔上盖上 2 块碎瓦片,再垫 2 厘米厚的碎石子或沙粒,上面填入细土,再铺上一层稍粗的培养土,然后把君子兰植株放置在盆中填土,一般把植株的根颈以下埋入土中即可。

君子兰根系为发达苗壮的肉质根,因此宜用深盆栽植,并且排水透气。培养土要求疏松肥沃、保水透气且呈微酸性。栽植时不能太深,将须根全部埋上再加深 1 厘米即可。君子兰适生温度为 15 ~ 25℃,高出 30℃叶片徒长,低于 5℃易受寒害。君子兰喜半阴的环境,忌强光照射。生长期每隔半月追施加 20 倍水的腐熟饼肥上清液 1 次,开花前追施 5% 磷酸二氢钾,有利于开花繁茂。君子兰浇水应掌握见干见湿的原则,保持盆土湿润不潮即可,以防根系腐烂。一般播种苗 3 ~ 5 年即可开花,分株苗 2 ~ 3 年可开花。

◆**病虫害防治**：危害君子兰的病害有白绢病、叶斑病、软腐病，主要以预防为主，综合防治。加强养护管理，使植株生长健壮，抗性强，一旦发病后，及时喷药治疗。白绢病多发生在靠近根部的茎上，染病后茎上会出现水渍状褐色不规则斑点，皮层软腐，随后在根际出现白色绢丝状菌丝休，最后导致整株腐烂坏死。预防这种病害要在上盆的时候，对培养土进行消毒处理。发现土表有白色菌线要及时拣出并烧毁，然后在病穴周围撒石灰粉消毒。发病时可以在植株茎基部及周围土壤浇灌50%多菌灵可湿性粉剂500倍液。

发现软腐病要及时把病株分开，然后更换培养土，去除腐烂病叶，用消毒刀刮去腐烂部分，让阳光照射，保持通风干燥，伤口处涂抹草木灰。也可以用青霉素或链霉素或土霉素4000～5000倍水溶液喷洒或涂抹病斑。其虫害主要是介壳虫，可喷25%氧化乐果乳油1000倍液防治。

10. 非洲菊

◆**别称**：扶郎花、太阳花、灯盏花、波斯花等。

◆**科属**：菊科，大丁草属。

◆**生长地**：原产南非，少数分布在亚洲，我国华南、华东、华中等地区皆有栽培。

◆**形态特征**：多年生常绿草本植物。全株被细毛，株高30～60厘米，叶片基生，具长柄，长15～20厘米，叶片呈长圆状匙形，基部渐狭，叶片长15～25厘米，宽5～8厘米，羽状浅裂或深裂，裂片边缘有疏齿。单生头状花序，花序梗长高出叶丛，

舌状花 1～2 轮或多轮，倒披针形或带形，有白、黄、淡红、橙红、玫瑰红和红色等品种，管状花较小，常与舌状花同色，花径可达 10 厘米。花期周年常开，以 4～5 月和 9～10 月最盛。非洲菊花朵大，花色艳，清秀挺拔，水养期长，极具观赏价值，是国际上重要的商品切花，也可盆栽观赏。多进行温室栽培。

◆**生活习性**：喜温暖、光照充足和通风良好的环境。生长适温 20～25℃，冬季温度 12～15℃为宜，低于 10℃则停止生长，能忍受短期低温，喜富含腐殖质、排水良好、疏松肥沃的微酸性沙壤土，忌黏重土壤。

◆**繁育管理**：可用播种、分株和组织培养法繁殖。非洲菊种子细小，寿命短，播种繁殖要求种子成熟后立即进行盆栽，否则种子易丧失发芽力。种子播下后温度保持 20～25℃，1～2 周即可发芽。种子发芽率较低，一般为 50% 左右。当幼苗长出 2～3 片真叶时移植一次，再养护 2 个月便可上盆定植。分株繁殖一般于 4～5 月进行，通常每 3 年分株 1 次。挖出生长健壮的老株切分，每一新株应带 4～5 片叶，栽时不要过深，以根颈部略露出土面为宜。组织培养法以叶片为外植体，大量生产试管苗，采用无土栽培技术，生产切花。

定植前宜预埋有机肥料做基肥，生长期间要每 10～15 天追肥 1 次，可追施稀薄液肥，孕蕾期增施 1～2 次 0.5%～1.0% 过磷酸钙，以促进开花和着色。应特别注意，每次施肥后应随即浇水 1 次。逢干旱应充分浇水，但冬季浇水时不要打湿叶丛中心，应保持干燥，否则花芽易烂。小苗期适当保持湿润，但也不能太湿，否则易遭病害。非洲菊生长最适温度为 20～25℃，冬季保持 12℃以上，即可终年有花，经常摘除生长旺盛而过多的外层老叶，有利于新叶和新花芽的发生。

◆**病虫害防治**：常见的病害有白粉病、叶斑病、枯萎病、病毒病等，可用 40% 乐果乳剂 1000 ~ 1500 倍液喷洒，或 65% 代森锌可湿性粉剂 600 倍液喷洒。红蜘蛛、蚜虫等可用 40% 乐果乳剂 2000 倍液喷杀。

11. 萱草

◆**别称**：黄花菜、金针菜、忘忧草等。

◆**科属**：百合科，萱草属。

◆**生长地**：原产于我国秦岭以南的亚热带地区。

◆**形态特征**：多年生宿根草本植物。根状茎粗短近肉质。株高约 1 米。叶基生，片状披针形，长 30 ~ 45 厘米，宽 2 ~ 2.5 厘米。花莛高出叶丛，着花 2 ~ 4 朵，黄色，有芳香，花冠漏斗状，花瓣 2 轮，每轮 3 片，盛开时花瓣反卷，花长 8 ~ 10 厘米，萱草花梗极短，花朵紧密，有大型三角形苞片。花期 5 ~ 8 月，蒴果。萱草花色艳丽，春季萌发早，栽培简便，园林中多丛植或于花境、路旁、坡地栽植或作切花用。

◆**生活习性**：萱草生性强健，耐寒，北方可露地越冬，对环境适应性强，喜阳光充足，但也耐半阴，对土壤选择性不强，但以富含腐殖质、深厚肥沃、排水良好的壤土生长最好。萱草属于常见栽培的食用萱草，即黄花菜。

◆**繁育管理**：萱草以分株繁殖为主，也可播种繁殖。分株繁殖在春季或秋季进行，每 3 ~ 5 年分株一次，分株时每丛带 2 ~ 3 芽，按株行距 3 厘米 ×40 厘米重新栽植。若春季分株，当年夏季就可开花。播种繁殖春秋季均可，以秋播最为适宜。秋播时，采集种子

于 9 ～ 10 月露地播种，翌春发芽。春播时，将头年秋季沙藏的种子取出播种，播后发芽迅速而整齐。实生繁殖苗 2 年后开花。大花萱草繁育管理方便。栽植前深翻施基肥（有机肥），生长期追施加 5 倍水的稀薄人畜粪尿液 2 ～ 3 次或加 20 倍水的饼肥上清液 1 ～ 2 次，适当灌溉，并注意排水。花后要剪去花梗，以减少养分消耗。冬季，其地上部分枯萎，应及时清理。

◆**病虫害防治**：萱草生长期间有蚜虫为害，可喷乐果乳油稀释溶液喷治。

12. 飞燕草

◆**别称**：千鸟草、翠雀花、萝卜花。

◆**科属**：毛茛科，飞燕草属。

◆**生长地**：原产我国及俄罗斯的西伯利亚和南欧等地，现在我国河北、山西、内蒙古自治区及东北地区均有野生分布，常生于山坡及草地。

◆**形态特征**：草本宿根花卉，茎高 0.6 ～ 1 米，高茎者可达 1.2 米，主根粗壮，梭形或略呈圆锥形。茎直立，上部疏生分枝，茎叶疏被柔毛。叶互生，数回掌状深裂至全裂，裂片为线形。茎生叶无柄，基生叶具长柄。总状花序顶生，花径约 2.5 厘米，萼片花瓣状，花瓣 2 轮，合生，着花 3 ～ 15 朵。花色有堇蓝、粉白、紫、红等。花期 5 ～ 7 月。有重瓣园艺品种。还有高株形，产于我国新疆维吾尔自治区、内蒙古自治区等地，植株高大，可达 1.8 米。飞燕草花形似飞鸟，花序硕大成串，花色鲜艳，矮生种适于盆栽或花坛布置，高秆大花品种还是切花的好材料。

◆**生活习性**：较耐寒，喜高燥，耐旱，也耐半阴，忌积涝，忌炎热，喜深厚肥沃、排水良好、稍含腐殖质的沙质壤土，需日照充足、通风良好的凉爽环境。生育适温 15 ~ 25℃。

◆**繁育管理**：飞燕草可播种、分株及扦插繁殖。播种宜在 3 ~ 4月或秋季 8 月中下旬进行。宜直播，不耐移植。发芽适温 15℃左右，2 周左右萌发。温度过高反而对发芽不利，不能萌发。种子发芽喜黑暗，具嫌光性，因此播种后必须严密覆盖细土，厚度约 0.5 厘米，保持湿度。播种前在土中预埋少量腐熟的堆肥做基肥。发芽缓慢，播后约 3 周方能发芽整齐，从播种到移苗约需 45 天。生长期每半月施肥 1 次，多施氮肥，花前增施 2 ~ 3 次磷、钾肥。果熟后可自行开裂，散落种子，应及时采种。

飞燕草分株繁殖春秋季均可。在春季发芽前或秋季 9 月份将飞燕草多年生植株挖出，顺根系的自然连接较弱处将其分成数丛，重新栽植。值得注意的是，飞燕草根系较深，且主根粗壮，在起挖时应深挖，以防断根。此外，飞燕草萌蘖力不强，不耐移栽。分株繁殖不宜过于频繁，一般成株 2 年分株一次。扦插繁殖可采用花后茎基部新出的芽做插穗，或在春季剪取新枝干扦插，扦插方法同一般扦插繁殖。

经一次移植后，在 5 月中旬播种苗定植露地，当年苗可开花，但开花较少。成株应在每年秋季及春季增施基肥，以有机肥为主，以保持植株旺盛生长。高大植株生长后期易倒伏或折断，可设支架保护。

◆**病虫害防治**：飞燕草的露地生长期无需特殊管理，很少发生病虫害。在南方地区栽培飞燕草，越夏困难。常见有黑斑病、根颈腐烂病和菊花叶枯线虫病危害叶片、花芽和茎，可用 50% 托布津可湿性粉剂 500 倍液喷洒防治。其虫害有蚜虫和夜蛾，可用 10%除虫精乳油 2000 倍液喷杀。

13. 玉簪

◆**别称**：玉春棒、白玉簪、玉簪棒、白鹤花、玉泡花。

◆**科属**：百合科，玉簪属。

◆**生长地**：原产于我国长江流域及日本，多生于林缘草坡及岩石边。

◆**形态特征**：多年生草本花卉。株高 30 ~ 50 厘米，叶基生，丛生于地下粗壮的根茎上，叶片较大，卵形至心状卵形，翠绿而具光泽，具长柄，具有良好的观赏价值。总状花序从叶丛中抽生高出叶丛，每花序上着生小花 9 ~ 10 朵，花白色，有芳香，花径 2 ~ 3.5 厘米，花筒细，长 5 ~ 6 厘米。花期 7 ~ 9 月。蒴果三棱状圆柱形，成熟时三裂，种子黑色，有膜质翅。园艺栽培品种还有重瓣变种，但不多见。玉簪属还有其他常见栽培品种，如波叶玉簪叶片具黄白色条纹的白萼，花淡紫红色，花期 8 ~ 9 月；紫萼，花淡紫色或紫色。玉簪类花卉叶丛生，叶色翠绿，植株耐阴，是园林中重要的耐阴花卉，可用于林荫路旁、疏林下及建筑物的背阴侧。

◆**生活习性**：喜阴湿，畏强光直射，耐寒，性强健，萌芽力极强。要求排水良好、富含腐殖质的土壤。玉簪喜欢温暖气候，但夏季高温、闷热，尤其是温度在 35℃以上，且空气湿度在 80% 以上的环境中不利于植株生长，此时要加强空气流通，帮助其降低体内温度，并要向叶面喷雾降温。冬季温度要求很严，温度一定要在 10℃以上，在 10℃以下会停止生长，在霜冻出现时不能安全越冬。

◆**繁育管理**：玉簪以分株繁殖为主，也可以播种繁殖。分株可在春季 4 ~ 5 月或秋季进行，将母本植株起出，每 3 ~ 5 个芽为一丛分开，并保留足够的根进行栽植，栽时可适当在穴内施入基肥。

每3～5年分株一次。切口处要涂上木炭粉，防止病菌侵入，然后再栽植，栽植后浇一次透水，以后浇水不宜过多，以免烂根。一般分株栽植后当年便可开花。种子繁殖可以在9月份室内播种，20℃条件下，30天发芽，幼苗春季定植露地。也可以将当年种子干燥冷藏到来年3～4月播种。玉簪的播种苗生长2～3年方可开花。因为萌芽多，芽丛紧密，分株繁殖极容易，实际栽培中很少用播种法繁殖。

玉簪露地繁育管理较粗放，分株苗栽植株行距为（30～50）厘米×（30～50）厘米，过于密集影响生长。应注意选择适宜的栽培地点，其生长期要求半阴环境，宜栽于林下、林缘或建筑物的背阴侧，常引起叶尖枯黄。此外，若栽于阳光直射处或过于干旱处，常引起叶尖枯黄。在北方寒冷地区，有时需稍加保护越冬，或选择小气候较好处栽培。

◆**病虫害防治**：常见的病虫害主要有锈病、叶斑病、蜗牛等。对于锈病，当嫩叶上出现圆形病斑时，可以喷洒160倍等量式波尔多液进行防治。对于叶斑病，可用75%百菌清800～1000倍液或50%代森锰锌800～1000倍液喷洒防治。对于蜗牛虫害，要求土壤湿润、通风良好，同时进行人工捕捉，也可在栽植玉簪的周围或花盆下撒石灰粉或撒施8%灭蜗灵颗粒剂，或10%多聚乙醛颗粒剂。

14. 天竺葵

◆**别称**：石蜡红、入蜡红、洋绣球、日烂红、绣球花。

◆**科属**：牻牛儿苗科，天竺葵属。

◆**生长地**：原产非洲南部，我国

各地均有栽培。

◆**形态特征**：亚灌木状多年生草木，全株有强烈气味，密被细柔毛和腺毛。茎直立、肉质、粗壮，基部稍木质化。单叶互生，稍被柔毛，稍带肉质，圆形或肾形，基部心形、边缘有锯齿并带有一马蹄形的暗红色环纹，稍揉之有鱼腥气味，易识别，掌状脉，叶缘 7～9 浅裂或波状具钝锯齿。顶生伞形花序，有总苞，花序柄长，有花数朵至数十朵，花萼绿色，花瓣 5 或更多，有红、深红、桃红、玫红、白等色，花期 10 月至翌年 6 月。天竺葵花色丰富，花期又长，是优良的观赏植物，常用作盆栽、花坛或用于室内装饰。

◆**生活习性**：性喜阳光，喜温暖、湿润的环境，忌炎热，忌水湿，耐旱不耐寒。适宜肥沃、排水良好、疏松、富含腐殖质的微酸性土壤，在高温、积水条件下生长不利。对二氧化硫等有害气体有一定抗性。适应性较强，能耐 0℃低温。北方需在室内越冬，南方需置于阴棚下越夏。

◆**繁育管理**：天竺葵主要用扦插和播种繁殖，扦插可春秋两季结合修剪进行，以秋冬扦插为好。插条选生长势强、开花勤、无病虫害的植株顶端嫩梢，去掉基部大叶，晾干使之萎蔫后扦插，注意土壤不可太湿，以免腐烂。在 20℃左右时，插后 1 个月就可生根。单瓣品种可播种繁殖，种子采收后即可播种。可先把采下的种子晾干，贮藏在纸袋中备用。种植前可施足基肥，可将发酵的饼肥、骨粉或过磷酸钙等拌入土中，注意饼肥加入量不要超过土壤总量的 10%，骨粉或过磷酸钙不要超过 1%，否则易造成肥害。在 20℃条件下播后半个月就可发芽，经过移植来年春天就可开花。生长期内每隔 10 天追施加 5 倍水的人畜粪尿液 1 次，夏季每天喷水 1～2 次，春秋季每天浇水 1 次。每年换一次盆，一般在 9 月份进行。在换盆前进行修剪，剪后 1 周内不浇水一面剪口处腐烂。

◆**病虫害防治**：主要害虫有毛虫小羽蛾，可用 50% 辛硫磷 800 ~ 1000 倍液或 10% ~ 20% 菊酯类 1000 ~ 2000 倍液喷洒。

15.金光菊

◆**别称**：太阳菊、九江西番莲。

◆**科属**：菊科，金光菊属。

◆**形态特征**：多年生宿根草本花卉植物。株高 60 ~ 250 厘米，茎直立多分枝，植株无毛或稍被短粗毛。叶片较宽，基生叶羽状深裂，裂片 5 ~ 7 枚，每裂片有时有 2 ~ 3 中裂。茎生叶 3 ~ 5 裂，互生，各分枝上的叶有少数具锯齿。头状花序单生或簇生于长总梗上。总苞苞片稀疏，叶状。花径约 10 厘米，舌状花 6 ~ 10 枚，1 ~ 2 轮，黄色，倒披针形下垂，管状花黄绿色，具冠毛。花期 6 ~ 9 月。重瓣品种开花繁茂，舌状花多轮，观赏效果更佳。金光菊植株高大，花大而色彩鲜艳，适合布置花境、花坛或自然式栽植，还可作切花。

◆**生活习性**：耐寒性强，耐干旱，对土壤要求不严，但在排水良好的沙质壤土上生长更佳。在我国北方可露地越冬。喜阳光充足，也较耐阴。

◆**繁育管理**：金光菊多采用分株繁殖或播种繁殖。春季和秋季均可分株，要求每棵子株带 2 ~ 3 个顶芽。播种繁殖，春季和秋季播种均可。发芽适温为 10 ~ 15℃，种子发芽力可保持 2 年左右，金光菊自播能力极强。金光菊株形较大，花朵繁茂，花期消耗养分较多，因此，花前应追施 2 ~ 3 次加 5 倍水的人畜类尿液，并注

意保持土壤湿润。浇水适当控制，可使植株低矮，减少倒伏，利于观赏。夏季开花的植株可在花后将花枝剪掉，加强水肥管理，追施5%～10%的过磷酸钙，或增施0.1%～0.3%的磷酸二氢钾1～2次。秋季霜前还可再次抽生新枝，二次开花。

◆**病虫害防治**：金光菊易发生白粉病、霜霉病和叶斑病，可用70%甲基托布津可湿性粉剂500倍液喷洒，锈病用50%萎锈灵2000倍液喷洒。夜蛾、蚜虫，可用10%除虫精乳油3000倍液喷杀。

16. 肥皂草

◆**别称**：石碱花。

◆**科属**：石竹科，肥皂草属。

◆**生长地**：原产于欧洲及西亚。

◆**形态特征**：多年生草本花卉。

株高30～90厘米，有地下横走茎，栽植多年可丛生连成片。叶阔披针形，对生，深绿色。顶生聚伞花序，花白色至淡粉色，有重瓣花品种，花期7～9月。蒴果，成熟时开裂。种子黑色，扁圆形，千粒重2克。肥皂草花期较长，是花境及地被的良好材料。

◆**生活习性**：生性强健，自生能力极强，极耐寒，适应性强，对土壤要求不严。有自播习性。

◆**繁育管理**：肥皂草以播种或分株繁殖为主。播种春秋季均可，春季可3～4月育苗，或4～5月露地直播，生长较容易。分株春秋季均可，先将地下茎从土中挖出，3～5芽一丛分开栽植，极易成活。肥皂草繁育管理粗放，一般2～3年分株一次，可达到合适的生长密度。种子9～10月成熟，蒴果开裂易散失种子，应及时采收。肥皂草极少发生病虫害。

17.非洲紫罗兰

◆**别称**：非洲堇、非洲紫苣苔、非洲大花苦苣苔、圣保罗花。

◆**科属**：苦苣苔科，非洲紫罗兰属。

◆**生长地**：产于非洲热带，近年我国各地多有栽培。

◆**形态特征**：多年生常绿宿根草本花卉。全身具茸毛，茎极短，叶基生，蓬座状，卵圆形肉质，叶长6～7厘米，叶面绿色，叶背呈淡紫红色，叶柄圆柱状较长而肥大。花序生于叶腋，花径约3厘米，花冠裂片卵圆形，有单瓣与重瓣之分。花色有淡紫、粉红、深蓝紫等，因花像紫罗兰，又像三色堇，故名非洲紫罗兰、非洲堇。非洲紫罗兰植株矮小，雅致，是室内极好的观赏花卉。

◆**生活习性**：非洲紫罗兰生长在热带雨林，性喜温暖、湿润、荫蔽的环境，但不耐高温，宜通风良好，一年四季开花不断。

◆**繁育管理**：非洲紫罗兰繁殖方法有播种、分株及叶插繁殖，但通常多用叶插繁殖。取带有2～3厘米长叶柄的叶片，将叶柄斜插于经高温消毒的沙床或盆中，叶片直立于沙面上。扦插密度以叶片不互相接触即可。插后浇透水，盖上玻璃注意遮阳，保持18℃以上温度和较高湿度，月余即可生根，成苗后即可上盆。分株即在换盆时将萌蘖植株取下分栽即可。盆土用马粪土或腐叶土与园土各半加适量沙子配制而成。非洲紫罗兰生长适温为18～25℃，15℃以下停止生长，叶卷曲下垂。低于8℃时叶片可能受冻害。温度过高，则容易徒长，花少，使植株受到损害，花瓣也易萎。室内温度要稳定，温差变化大时，易落叶、落花，甚至枯死。非洲紫罗兰虽喜荫蔽，但在冬季定要放在有光照及通风良好处，否则生长不良，甚至不开花。除冬季外，都应遮去中午的直射日光，夏季更要防止阳光

直射，光照过强，叶面会出现黄斑，应放置于荫蔽处。夏季浇水可稍多，冬季则要控制水量，盆内不可有积水，并用与室温相同的水浇灌。用水过凉，叶片易生褐色斑点，空气湿度要高，空气干燥，则叶片无光泽。生长季节可每周施一次稀薄液肥，要少施氮肥，不然叶多、花少。要注意氮、磷、钾肥的配合或施颗粒复合肥料。叶面有茸毛，所以施肥时切勿使肥水溅到叶面上，以免叶片起斑、腐烂。 非洲紫罗兰虽为多年生植物，但生长两年后，植株开始衰弱，生长不良，要及时更新。

◆**病虫害防治**：非洲紫罗兰很少有病虫害发生。如有根腐病或冠腐病发生，要换消过毒的土壤，注意室内通风，并降低室内湿度。

18. 鹤望兰

◆**别称**：极乐鸟花、天堂鸟。

◆**科属**：芭蕉科，鹤望兰属。

◆**生长地**：原产非洲南部。中国南方大城市的公园、花圃有栽培，北方则为温室栽培。

◆**形态特征**：多年生常绿宿根草本植物，茎不明显，株高 1 ~ 2 米，叶二列状对生，革质，长圆状披针形，长约 40 厘米，宽约 15 厘米，根肉质粗壮发达。花多腋生，长约 1 米高的花梗从中央叶腋间抽出，花形奇特，犹如仙鹤伫立于绿丛之中，翘首远眺，故名鹤望兰。花期从 9 月至翌年 6 月。

◆**生活习性**：喜温暖湿润、光照充足的环境，生长适温 25℃左右，如光照不足则生长不良不开花。具一定耐旱能力，不耐水湿，要求疏松肥沃、排水良好、土层深厚的沙壤土。鹤望兰叶片宽厚，花姿花色奇丽，是世界名花之一，宜盆栽摆放于厅堂或布置会场，其花与叶均是插花的良好素材。

◆**繁育管理**：鹤望兰多采用分株繁殖。鹤望兰是鸟媒植物，在原产地由蜂鸟传粉，需于花期进行人工授粉才能结实，因此多用分株繁殖。分株于花谢之后，结合换盆进行。用利刀于根茎处将分离株切开，每个分株应带有 2 ～ 3 个芽，伤口处涂以草木灰，以防腐烂。上盆后放置阴凉处，经常喷洒叶片，保持盆土湿润，3 周后，可逐渐增加光量。鹤望兰生长季适温为 20 ～ 24℃，冬季保持在 10℃以上为宜。所配培养土必须通透性良好，否则易烂根，浇水、施肥要合理，浇水要采用见干见湿的原则，随气温增高增加浇水量，并要防止积水。生长期内每隔 10 天追施 1 次加 5 倍水稀释的人畜粪尿液，同时辅以复合肥或 1% 的磷酸二氢钾，花期停止施肥。霜降前后，移入温室，温度控制在 10 ～ 24℃。

◆**病虫害防治**：危害鹤望兰的病害主要是细菌性萎蔫病，防治方法主要是用福尔马林或高锰酸钾等进行土壤消毒，不用栽植过茄科植物的土壤种植鹤望兰。

19. 剪夏罗

◆**别称**：剪红罗、碎剪罗。

◆**科属**：石竹科，剪秋罗属。

◆**生长地**：原产于我国长江流域一带，日本也有分布。

◆**形态特征**：剪夏罗为多年生草本花卉，株高 40 ～ 90 厘米，根茎横生，竹节状，表面黄色，内面白色，具条状根。茎直立，具分枝，丛生，微有棱，节略膨大，光滑。叶交互对生，椭圆形，叶柄短，叶缘锯齿状。聚伞花序顶生或腋生，着花 1 ～ 5 朵，花

红色至砖红色，有白色花变种，花瓣阔楔形，有不规则浅裂，花径约 5 厘米。蒴果具宿存萼，先端 5 齿裂；种子多数。花期 6 ~ 7月，果期 9 ~ 10 月。剪夏罗可栽于疏林下或花坛中，还可做切花，根可入药。

◆**生活习性**：剪夏罗耐寒性较强，在北方寒冷地区也可露地越冬。喜凉爽、湿润，忌酷暑和雨涝。在荫蔽环境下和疏松、排水良好的土壤中生长良好。喜阳光，稍耐阴。

◆**繁育管理**：剪夏罗以播种或分株繁殖为主。播种春秋季都可，春季在 3 ~ 4 月播种，种子较细小，采用一般小粒种子的播种方法。种子发芽力强，播种不要过密。播种苗移植 1 次后，5 月中旬定植露地，当年可开花，但植株较少，开花少。分株繁殖在花后秋季进行，也可以在春季刚刚萌芽时进行。将植株从土中挖出，去土，将生长紧密的芽丛带根分割成 3 ~ 5 芽一丛的数份，而后施基肥，按原来的栽植深度重新栽植。剪夏罗栽培简便，管理粗放，很少发生病虫害。栽植株行距为（30 ~ 40）厘米 ×（30 ~ 40）厘米，3 年左右分株一次。剪夏罗 8 ~ 9 月种子成熟时，蒴果开裂，种子易散落，应及时采收。

20. 天蓝绣球

◆**别称**：锥花福禄考、圆锥福禄考、草夹竹桃、宿根福禄考。

◆**科属**：花葱科，天蓝绣球属。

◆**生长地**：原产北美洲东部。

◆**形态特征**：天蓝绣球为多年生草本花卉，根呈半木质化，多须根。株高 0.6 ~ 1.2 厘米，茎粗壮，直立，通常少分枝，粗壮，无毛或上部散生柔毛。叶披针形，单叶呈十字状对生，有时三叶轮生，叶缘具细硬毛，上部叶基抱茎。圆锥花序，顶生，小花呈高脚碟状，花色有白、粉、红、紫及复合色。花期6～9月。蒴果小卵形，8～10月成熟，种子卵球形，黑色及深绿色，有粗糙皱纹。种子园林栽培品种很多，矮型丛生福禄考是常见栽培种类。

◆**生活习性**：天蓝绣球喜阳光充足而凉爽的环境，早花品种稍耐阴。耐寒性较强，忌暑热，忌水涝，生性强健，不择土壤，宜在疏松、肥沃、排水良好的中性或碱性沙壤土中生长。生长期要求阳光充足，但在半阴环境下也能生长。夏季生长不良，应遮阴，避免强阳光直射。较耐寒，可露地越冬。天蓝绣球花期长，色彩丰富，花序大，是花坛、花境的良好材料。某些矮生品种可丛植或片植于草坪边缘，或者做盆栽观赏。

◆**繁育管理**：天蓝绣球以分株和扦插繁殖为主，也可采用播种繁殖。分株一般在春季3～4月间进行。将1年的老根挖出，顺根茎的长势将其分割开，每丛带2～3个芽，栽植时施入少量基肥，栽后浇透水。扦插可分茎插或根插。可于4～5月进行茎插，当新茎长出5～10厘米高时，剪成3～6厘米长的枝段插于湿沙中，在15～20℃的条件下，1个月后生根。可在分株繁殖时进行根插，挖出老根后截取3厘米左右的根段，平埋于沙土中，保持湿润，1个月就能发出新芽。需要注意的是，在取根段时要选择健壮的根，过老和过细弱的根不易成活。播种繁殖时，以随采随播为宜，种子寿命2年，播后发芽一般需10天以上。发芽后，当幼苗生出2～3片真叶时移植，苗高15厘米时摘心，使根部充分生长。春季3月定植于露地。天蓝绣球成株春植或秋植都可以，北方寒冷地区应在春季移植，栽培地应选择背风、向阳、小气候较好的地块，否则在严寒季节可能死亡。栽后3～5年分株移植一次，以防衰老。

栽植株行距为（40～50）厘米×（40～50）厘米，生长期追肥1～3次，保持土壤湿润。天蓝绣球不耐高温，在南方温暖地区5～7月和8～9月会出现两个最佳观赏期，在冷凉地区不明显。但在夏季高温多雨季节，也有时生长不旺，开花减少，而秋凉后又恢复生长。

◆**病虫害防治**：夏季因高温、高湿易发生叶斑病，可在夏初喷施50%多菌灵1000倍液进行防治。另外，栽植株行距不可过小，否则影响通风，容易发病。发生蚜虫，可用毛刷蘸稀洗衣粉液刷掉，发生量大时可喷洒40%氧化乐果乳油1500倍液。

21. 耧斗菜

◆**别称**：猫爪花。

◆**科属**：毛茛科、耧斗菜属。

◆**生长地**：原产欧洲、俄罗斯的西伯利亚及北美，在我国东北、华北及陕西、宁夏、甘肃、青海等地有分布。

◆**形态特征**：耧斗菜为多年生宿根草本花卉。根肥大，圆柱形，粗达1.5厘米，简单或有少数分枝，外皮黑褐色。株高40～80厘米，具细柔毛。叶基生或茎生，具长柄，三出复叶。花顶生，紫色，花冠漏斗状，花瓣向后延长成距。花径约3厘米，开放时向下垂，但重瓣花花瓣直立。花期5～7月，果期7～8月。果成熟时直立，上端开裂。种子扁圆形，黑色。本种有大花、重瓣、斑叶及白花等变种。

◆**生活习性**：耧斗菜生性强健，耐寒，北方可露地越冬。喜肥沃、富含腐殖质、湿润、排水良好的壤土及沙壤土。要求空气湿度较高，

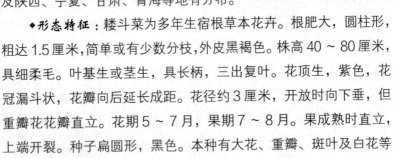

宜栽于半阴条件下，不喜烈日。耧斗菜叶形别致，叶色蓝绿，花姿独特，喜半阴，是岩石园和疏林下栽植的良好材料，也可用于春夏花坛或花境。

◆**繁育管理**：耧斗菜以播种或分株繁殖为主。夏末种子采收后，可在晚秋播于露地，或早春 3 月在室内盆播。其种子发芽率在 50% 左右，发芽不整齐，播后约需 1 个月才能发芽。种子发芽适温为 15 ～ 18℃，温度过高抑制发芽。分株繁殖在秋季 9 月间进行，也可在春季 4 月前后分株。先将母根挖出，去掉残土，2 ～ 3 个芽一丛，用手从根系连接薄弱处分开，重新栽植。耧斗菜的实生苗经 1 ～ 2 次移植后，于 5 月间定植于露地，耧斗菜主根较明显，根系分枝不多，栽植时应带土，以免伤根缓苗，株行距为（30 ～ 40）厘米 ×（30 ～ 40）厘米。实生苗第二年可以开花结实。植株在开花前应施 1 次追肥。夏季应注意避烈日，雨季注意排涝。冬季寒冷的北方地区，对有些欧洲品种可稍加覆盖，以保证安全越冬。成株开花 3 年后易衰老，必须适当进行分株繁殖，使其复壮。

◆**病虫害防治**：白粉病发病初可选用 15% 粉锈宁可湿性剂 1500 倍液，或 20% 粉锈宁乳油 2000 倍液，或 50% 多硫悬浮液 300 倍液，或 50% 甲基托布津可湿性粉剂 800 倍液和 75% 百菌清可湿性粉剂 600 倍液等，每隔 7 ～ 10 天喷 1 次，连喷 2 ～ 3 次。发病初期也可用 2% 抗霉菌素 120 水剂或 BO-10 水剂，每次每亩田用药 500 毫升，加水 100 升喷雾，每隔 10 天喷 1 次，可喷 3 ～ 4 次。

22. 蝴蝶兰

◆**别称**：蝶兰、台湾蝴蝶兰。

◆**科属**：兰科，蝶兰属。

◆**生长地**：原产于亚热带雨林地区。

◆**形态特征**：多年生草本植物。根丛生，呈扁平带状，表面具多数疣状小突起。茎不明显，叶丛生，绿色，倒卵状长圆形。花葶从叶丛中抽生，长达100厘米，呈弓状，上面着生总状花序，花大，花径10～12厘米，白色，唇瓣基部黄红色。花期多在秋季，春、夏也有花开。蝴蝶兰花形优美，色泽鲜艳，花期长，栽培容易，主要用于切花和盆栽。

◆**生活习性**：性喜高温多湿、半阴通风的环境。生长适温15～28℃，要求相对湿度70%、荫蔽度60%。

◆**繁育管理**：播种繁殖，也可用分株繁殖，以分株繁殖为主。分株繁殖在春季新芽萌发以前或开花期进行。此时，养分集中，抗病力强。夏季温度过高易腐烂，冬季分株温度较低，恢复比较慢。盆栽基质要求疏松、排水透气，常用苔藓、蛭石等。新株栽植后，在适宜的温度下，30～40天长出新根。生长期应经常追肥，幼苗期多施氮肥，成年植株应多施含磷、钾肥较多的肥料如磷酸二氢钾，一般用0.1%左右的溶液作根外施肥，促使花大而美。每年花谢后要施肥，氮、磷、钾为1:1:1。秋季要提高磷、钾肥的比例。春季气候干燥，应向叶面喷水增加湿度，夏季温度高，需水量大，应充分供水，冬季要控制浇水。蝴蝶兰花序长，花朵大，盆栽时应设立支柱，以防倾倒，影响观赏。

◆**病虫害防治**：常有褐斑病、软腐病危害，用50%多菌灵可湿性粉剂1000倍液喷洒。虫害有红蜘蛛、蛤壳虫等，用50%多菌灵可湿性粉剂3000倍液喷杀。

23.石斛

◆**别称**:金钗石斛、吊兰花、石斛兰。

◆**科属**:兰科,石斛属。

◆**生长地**:原产我国南方。

◆**形态特征**:多年生附生常绿草本。石斛茎细长直立,丛生,圆筒形,节肿大,叶近革质,狭长圆形,长约10厘米,顶端2圆裂,生存2年。总状花序着生茎上部节处,开花1～4朵,花大侧生,花径5～12厘米,萼片3枚左右,瓣片白色,带紫色花晕,唇瓣白,喉部深紫色。花期1～6月。

◆**生活习性**:性喜温暖、半阴、潮湿、通风的环境,忌阳光直射,不耐寒。适宜透气、疏松、排水良好的基质栽培。石斛是高档的盆花,又是重要的切花。

◆**繁育管理**:主要采用分株法繁殖,于花后新芽发生时进行,要求每个子株带3～4枝老茎。栽培可用盆栽和吊栽,盆栽用土可用粗泥炭7份、粗沙或珍珠岩3份和少量木炭屑制成培养土,盆底应多垫粗粒排水物。吊栽可将石斛固定于木板上,再用水苔塞紧缝隙,包裹根部,悬吊栽培。春、夏季生长期要多施肥,栽植宜先施基肥。基肥可用饼肥,即饼肥发酵干燥后,碾细混入土中。生长期用腐熟豆饼水稀释液,每月施1次。具体方法如下:饼肥末1.8千克,水9升,过磷酸钙0.09千克,腐熟后加水100～200倍施用。平时用1500～2000倍水溶性速效肥,每10～15天喷洒1次。秋季9月以后减少氮肥用量。到了假球茎成熟期或冬季休眠期,完全停止施肥。

◆**病虫害防治**:虫害用40%乐果乳油2000倍液喷杀。病害用10%抗菌剂或40%醋酸溶液1000倍液喷洒。

24. 春兰

◆**别称**：草兰、扑地兰、山兰、一茎一花、朵朵香。

◆**科属**：兰科，兰属。

◆**生长地**：原产我国。

◆**形态特征**：多年生草本，地生白色肉质根。假鳞茎稍呈球形，叶狭线形，集生 4～6 枚，长 20～25 厘米，叶缘有细锯齿，叶脉明显。花萼直立，花单生或双生，黄绿色，亦有近白色或紫色品种，香味清幽，花期 2～3 月。蒴果长圆形。主要有 5 个花型：荷花瓣型、梅花瓣型、素心瓣型、水仙瓣型、蝴蝶瓣型。国内常见同属的其他栽培类型有：建兰（秋兰）、台兰（蜜蜂兰）、惠兰（九节兰）、墨兰（报花兰）和寒兰等。春兰植株秀丽、青翠文雅，早春开花，幽香清远，是我国的传统名花，多用作盆栽观赏，少数地方可直接栽植于庭院、园林中。也可作插花材料，还可全草入药。

◆**生活习性**：性喜温暖、湿润的半阴环境，稍耐寒，忌干燥、强光直射、烟尘、高温。生长适宜温度 15～25℃。适宜疏松肥沃、富含腐殖质、排水良好的弱酸性土壤（pH5.5～6.5 为宜）。

◆**繁育管理**：春兰主要采用分株法进行繁殖。分株结合换盆 2～3 年进行 1 次，3 月和 9 月为宜，分株时将根洗净，放置阴凉处 2～3 小时，用刀将兰株分为 2～3 株，切口处涂木炭粉或硫酸粉，以防感染。盆土用林下腐叶土或泥炭土，加适量粗沙和木炭屑配制而成，新株上盆，覆土至沿口 2～3 厘米处压实，浇透水，置阴棚下养护，1 周内，每天上午各喷水 1 次，2 周后逐渐减少喷水次数，并转入正常的管理。兰花除冬季和初春外，宜在 70% 荫蔽度的阴棚下栽培，秋末移入温室，以防霜冻，在炎热干旱季节要喷水降温，连续下雨或下大雨要防雨，以免烂心和烂叶。浇水宜用雨水，若用自来水应先存放几天，春季浇水宜稍少，夏秋季充分供水，冬季保持湿润即可。从清明至9月末，应每2周施1次肥水，以腐熟的豆饼水稀释100～200倍后施用最好，用0.1%磷酸二氢钾或0.2%尿素作根外追肥效果良好。随时要剪去枯枝病叶，植株生长不良要将花蕾全部摘去，开花10天即需剪除残花。

◆**病虫害防治**：常有黑斑病和介壳虫危害。介壳虫用25%氧化乐果乳油1000倍液喷杀。黑斑病用65%代森锌可湿性粉剂600倍液喷洒。

25.葱兰

◆**别称**：葱莲、玉帘、白花菖蒲莲、韭菜莲、肝风草等。

◆**科属**：石蒜科，葱兰属。

◆**生长地**：原产南美洲及西印度洋群岛，现在中国各地都有种植。

◆**形态特征**：多年生常绿草本，鳞茎小而颈部细长，株高15～20厘米。叶基生，细长稍肉质。花梗中空，高10～25厘米，花单生于花梗顶端，花白色略带有薄薄的红晕。花期7月下旬至11月初。蒴果。

◆**生活习性**：喜阳光充足、排水良好、肥沃而略黏质土壤，也耐半阴和低湿环境，较耐寒。葱兰的株丛低矮整齐，花期长，花朵繁多，性强健，最宜作林下、坡地等地被植物，也宜布置花坛、花境或盆栽观赏。

◆**繁育管理**：以分株繁殖为主。即在春季4月上旬至中旬，将大丛植株分开为小丛，小丛保留2～3个鳞茎作为一株进行栽植。

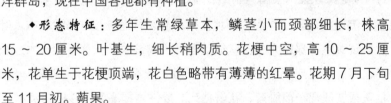

栽植前施少量腐熟的堆肥或厩肥，以后可不再追肥。栽植一处可几年挖掘一次，不需多加管理。

26. 卡特兰

◆**别称**：卡特利亚兰、多花布袋兰、加多利亚兰、阿开木、喜德丽亚兰。

◆**科属**：兰花科，卡特利兰属。

◆**生长地**：原产巴西，现世界各国多有栽植。

◆**形态特征**：卡特兰为多年生草本附生植物，是长纺锤形假球茎上长出的气生根，附生在其他大树上生活。气生根从空气中吸收水分和含在水分中的养料维持生命，故又被称为"气生兰"。叶淡绿色。花单朵或数朵，着生于假鳞茎顶端，花大而美丽，花朵芳香馥郁，色泽鲜艳而丰富，有粉红色或紫红色。一朵花能开放一个多月，其切花可插 1 个月不凋谢，是高档的切花和名贵盆栽花卉。

◆**生活习性**：卡特兰性喜阳光，但不能有直射光线照射，要求空气流通且温暖、湿润的环境。耐寒性差，若温度在 5℃左右，叶片呈现黄色，显得无生气，假鳞茎产生纵皱纹，花芽不能长大、长高，且花鞘变成褐色，生长严重受阻。若气温降至 1～2℃，叶片枯黄或变成褐色而脱落，花蕾枯死。要注意提高温度并控制浇水。

◆**繁育管理**：卡特兰多用分株繁殖。因种子细小，只能在无菌条件下在试管中进行。分株法繁殖时，在新根生长之前结合换盆，将植株从盆中扣出，轻轻去掉根部的土壤，剪去腐朽的根系和鳞茎，将具有 3 个芽的小植株从根茎的缝隙处，用消毒后的利刀切开，上盆栽植，放到有散射光线的环境中 10～15 天，并每日向叶面喷水。栽培基质以苔藓、蕨根、树皮块或石砾为好，而且盆底需要放一些碎砖块、木炭块等物。卡特兰生长健壮，繁育管理较容易，是目前各地栽培较多的品种。一般成株 2 ~ 3 年换一次盆，在落花后或新开始生长之前换盆。可选用具有通气孔的雕空花盆，以利排水。生长季节盆中应放些发酵过的固体肥料，或 10 ~ 15 天追施 1 次液肥，并保持充足的水分和较高的空气湿度。可以全年在室内培养卡特兰，夜间温度 15℃以上，白天 20℃左右是最为理想的生长温度。卡特兰虽然要求光照和通风良好，但在早春抽出嫩芽时，不能过于通风。在夏季应给予适当遮阳，成株需 50% 的光照度。气温过高时要开窗通风，降低温度，并应多浇水保持盆土湿润，每天向叶面喷雾一次，多往地面洒水，保持空气湿润。盆栽时每次浇水要充分浇透，并掌握间干间湿的原则。秋季生长旺盛，需充足的阳光，以利假鳞茎充分成熟。冬季空气湿度可较低。

—— 第八章　球根花卉的繁育技术 ——

1. 大丽花

◆**别称**：大理花、大丽菊、天竺牡丹、地瓜花、西番莲。

◆**科属**：菊科，大丽花属。

◆**生长地**：原产于墨西哥海拔 1500 米以上的热带高原，现世界各地均有栽培。我国东北地区栽培最盛，南方地区因高温多雨生长不良。

◆**形态特征**：多年生草本花卉。株高为 0.4 ~ 1.5 米。具地下粗大、多汁、肥厚的纺锤形肉质块根。茎光滑柔软多汁，多分枝。羽状复叶对生，小叶卵形，叶缘锯齿粗钝，总柄微带翅状。头状花序，长总梗，顶生。花径大小因品种而异，5 ~ 25 厘米，舌状花，花瓣大，花色丰富，有黄、红、白、粉、紫、墨等单色及各种复色。花形有单瓣形、领饰形、芍药形、装饰形、蟹爪形、球形、蜂窝形等。花期 5 ~ 10 月。瘦果，长椭圆形，黑色。大丽花品种多，花形多，花期长，色彩丰富，应用范围广。一般单瓣品种（俗称小丽花）、矮型品种可布置花坛或花境，花形较大者供盆栽观赏，还可作切花、花篮、花圈等。

◆**生活习性**：大丽花喜阳光充足、干燥、凉爽的环境，既不耐寒，也怕高温酷暑高湿，不耐干旱又忌积水，适合温度为 10 ~ 30℃。在夏季气候凉爽、昼夜温差大的北方地区，生长发育更好。喜光，但光照不宜过强。喜排水及保水性能好、肥沃、疏松、含腐殖质较丰富的沙壤土。要求土层深厚。需轮作，连作块根品质易退化，且易发生病虫害。

◆**繁育管理**：大丽花常用分株和扦插繁殖，播种繁殖用于培育新品种。分株繁殖 3 ~ 4 月进行，将贮藏的块根取出进行分割，因为大丽花仅根颈部有芽，所以分割的每个块根上必须有 1 ~ 2 个芽的根颈。用草木灰涂抹分割的块根切口处，防止感染病菌，然后栽植盆内，埋土深度在块根基部上方 1 ~ 2 厘米处，浇透水。分株苗成活率高，苗壮，花期早。大丽花只要有合适的温度、湿度条件，一年四季均可进行扦插。扦插用全株各部位的顶芽、腋芽、脚芽均可，但以脚芽最好。扦插时间最好 3 ~ 4 月份，保持 15 ~ 20℃的温度，插后约 2 个星期可生根。为提高扦插成活率雨前将根丛放温室催芽，在嫩芽 6 ~ 10 厘米时，切取扦插。为扩大生产，可进行多次扦插。播种繁殖常用于花坛品种和新品种育种。大丽花夏季因湿热而结实不良，故种子多采自秋凉后成熟的植株。重瓣品种不易获得种子，需进行人工辅助授粉。若进行春播，秋天即可开花，其长势较扦插和分根者强健。

露地栽植于 4 月上旬晚霜后进行。大丽花喜肥，尤其对大花品种更应注意施肥。基肥不需过多，否则枝高、叶面粗糙，花期延迟且花朵不正。基肥多穴施于植株根系四周，注意切勿与块根接触。栽植深度以 6 ~ 12 厘米为宜。栽植株距，一般为（40 ~ 60）厘米 ×（40 ~ 60）厘米。生长期要注意除蕾和修剪。6 月底至 7 月初第一次开花后，选留之基部侧芽以上扭折下垂，留高 20 ~ 30 厘米，待伤口干缩后再剪，以免雨水灌入中空的茎内，引起腐烂。做切花栽培者，主干或主侧枝顶端之花朵，往往花梗粗壮，不适作切花观赏，故应除去顶蕾，使侧蕾或小侧枝之顶蕾开花，用作切花。

要注意及时剥去无用之侧蕾。大丽花喜肥，生长期间每 7～10 天施用加 8 倍水的人畜粪尿液 1 次，最好加施一些草木灰、饼肥和过磷酸钙，但夏天植株处于半休眠状态，一般不施肥。大丽花块根于 11 月中旬掘取，使其外表充分干燥，埋藏于干沙内，维持 5～7℃，相对湿度 50%，待翌年早春栽植。

◆**病虫害防治**：大丽花常见的害虫有红蜘蛛、蛴螬、钻心虫等，红蜘蛛用杀螨剂，蛴螬用 3% 呋喃丹，钻心虫喷洒 40% 氧化乐果 1000～1500 倍液防治。白粉病，可喷 150～200 倍的波尔多液，预防发病时，可喷洒石硫合剂。

2. 球根海棠

◆**别称**：秋海棠、茶花海棠、球根秋海棠、玻璃海棠、牡丹海棠。

◆**科属**：秋海棠科，秋海棠属。

◆**生长地**：产于亚热带及热带林下沟溪边的阴湿地带。

◆**形态特征**：多年生草本花卉，地下茎为不规则扁球形、褐色。株高 30 厘米左右，茎直立或铺散、侧展，有分枝，肉质，有毛。叶互生，呈不规则的心脏形，先端锐尖，基部偏斜，叶缘有齿及纤毛，聚伞形花序着生叶腋。球根海棠花大而美丽，每梗有花 3～6 朵，花有单瓣、半重瓣、重瓣之分。花单性同株，雄花大而美丽，直径 5 厘米以上，雌花小型。雄花有单瓣、半重瓣和重瓣，花色有大红、紫红、白、淡红、橙红、黄及复色。花期 7～10 月。球根海棠植株秀丽优美，花形大，数量多，色彩丰富，花期长，春夏间开花，有极高的观赏价值，是世界著名的夏秋盆栽观赏花卉。球根海棠在我国云南栽培较多，东北地区夏季凉爽，冬季室内温暖，适于栽培秋海棠，是理想的室内盆栽观赏花卉。

◆**生活习性**：性喜温暖湿润、夏季凉爽、光照不太强和通风良好的半阴环境。忌高温、强光。生长适温 15～20℃，夏季不可太热，以不超过 25℃为宜，32℃以上则茎叶枯落，冬季栽培温度不得低于 10℃。生长期要求较高的空气湿度，白天约 75%，夜间 80% 以上。球根海棠春季块茎萌发生长，夏秋开花，冬季休眠。栽培土壤以疏松、肥沃、排水良好的微酸性沙壤土为宜。

◆**繁育管理**：球根海棠可用播种和扦插繁殖。播种繁殖时间为 1～2 月，幼苗在温室过冬，温度、湿度都好掌握。播种土可用腐叶土、沙壤土、河沙配制，培养土过筛，盆土面平整、镇压，将种子混沙撒播，不必覆土，用塑料薄膜或玻璃覆盖保湿，采取浸盆法灌水，温度保持 18～25℃，3 周即可发芽。扦插法可保持品种的优良性状，但球根海棠发根比较困难。具体方法可采用春季球根栽植后，块茎顶端常萌发多个新芽，只保留一个壮芽，其余都可用来扦插。插穗长为 7～10 厘米，插于河沙中，保持温度 23℃，空气湿度 80%，15～20 天即可生根。

球根海棠喜肥沃、排水良好的沙壤土，因此上盆时应施以基肥。养护过程中，土壤保持适度湿润，但水分不可过量，否则易引起根茎腐烂。每 7～10 天追施一次腐熟液肥，可用腐熟的饼肥澄清液加水 15 倍或施入 10 倍水的人畜粪尿，不可浇在叶片上。夏季高温季节停止施肥，并避免雨淋、积水。为保证花期延长，花后剪去老茎残花，保留 2～3 个壮枝，追肥，可促进二次开花。秋季茎叶枯黄后，将枝叶从基部剪掉，连盆放置于 5～10℃干燥处贮存越冬。

◆**病虫害防治**：通风不良易发生白粉病，可用波尔多液防治。夏季高温多湿，常发生茎腐病和根腐病，应拔除病株，并喷 25% 多菌灵 250 倍液防治。

3. 郁金香

◆**别称**：洋荷花、郁香、草麝香、旱荷花等。

◆**科属**：百合科，郁金香属。

◆**生长地**：原产于地中海沿岸、中亚细亚、土耳其和我国新疆维吾尔自治区。

◆**形态特征**：多年生有皮鳞茎类球根花卉。株高 15 ~ 60 厘米，鳞茎扁圆锥形，直径 2 ~ 3 厘米，鳞茎皮纸质，紫红色或褐色。茎叶光滑，被白粉，叶 3 ~ 5 枚，基生，带状披针形至卵状披针形，全缘。花大单生茎顶，直立杯状，偶有对生，花形有卵形、球形、碗形等，花色有白、粉、红、黄等各种单、复色，单瓣、重瓣均有，花期 3 ~ 5 月。郁金香花期较长，花色鲜艳，花形端庄，品种繁多，是重要的切花材料之一。可成群配植，观赏效果很好。也可用于布置花坛、花境，还可作盆花。

◆**生活习性**：郁金香适宜冬季温暖湿润、夏季凉爽稍干燥、向阳或半阳的环境。耐寒性强，冬季可耐 -30℃ 的低温。喜欢富含腐殖质肥沃而排水良好的微酸性壤土，忌黏重土壤。生长适温 15 ~ 18℃，低于 5℃ 停止生长，花芽分化适温 20 ~ 23℃。花朵昼开夜合，一般开放 5 ~ 6 天。鳞茎寿命 1 年，母球在当年开花并形成新球及子球后便干枯消失。通常一母球能生成 1 ~ 3 个新球及 4 ~ 6 个子球。根再生力弱，易折断，不宜移植。

◆**繁育管理**：以分球繁殖为主，也可播种繁殖。分球繁殖于 6月上旬进行，将休眠鳞茎挖出，将新鳞茎及子球分别剥离，按大小分级贮存到 11 月进行栽植。用充分腐熟的畜粪及人粪尿做基肥，均匀翻入土中，耕作层 20 厘米以上。栽植株行距为 7 厘米 ×11 厘米，覆土厚度为鳞茎直径的 2.5～3 倍。栽后立即灌透水。生长期每 2周追肥 1 次，直到休眠前 3 周停止水肥。每次灌溉、追肥忌过湿，否则鳞茎容易腐烂。将子球培养成做切花用的新球，一般周长 3 厘米左右的要培养 2 年，周长 5 厘米的培养 1 年。夏季茎叶部分枯萎时进行收获，挖出鳞茎时要仔细，勿损伤。播种繁殖主要用于育种及大量生产花苗。播种繁殖一般在秋季进行，采种后进行露地秋播，第二年出苗，通常需 5 年才能开花。

种植郁金香栽前应施入充分腐熟的有机肥，土壤宜用多菌灵500 倍液消毒，整地做高畦。定植株行距 10 厘米 ×12 厘米。如进行盆栽，每个内径为 20 厘米的盆栽植 3 个。覆土厚度为球径的 15倍。栽后管理水分是关键之一，浇水以透为准，忌积水。土壤过湿，透气性差，易产生病苗，过干又易生成白花。温度白天应控制在 18～24℃，夜间控制在 12～14℃，除施基肥以外，展叶前和现蕾初期各施 1 次腐熟并稀释 30 倍的饼肥水或复合化肥。开花前往叶面上喷 1 次 0.2% 磷酸二氢钾。

◆**病虫害防治**：郁金香较易染病害，如冠腐病、灰腐病等，应提倡预防为主，避免连作，严格进行土壤及种球消毒，一旦发现病株，及时清除，定期喷洒 50% 多菌灵可湿性粉剂 500～800 倍液，土壤不能太湿。郁金香虫害主要有蛴螬、蚜虫等，蛴螬可用呋喃丹防治，蚜虫可用氧化乐果防治。

4. 百合

◆**别称**：山蒜头。

◆**科属**：百合科，百合属。

◆**形态特征**：多年生鳞茎类球根草本花卉，地上茎直立不分枝或少数上部有分枝，高 0.5 ~ 1.5 米，茎绿色，光滑或有棉毛。散生叶披针形，螺旋状着生于茎上，全缘，无柄或具短柄，少数种类叶对生。地下具鳞茎，鳞茎扁球形，由 20 ~ 30 瓣重叠累生在一起，外无皮膜。总状花序，花单生或簇生，花大，漏斗状或喇叭状或杯状等。花直立，平展或下垂，花被片 6 片，2 轮，花呈喇叭形、钟形或碗形。花色有橙、淡绿、白、粉、橘红、洋红及紫色。花期 5 ~ 10 月。百合品种繁多，姿态美丽，花大有芳香，可作切花，也可布置花坛或花境。

◆**生活习性**：百合喜冷凉湿润气候，极耐寒，喜阳光充足，但大多数不耐烈日，稍遮阳有利生长。要求肥沃、腐殖质丰富、排水良好的微酸性沙壤土及半阴环境。百合秋季种植秋凉后萌发新芽，但新芽不出土，翌春回暖后方可破土而出，并迅速生长和开花。花期 5 ~ 10 月，百合开花后，地上部分枯萎，鳞茎进入休眠，休眠期一般较短，解除休眠需 2 ~ 10℃低温。

◆**繁育管理**：百合可用分球、分珠芽、扦插鳞片以及播种繁殖，以分球法为主。分球法是将茎轴旁不断形成并逐渐扩大的小球，与母球分离，另行栽植。为使百合多产生小鳞茎，可适当深栽或在开花前后摘除一部分花蕾，均有利于小鳞茎的产生。也可花后将茎切成小段，每段带 3 ~ 4 个叶片，平铺湿沙中，露出叶片，经 3 ~ 4 周便自叶腋处发生小鳞茎，小鳞茎经 1 ~ 3 年培养，便可作为种球栽植。也可将鳞茎的鳞片剥下，经消毒后晾干，再按株行距 4 厘米

×4厘米扦插于基质中，保持温度20~24℃，经1个月左右可形成小鳞茎。播种繁殖主要用于培育新品种。

　　百合9~11月定植，种植宜较深，一般18~25厘米，种植前1个月先施用堆肥和草木灰。栽好后，于种植穴上覆盖枯草落叶，并用枯枝压盖。生长期应适当灌溉，追施2~3次加5倍水的稀薄人畜粪尿液，并适量配合施用磷肥和钾肥，如堆肥、饼肥和草木灰等最宜，注意切勿将肥水浇在叶片上，应离茎基稍远。及时中耕、除草、防治病虫，花数较多而茎秆较细弱的植株，应设立支柱，以防花枝断折。

　　◆**病虫害防治**：百合的病虫害较多，也较严重，如危害鳞茎的有蛴螬、马陆幼虫、病毒病和腐烂病等，茎叶上也有叶斑病等。要定期喷洒波尔多液，适当进行轮作，并进行土壤、鳞茎和盆土消毒，还应用无病鳞茎作种植材料。

5. 美人蕉

◆**别称**：红艳蕉、昙华。

◆**科属**：美人蕉科，美人蕉属。

◆**生长地**：原产于美洲热带及亚热带地区。

◆**形态特征**：多年生草本球根花卉，株高0.8~1.5米。根状茎肉质粗壮，块状分枝横走地下。地上茎直立粗壮，叶绿而光滑，不分枝，略被白粉。叶互生，阔椭圆形，长40厘米，宽20厘米。总状花序顶生，具长梗。花极大，花径10~20厘米，花瓣直伸，具4枚圆形花瓣状雄蕊。花色有橘红、粉红、乳白、黄、大红至红紫色。花期6~10月。美人蕉花大色艳，花期长，栽培容易，为普通绿化的重要花卉，大片自然式栽植、丛植，或布置花坛、花境。

◆**生活习性**：生性强健，极不耐寒，喜阳光充足、温暖而炎热的气候。适应性强，以湿润肥沃、疏松、排水良好、有机质深厚的土壤生长为宜。耐湿，但忌积水。怕强风，忌霜冻。华南可四季开花，华北不能露地越冬。

◆**繁育管理**：以分根繁殖为主，也可播种繁殖。分根繁殖一般在春季栽植前进行。早春将根茎分割成段，每段带 2 ~ 3 个饱满芽眼及少量须根。栽培深度 8 ~ 10 厘米，株距 60 ~ 80 厘米。播种繁殖主要用于育种，生产中少用。美人蕉种粒较大，种皮坚硬，需刻伤或温水（26 ~ 30℃）浸种 24 小时后于 3 月份温室内播种，20 ~ 30 天发芽，当年可开花，但花色和花形不稳定，第二年才较为稳定。

美人蕉春天栽植，栽前施足基肥（多为迟效性肥料），开花前施 1 次稀薄液肥，可用 2% 尿素或稀释 100 倍的饼肥原液（饼肥原液的制作同石斛），开花期间再追施 2 ~ 3 次 0.1% 磷酸二氢钾。开花后及时剪去残花，以免消耗养分。

◆**病虫害防治**：美人蕉抗病虫的能力较强，偶有地老虎吃根，可根据地老虎白天在植物根部 2 ~ 6 厘米处潜伏的特性，在清晨挖土捕杀。也可用药泡水浇灌根部，每周 1 次，连续浇 3 ~ 4 次即可。

6. 仙客来

◆**别称**：兔子花、兔耳朵花、萝卜海棠、一品冠、萝卜莲、翻瓣莲。

◆**科属**：报春花科，仙客来属。

◆**生长地**：原产地中海沿岸及南欧地区。

◆**形态特征**：多年生球根花卉，地下具肉质的扁圆形球根，紫红色。叶丛生于球茎顶部，株高20～30厘米，形似萝卜，故名萝卜海棠。叶片心状卵圆形，边缘有大小不等的细圆锯齿或光滑，叶面深绿色，尖端稍尖，表面有白色斑纹，背面多紫红色，叶柄肉质较长，紫红色。花梗自叶丛中央抽出，高15～25厘米，肉质，花大，单生而下垂，花瓣5枚，开花时花瓣向上反卷而扭曲，形似兔耳，故名兔耳朵花，也有花瓣突出，形似僧帽，故又名一品冠。花色有桃红、大红、粉红、玫红、紫红或白色。花期10月至翌年5月。蒴果。仙客来花期长，每朵花能开1个月而不凋谢，花形奇特，色彩娇艳，为冬季开花的主要室内盆栽花卉。可用于室内装饰或布置会议室、餐厅等。

◆**生活习性**：喜冷凉、湿润及阳光充足的环境，既不耐寒，又不喜欢夏季酷暑，忌炎热和雨淋，秋、冬、春季为生长期，夏季休眠或半休眠，温度超过30℃植株停止生长，或放在室外阴棚下培养，并注意通风，居家可放在北向的窗台上或阴凉、通风处。秋季至春季为生长季，适宜温度为10～20℃。要求疏松肥沃、排水良好、含丰富腐殖质的酸性沙质壤土，忌积水久湿。

◆**繁育管理**：仙客来一般采用播种繁殖。春秋均可，最为适宜的播种期为9～10月。播种过早，温度过高，不利于种子发芽和幼苗生长。播前先用常温水浸种24小时，然后消毒杀菌。因仙客来种子较大，可以2厘米×2厘米的距离将种子均匀点播于盆中，覆土0.5～1厘米，覆土过薄，浇水时种子容易露出来，或者由于干燥而发芽迟，或种皮不脱落，覆土过厚容易造成发芽迟，生长软弱，影响生长。覆土后用细孔喷壶反复雾状浇水，或用浸盆法浸透水，上盖玻璃或报纸遮阳，置于有散射光、温度保持在18～20℃的地方，经1个月左右发芽，发芽后及时除去玻璃及覆盖物，移到向阳通风的地方。

当播种苗长出 1～2 片真叶时可进行分苗，即将播种苗假植于浅盆中，株行距为 4 厘米 ×4 厘米，盆土不宜紧实，移栽时注意不要伤根，3～4 月份当长出 3～5 片叶时再次移植于 10 厘米小盆中，每盆 1 株，逐渐给予光照，加强通风，不能使盆土干燥，适当浇水，以后浇水不宜过多，保持表土湿润即可。幼苗期适当追施氮肥，定植后到开花前追施液肥 2～3 次，以腐熟的油渣水溶液稀释 20 倍施用，施肥时勿使肥水沾污叶面，否则叶片易腐烂。施肥后及时洒水清洁叶面。5～6 月后气温不断升高，应放在能防雨的阴凉处，避免强光直射，逐渐减少午间强烈光照，保持较低温度，温度过高造成休眠，不利于当年开花。9 月植于 20 厘米盆中，球根露出土面 1/3 左右，追肥以磷、钾肥为主，可施 1% 磷酸二氢钾，促进花蕾发生，11 月花蕾出现后，停止施肥，给予充足光照，保持盆土湿润，开花可持续到翌年 4 月前后。

仙客来盛花期后开始结实，留出的采种母株应人工辅助授粉，提高结实率，结实的母株盆下可垫一扣着的花盆，抬高盆位，防止种子触及盆土引起霉烂。每株以第一批花结的种子为好，约 3 个月种子即可成熟。

◆**病虫害防治**：危害仙客来的病害主要有软腐病、炭疽病。防治方法：一是加强繁育管理，增强植株抗性；二是摘除病叶及时烧毁，并喷 50% 多菌灵可湿性粉剂 500 倍液或波尔多液防治。在播种仙客来时，如果土壤没很好地消毒，会使根线虫侵入幼苗的根部，使其根部长瘤，叶子变黄。发病后可更换消毒后的土壤，或将盆土中拌入少量 3% 呋喃丹颗粒剂。若受害严重，应将全株烧毁。

7.马蹄莲

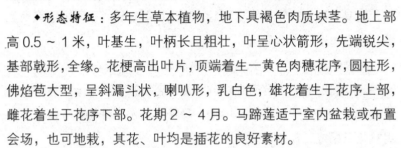

◆**别称**：慈姑花、水芋、野芋、观音莲。

◆**科属**：天南星科，马蹄莲属。

◆**生长地**：原产于南美洲南部湿地地区，在中国集中分布在河北、四川、台湾等地。

◆**形态特征**：多年生草本植物，地下具褐色肉质块茎。地上部高0.5~1米，叶基生，叶柄长且粗壮，叶呈心状箭形，先端锐尖，基部戟形，全缘。花梗高出叶片，顶端着生一黄色肉穗花序，圆柱形，佛焰苞大型，呈斜漏斗状，喇叭形，乳白色，雄花着生于花序上部，雌花着生于花序下部。花期2~4月。马蹄莲适于室内盆栽或布置会场，也可地栽，其花、叶均是插花的良好素材。

◆**生活习性**：马蹄莲喜温暖、湿润的半阴环境。怕阳光暴晒，耐寒性不强，生长期要求阳光充足，通风良好，才能开好花、多开花。对土壤要求不严，但喜疏松肥沃、腐殖质丰富的黏壤土，这种土疏松透气，有一定的保水能力。土壤酸碱度以中性或偏酸为宜。

◆**繁育管理**：马蹄莲播种和分株繁殖都可以，因种子较少，一般采用分株法。分株最适宜时间为9月上旬，如果种植过早，花期后休眠期短，花芽发育不良，植株长叶多花少且小，如果种植过晚则会使花期延迟且花期短。种植时，将植株从盆中倒出，将周围的小芽挖下，单株或2~3株，将有芽的部分朝上正栽于盆中，这样能保证芽顺利健康生长。一般培养1年后，第二年即能开花。

马蹄莲于9月上旬种植，每盆4、5个块茎，培养土中适当添加基肥，盆面覆土稍厚些，浇透水，将盆置于半阴处，以后保持盆土湿润，20天后出苗。春、夏、秋三季遮阴30%~50%，冬季

温度保持在 10℃以上,适宜温度为 20 ~ 25℃。生长季喜水分充足,要保持土壤湿润,经常喷水,保持空气湿度,每隔 10 ~ 15 天追施加 5 倍水的人畜粪尿液 1 次,或加 20 倍水的腐熟饼肥上清液 1 次,注意肥水不能浇在叶片上,施肥后立即用清水冲洗以免枝叶腐烂。枝叶繁茂时需将外部老叶摘除,以利花梗抽出。3 ~ 4 月份为盛花期,5 月以后天气热,开始枯黄,可停止浇水,使盆侧放,令其干燥,促其休眠,叶子全部枯黄后,取出块茎晾干,于阴凉通风处贮藏,秋季再进行上盆栽植。

◆**病虫害防治**:马蹄天主要易受软腐病、叶斑病侵害。可用 50% 多菌灵可湿性粉剂 800 ~ 1000 倍液喷雾,每半个月 1 次,连喷 3 次即可。干燥高温环境中,马蹄莲易发生红蜘蛛、蚜虫,可用氧化乐果或三氯杀螨醇防治。

8. 小苍兰

◆**别称**:香雪兰、洋晚香玉。

◆**科属**:鸢尾科,香雪兰属。

◆**生长地**:原产非洲南部好望角

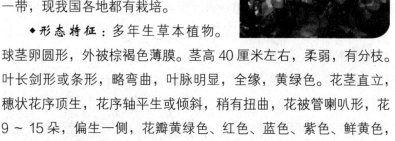

一带,现我国各地都有栽培。

◆**形态特征**:多年生草本植物。球茎卵圆形,外被棕褐色薄膜。茎高 40 厘米左右,柔弱,有分枝。叶长剑形或条形,略弯曲,叶脉明显,全缘,黄绿色。花茎直立,穗状花序顶生,花序轴平生或倾斜,稍有扭曲,花被管喇叭形,花 9 ~ 15 朵,偏生一侧,花瓣黄绿色、红色、蓝色、紫色、鲜黄色,有香味,苞片膜质,白色。花期 2 ~ 4 月。小苍兰花期长,花具浓香,最宜作切花及盆栽。

◆**生活习性**:小苍兰喜冷凉、潮湿环境,耐寒性差,要求阳光充足。

短日照有利于花芽分化，花芽分化温度为 8 ~ 12℃，花芽发育温度为 12 ~ 18℃，植株生长适温 18 ~ 23℃。秋季栽植，秋凉生长，春天开花，夏季休眠。要求肥沃、湿润而排水良好的中性沙质壤土。

◆**繁育管理**：小苍兰可分球繁殖，也可播种繁殖。播种繁殖一般于种子成熟后立即进行，温度控制在 15 ~ 18℃，半月后可发芽。分球繁殖一般于秋季进行。选母球基部最大的新球分栽，第二年春天开花，小球经培养 1 年隔年才能开花。可盆栽或冷床栽植。盆栽于 8 月中旬植球，盆土用等量的腐殖质和园土配制而成。霜降时将盆移入室内，室温逐渐升高，由 5 ~ 10℃上升至 15℃。成苗 10 ~ 15 天后开始追施液肥，每半月施 1 次 0.2% 尿素水溶液。出蕾前后避免追肥，2 月中下旬开花，开花前后逐渐减少浇水量，待叶子枯黄进入休眠期后，取出球茎贮藏。小苍兰茎秆纤细，易倒伏，应设立支柱扎缚。作切花生产者可冷床栽植，时间 8 月下旬，行距 20 厘米，株距 2 ~ 4 厘米，覆土不宜过厚，午间遮阴，出苗后经常松土、追肥，冬季适当覆盖，次年 3 ~ 4 月可剪取花枝。

◆**病虫害防治**：小苍兰病害主要有颈腐病、嵌纹病，要进行严格的土壤及种球消毒。虫害主要是蚜虫，可喷 40% 氧化乐果乳油 1000 倍液，每周喷 1 次，连喷 3 次即可。

9. 风信子

◆**别称**：洋水仙、五色水仙。

◆**科属**：百合科，风信子属。

◆**生长地**：原产欧洲、地中海沿岸各国及小亚细亚一带。

◆**形态特征**：多年生球根草本花

卉，地下鳞茎球形或扁球形，外被有带光泽的紫色或淡绿色皮膜。株高 20 ～ 50 厘米，叶从鳞茎基部生出，单叶 4 ～ 8 枚，带状披针形，先端钝圆，肉质，肥厚。花葶圆柱状，中空，长 15 ～ 40 厘米，略高于叶片，总状花序密生其上部，着花 6 ～ 20 朵，花紧密。小花漏斗状而倾斜，花冠具六裂片，花瓣向外翻卷。花色丰富，有白、黄、红、粉、蓝、紫等色。花具清香气味，花期 3 ～ 4 月。蒴果球形，果熟期 5 月。风信子花期早，花色艳丽，花姿优美，且具芳香，是重要的春季观花花卉，可做室内小型盆栽花卉观赏，也可布置花坛、花境及草坪点缀。

◆**生活习性**：喜凉爽、空气湿润、阳光充足的环境，要求肥沃、排水良好的沙质壤土，低湿黏重土壤生长极差。较耐寒，南方露地栽培即可，北方地区要室内越冬。秋季种植，早春抽叶、开花，夏季炎热时茎叶枯黄而休眠。

◆**繁育管理**：风信子常用分球繁殖。6 月份休眠后，把鳞茎挖出，去土，阴干后放于冷凉通风处贮藏，到了 9 ～ 10 月份再分栽小球。分球不宜在采后立即进行，因为贮藏越夏时伤口易腐烂。因风信子自然分球率低，为了扩大繁殖量，可于 8 月份晴天时切割大球基部或挖洞，置太阳下吹晒 1 ～ 2 小时，然后平摊于室内吹干，大球切伤部分便可发出许多小子球，供秋季分栽。

风信子为秋植球根花卉，于 9 ～ 10 月种植，可盆栽，也可地栽。盆栽应配制疏松肥沃、排水保水性好的培养土栽植，栽植深度以鳞茎的肩部与土面相平为宜，茎芽稍露出。栽后浇透水，放置在阳光充足处，保持基质湿润。地栽要求提前 1 个月整地并施足基肥。栽植株距约为 15 厘米，栽后覆土 5 ～ 8 厘米，栽后灌透水，并盖草保墒。风信子喜肥，除栽前施足堆肥或饼肥的基肥，还要在生长期每隔 10 天左右追施 1 次加 5 倍水稀释的人畜粪尿液，开花前后各施 1 ~ 2 次加 5 倍水稀释的人畜粪尿液，并加 5% 磷酸二氢钾。风信子喜光、喜湿润环境，生长期间应给其充足光照，抽出花莛后，为增加空气湿度，每天向叶面喷水 2 ~ 3 次。

◆**病虫害防治**：风信子的病害有黄腐病、菌核病、白腐病等，应以预防为主，综合防治，如实行轮作、土壤消毒，挖鳞茎时避免造成伤口，轻病株喷药或以药拌土防治，重病株拔除并烧毁。

10. 蛇鞭菊

◆**别称**：舌根菊、马尾花、麒麟菊。

◆**科属**：菊科，蛇鞭菊属。

◆**生长地**：原产美国。

◆**形态特征**：多年生草本，株高 0.6 ~ 1.5 米，全株无毛或散生短柔毛，具地下块根。直立茎，少分枝。叶互生，线状披针形，全缘，浓绿似革质。多数头状花序，排列成密穗状，花穗长 15 ~ 30 厘米，花色有白、深粉、紫红等色，外形像袖珍鸡毛掸子，姿色可爱。花期 7 ~ 9 月。蛇鞭菊宜与其他色彩花卉配合，布置花径或植于篱旁、林缘，或呈自然式丛植点缀山石背景，也是重要的切花材料。

◆**生活习性**：耐寒，喜阳光，喜疏松、肥沃、湿润土壤。生育适温 20 ~ 25℃。

◆**繁育管理**：常用播种和分株繁殖。播种春、秋季均可，以 4 月春播为好，播后 12 ~ 15 天发芽，实生苗要 2 年开花，栽培地宜选排水良好处，夏季适当培土以防止倒伏。分株繁殖者，春秋皆可，分株时块根上应带有新芽，在萌芽前将地下块根切开直接栽植。露

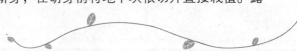

地栽培或盆栽均需选用排水良好而肥沃富含腐殖质的土壤，最好定植前用混合堆肥做基肥。生长期保持土壤湿润，每月用氮、磷、钾肥料按 4∶3∶2 的比例追肥 1 次。生长旺盛的植株，每隔 2～3 年分株 1 次。

◆**病虫害防治**：常有叶斑病、锈病和根结线虫危害。病害可用 75% 百菌清可湿性粉剂 800 倍液喷洒，根结线虫施用 3% 呋喃丹颗粒剂进行防治。

11. 唐菖蒲

◆**别称**：剑兰、什样锦、扁竹莲、菖兰等。

◆**科属**：鸢尾科，唐菖蒲属。

◆**生长地**：原产于非洲热带地区和地中海地区。

◆**形态特征**：多年生草本花卉，地下部分具扁球形球茎，外被黄色至深褐色膜质鳞片，株高 0.6～1.5 米，茎直立，常不分枝。叶片剑形，两列抱茎互生，花葶自叶丛抽出，上部着生穗状花序，10～20 朵小花，花单生，通常排成两列，开放时多侧向一边，花冠基部有短筒，漏斗状，花色有红、黄、粉、白、橙、蓝、紫等，也有复色和具花斑或斑纹的品种。花朵硕大，小花的花径可长达 8～14 厘米，一般花序下部花最大，向上逐渐变小，下部花先开放。唐菖蒲花瓣类型有平瓣、皱瓣、波瓣等变化，花瓣常有绢质光泽。花期夏、秋季。蒴果长 2～5 厘米，种子有翅，栽培品种很少结实。唐菖蒲花色丰富，主要用于切花生产，是世界四大切花之一，也可用于花境、花坛和盆栽观赏。

◆**生活习性**：唐菖蒲为喜光性长日照植物。喜光，喜凉爽，怕寒冷，不耐过度炎热，不耐涝，要求疏松、湿润、肥沃、排水良好的微酸性沙质壤土。球茎在 4 ～ 5℃条件下萌芽，生长适宜温度为 20 ～ 25℃。喜夏季凉爽气候。夏秋季开花，冬季休眠，在长日照条件下进行花芽分化。

◆**繁育管理**：唐菖蒲以分球繁殖为主，也可播种繁殖。分球繁殖能保持品种的优良特性。当开花植株的老球茎萎缩，其上产生新球茎时，新球茎基部周围常生有数个小球茎，将小球茎分种于田间，栽植后一般每球 1 ～ 3 芽可发育，1 年后即能长大成为能开花的新球茎。同时新球下部周围着生小子球，子球产生的多少因品种及栽培条件而异。当秋季地上叶 1/3 以上发黄时，将球茎掘出，经晾晒干燥后，将子球及新球剥下，并按球径大小分级，贮藏至翌春种植。新球种植当年可开花，小球种植当年可部分开花，子球多于第二年开花。在种球数量过少的情况下，还可采用切割法繁殖，选充实大球茎剥去外皮，露出芽眼，用小刀纵切成数块，每块需带 2 ～ 3 个芽眼，栽种 1 年也能形成开花的新球茎。

播种繁殖春、秋季均可进行。播前种子用 40℃温水浸泡 24 小时催芽。春播 1 月后出苗，幼苗培育 2 年后开花。秋播在温室内进行，温度不低于 13℃，最适温度为 15 ～ 25℃，1 月后出苗，翌年秋天有少数开花，多数培育 3 年才开花。

栽培唐菖蒲宜选用向阳、排水良好的地方，春季翻耕时施入基肥，株行距为（15 ～ 20）厘米 ×（30 ～ 35）厘米。种植深度以球茎高的 2 倍为宜。出苗后每隔 10 天施用加 3 倍水的人畜粪尿液 1 次，最好在苗高 30 厘米时，基部施用少量草木灰，并培土 3 厘米厚，以促茎叶肥壮。花芽分化期要供给充足水分，特别是光照，灌水时湿润深度要达 15 厘米，浇水后要中耕，以防土壤板结，施肥要适量，氮肥过多易引起徒长并倒伏。一般应在开花后叶片先端约 1/3 枯黄时挖出球茎，剥除干瘪老球，晾晒至外皮干燥，置阴凉通风的室内贮藏。

◆**病虫害防治**：危害唐菖蒲的虫害主要是线虫，以预防为主，实行轮作，并烧毁受害的种球，以免蔓延成灾。病害主要是枯梢病，受害株叶片顶梢枯黄，严重时全叶枯黄，防治方法是夏季炎热时充分灌溉，向地面喷水降低温度。

12. 水仙花

◆**别称**：雅蒜、金盏银台、多花水仙、凌波仙子、洛神香妃、玉玲珑。

◆**科属**：石蒜科，水仙属。

◆**生长地**：原产东亚的海滨温暖地区，中国浙江、福建沿海岛屿野生。

◆**形态特征**：水仙为多年生草本植物，株高 30～50 厘米，根为乳白色肉质须根，脆弱易折断，无侧根。地下鳞茎肥大，卵状至广卵状球形，外被褐色皮膜。叶片少数，呈扁平狭长带状，两列平行脉，先端钝，略肉质，是由鳞茎顶端绿白色筒状鞘中抽生，无叶柄。花葶自叶丛中央抽出，中空呈绿色圆筒形，顶端着生伞形花序，有花 6～12 朵，白色，芳香，花冠高脚碟状，副冠浅杯状，鲜黄色。花期 1～2 月。蒴果，常不孕育。水仙花凌波吐艳，芳香馥郁，为我国传统名花，多用于盆栽、水养，置于几案上供装饰和观赏。

◆**生活习性**：水仙喜温暖湿润气候，尤宜冬无严寒、夏无酷暑、春秋多雨的地方。喜水、喜肥，要求土壤疏松、富含有机质的湿润壤土，也适当耐干旱和瘠薄土壤。喜光，也能耐半阴，花期应满足阳光充足。水仙秋冬生长，早春开花并贮藏养分，夏季休眠。

◆**繁育管理**：水仙是三倍体植物高度不孕不结实。只能进行无性繁殖，不能进行有性繁殖。通常采用分球法繁殖鳞茎。将母球两侧分生的小鳞茎切下作种球，另行栽植。从种球到开花繁茂的大球，需培养 3 年甚至 4 年时间。

水仙大面积生产栽培，主要有两种栽培方法。旱地栽培法适宜在田地少、水源少的地方栽培，水仙的生长及鳞茎质量都较好，还可与郁金香、风信子以及夏季作物轮作。整地做畦：选择背风向阳、土质疏松、土层深厚的地段做园地，深耕细耙，平整表土，整成宽1.2 ~ 1.5 米、长 8 米（或根据地的长度）的地，施足基肥。宜在10 月下旬栽植。在畦面上开沟栽植，株距约 20 厘米，覆土 5 厘米，压实整平后在地面覆盖稻草以保墒和防止杂草生长。栽后灌透水并经常保持土壤湿润，开花前后应增施腐熟人粪尿或豆饼。采收贮藏：芒种前后地上部分完全枯萎后，叶片腐烂尽时，选择晴天挖出鳞茎，切掉须根，剪去叶片，稍晒干后贮藏于阴凉通风的地方，进行花芽分化，秋季再行栽植。经过 3 年培育，即可发育成大球作商品出售，供地栽或水养开花欣赏。

灌水栽培法是用水稻田来栽培生产水仙花，整个栽培过程用灌水栽培，所以也称水田栽培法，在管理上比较严格、细致。溶田耕地：选择背风向阳、排灌方便、富含腐殖质、疏松透气良好的土壤，于 8 ~ 9 月翻耕土地，放水漫灌，浸泡 1 ~ 2 周，待土壤充分浸透后将水排除，并进行多次翻耙。然后犁沟成畦，待土壤充分晒干后，打碎土块平整畦面，再上下翻畦，使其松透，施基肥，挖灌溉沟。溶田耕地既疏松了土壤，又清除了土壤中的病虫害及杂草种子。选种栽植：挑选生长健壮、端正、充实、鳞茎盘小而坚实、球体无病虫害的种球，浸于 40℃的 1：100 福尔马林水溶液中消毒 5 分钟。霜降前后在整好的地面上开条播沟栽球，

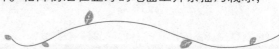

使水分自畦底逐渐渗透至畦面。为防止水分蒸发，用稻草覆盖畦面，并将稻草的两端垂入灌溉沟。田间管理：水仙极喜肥，除施足堆肥或饼肥的基肥外，生长期还应多施追肥，每 10 天左右追施一次加 5 倍水的人畜粪尿液，开花前后各施 1 ～ 2 次加 5 倍水的人畜粪尿液和 5% 的磷酸二氢钾。此外，要经常保持沟中有水，晴天灌水多、阴雨天灌水少，第 1 ～ 2 年栽植时灌水少，时间也稍短，第 3 年则要求灌水多、时间长，从栽植到采收前沟中一直保持有水。一般秋季植球，当年冬季主芽常开花，为减少养分消耗，可将花莛留下部 1/3 摘除，翌年初夏起球，方法同前面旱地栽培法，秋季再栽植，如此重复 4 ～ 5 年可养成大球。

◆**病虫害防治**：危害水仙的虫害有水仙蝇、线虫，可用福尔马林浸泡种球 5 分钟杀死线虫，用二硫化碳熏球防治水仙蝇。为害水仙的病害有水仙斑点病、水仙腐烂病，防治方法是剪除病叶烧掉，拔除重病株，并且用波尔多液喷洒消毒。

13. 葡萄风信子

◆**别称**：蓝壶花、串铃花、葡萄
百合。

◆**科属**：百合科，蓝壶花属。

◆**生长地**：原产欧洲南部，现我
国有栽培。

◆**形态特征**：多年生草本球根花卉，株高 10 ～ 30 厘米。地下白色球形小鳞茎。叶基生，线状披针形，暗绿色，边缘常向内卷，长约 20 厘米，花莛高 15 ～ 20 厘米，花莛自叶丛中抽出，花朵密生花莛上部，总状花序，花冠小坛状，顶端紧缩，小花梗下垂，小花蓝色或先端带白色。有白、淡蓝、肉红及重瓣花品种。花期 4 ～ 5

月，果期 5 ~ 6 月。葡萄风信子花期早，株态小巧玲珑，开花时间较长。适宜作花境、草地镶边、花坛、林下地被或岩石园点缀，也可盆栽观赏。

◆**生活习性**：葡萄风信子性喜温暖，可耐半阴，要求排水良好、深厚肥沃的沙质土，耐寒，忌高温多湿，生育适温 15 ~ 25℃。

◆**繁育管理**：葡萄风信子可用播种或分栽小鳞茎繁殖。秋天种子采收后，当即露地直播，第二年春季发芽，3 ~ 4 年开花，炎热夏季休眠。分栽小鳞茎，当年可生根，发叶越冬，叶子强健，适应性强。栽培地宜选温暖、排水良好、向阳避风处。种植前施基肥，可用堆肥或饼肥，株行距 8 ~ 10 厘米。土壤干旱地区，入冬前灌足水，早春及时灌溉，抽花穗前追施 1 ~ 2 次速效液肥，可用无机肥料加水 100 倍以上或腐熟的饼肥澄清液加水 10 倍以上。目前本品种病虫害较少。

14. 朱顶红

◆**别称**：百枝莲、百子莲、柱顶红。

◆**科属**：石蒜科，朱顶红属。

◆**生长地**：原产秘鲁。

◆**形态特征**：多年生球根草本花卉。有肥大的卵状球形鳞茎，约 7 厘米。鳞茎下方生根，上方对生两列叶，呈宽带状，先端钝尖，绿色，扁平，较厚。鳞茎外包皮颜色与花色有关。花梗自鳞茎抽出，直立粗壮但中空，伞状花序着生顶部，开花 2 ~ 6 朵，两两对生。花朵硕大，直径 10 厘米左右，喇叭形，略平伸而下垂，朝阳开放，花色鲜艳，有白、黄、红、粉、紫及复色等。花期在春夏之间。朱顶红花形大，色彩鲜艳，叶片鲜绿洁净，宜于盆栽，可摆放于居室、厅堂、会议室等，是受人们普遍喜爱的花卉之一。

◆**生活习性**：喜温暖、湿润、阳光，但又忌强光照射的环境，需要充足的水肥。夏季要求凉爽气候，温度在 18 ～ 22℃，在炎热的盛夏，叶片常常枯黄而进入休眠，忌烈日暴晒。冬季气温不可低于 5℃，否则休眠，休眠要求冷凉、干燥，喜富含腐殖质而排水良好的沙质壤土。

◆**繁育管理**：朱顶红常采用分球繁殖和播种繁殖两种方法，以分球繁殖为主。近年来也用鳞茎上的鳞片扦插繁殖子球。分球繁殖于春季 3 ～ 4 月将每个球茎周围的小鳞茎取下，分离时勿伤小鳞茎的根。栽植时，鳞茎顶部宜露出地面，土壤要肥沃。分取的小鳞茎一般经过 2 年地栽才可形成开花的种球。播种繁殖要在开花时进行人工异花授粉。朱顶红容易结实，6 ～ 7 月采种后即播种，发芽良好。播种时以株行距 2 厘米点播，播后置于半阴处，保持湿润，温度控制在 15 ～ 20℃，2 周即可发芽，待小苗长出 2 片真叶时分苗，第二年春天可上盆，但 3 ～ 5 年后方可开花。

大球栽植距离保持 20 ～ 35 厘米，栽植不宜太深。生长期每 10 天追施加 5 倍水的人畜粪尿液 1 次，最好加一些磷肥，如 5% 过磷酸钙或骨粉等，花蕾形成后不再施肥，花谢后每隔半月施用加 3 倍水的人畜粪尿液 1 次，以促进鳞茎肥大充实。浇水应见干见湿，以免积水造成鳞茎腐烂，入秋后逐渐减少灌水量，叶片枯萎后，灌水停止。冬季应剪除枯叶，覆土越冬。

◆**病虫害防治**：朱顶红常见的病害有叶斑病，可用 75% 多菌灵可湿性粉剂 600 ～ 800 倍液喷洒。

15. 大岩桐

◆**别称**：落雪泥，六雪泥。

◆**科属**：苦苣苔科，苦苣苔属。

◆**生长地**：原产巴西，现在栽植的大多是经过多次杂交育种的园艺品种。

◆**形态特征**：大岩桐为多年生肉质草本植物，具肥大扁球形块茎，全株有粗毛，株高 12 ～ 25 厘米，地上茎极短。叶大而肥厚翠绿，叶对生，长椭圆形，叶背稍带红色，边缘有钝锯齿。花梗较长，自茎中央或叶腋间抽生出来，一梗一花，花朵大而鲜艳美丽，花冠阔钟形，呈丝绒状，花冠浅 5 裂，花色有白、粉、墨红、紫、红、青等色。开花自春至秋不断，是家庭室内盆栽观赏的有名夏季花卉。大岩桐花大而美丽，可盆栽摆放于窗台、桌几上，作室内点缀用。

◆**生活习性**：性喜温暖、高湿和荫蔽的环境，忌阳光直射，不耐寒。通风不宜过多，喜轻松、肥沃、排水良好又有保水能力的腐殖质土壤。要求冬季休眠期保持干燥温度。

◆**繁育管理**：大岩桐的繁殖方法有播种、扦插两种，由于播种苗生长好，姿态好，所以通常多采用播种繁殖。播种繁殖以春、秋两季播种为宜，8 月播种，翌年 5 月开花，春季播种，7 月开花，但植株小而花少，不及秋播植株生长好、开花多。大岩桐种子细小，为避免播种过密，可把种子与沙子掺和后均匀撒播于装有培养土的浅盆中，培养土可以用马粪土或腐叶土 3 份、沙子 2 份，混合过筛装盆平整。播后覆以薄土，或不覆土，轻轻镇压即可。覆盖玻璃或塑料袋，用浸盆法浸水。发芽温度控制在 18 ～ 25℃，1 ～ 2 周出苗，发芽后除去玻璃或塑料袋，注意避免强光直射，经常往地面洒水，增加空气湿度，适当通风，以利幼苗生长。

扦插繁殖用叶插，于春季进行，是在少量繁殖或需保留原品

种时采用的方法。选取生长健壮的叶片，连叶柄一起剪下，将叶片剪去一部分，叶柄基部修平，斜插于温室沙床中，保持 25℃ 高温高湿并适当遮阴，不久，叶柄基部即生根成活，但后期生长缓慢。除叶插外，还可采用球茎栽植后其上发生的新芽扦插，也可成活。

大岩桐喜肥，栽植时应施腐熟的堆肥或厩肥。栽植深度以稍露球茎为宜，不宜过深，过深则生长不良或腐烂。其生长适温为 18～23℃，当球茎发新芽后，除留 1～2 个壮芽以外，其余均应抹去（抹去的芽可作扦插用）。生长期必须保持空气湿润，经常用水喷洒周围地面，每 2 周追施加 5 倍水的人畜粪尿液 1 次或加 20 倍水的腐熟饼肥上清液 1 次，勿使肥水洒到叶面上，以免灼伤叶片，施肥后必须喷水清洗。浇水应适量，土壤过湿，根系、球茎易腐烂。高温期注意通风、降温，花盛开时停止施肥，花蕾抽出时温度不可过高，否则花梗细弱。休眠期温度可保持在 10～12℃。

◆**病虫害防治**：大岩桐生长期间，常有尺蠖吃叶中嫩芽，危害严重，应立即捉除，并喷 90% 敌百虫 1000 倍液防治。高温多湿时，大岩桐易受霉菌危害，应把凋枯的植株清除，将盆放在通风良好的半阴处。

16. 晚香玉

◆**别称**：夜来香、月下香。

◆**科属**：石蒜科，晚香玉属。

◆**生长地**：原产墨西哥及南美洲，亚洲热带地区分布广泛，在我国华南地区栽培较广。

◆**形态特征**：多年生草本花卉。具地下鳞茎状块茎，即上部似鳞叶包裹的鳞茎，下部为块茎，圆锥形。叶基生，带状披针形，茎生叶较长，向上呈苞叶状。花茎挺直，不分枝，自叶丛间抽生，高50～90厘米，顶生总状花序，花序长20～30厘米，小花20～30朵，成对着生，自下而上陆续开放，花白色，具芳香，夜间香味更浓，故名夜来香。重瓣品种植株较高而粗壮，着花较多，有淡紫色花晕，香味较淡。花期8月末至霜冻前。晚香玉是重要的切花材料，也可用于花境、丛植、散植路边。

◆**生活习性**：晚香玉喜温暖、湿润、阳光充足的环境，要求肥沃、疏松、排水良好且富有有机质的偏酸性黏质壤土，不耐霜冻，忌积水。在合适的气候条件下可四季开花，无明显休眠期。培养土可用泥炭土、腐叶土和少量农家肥调配。

◆**栽培繁殖**：晚香玉以分球繁殖为主。每年母球周围可生数个小子球，将子球分离进行栽植即可。一般在春季种植前分球。中央大球可当年开花，小子球需2～3年后长成大球才能开花。从外观看，开花球体圆大且芽顶较粗钝，不能开花的球体偏扁，不匀称，芽顶尖瘦。老残球中心球不坚实，周围长有许多瘦尖的小球，这样的球需深栽养球，以复壮。

晚香玉忌霜冻，应在晚霜后的6月初栽植露地。为使提早发芽，栽前可在水中浸泡7～8小时后再栽植。栽植地应选择阳光充足的黏质壤土地块，翻耕后施入基肥。土壤过干，可在栽前灌水，保持土壤湿润，以利发芽。晚香玉为浅栽球根花卉，栽时应使能开花的大球芽顶微露出土，当年不能开花的小球应栽稍深些，以芽顶稍没过土面为宜。大球株行距为（25～30）厘米 ×（25～30）厘米，中小球为（10～20）厘米 ×（10～20）厘米。生长期雨季注意排水，花前追肥一次。晚香玉生长期较长，花期为8月中、下旬，若种植较晚，常到9月中旬才见花，有时刚刚进入盛花期就遇早霜。

地上叶经霜后呈水浸状，停止生长。为使花期提前，除前面提到的水浸球法，也可采用室内钵栽催芽，而后脱盆地植，但此法应用不多。剪掉经初霜的晚香玉茎叶，挖出球，充分晾晒干燥，置于 0℃以上室内干燥贮藏，待明年栽培。

◆**病虫害防治**：危害夜来香的虫害主要是螨类和介壳类害虫，病害主要是枯萎病。防治螨类害虫可喷施抗螨 25% 乳油 800 倍液、73% 克螨特 2000 倍液等药物。防治介壳虫，可喷施 40% 乐果乳油 600 ~ 800 倍液，还可以使用氯氰菊酯和快杀灵等防治。防治枯萎病，可喷施枯萎立克 600 ~ 800 倍液、50% 多菌灵 600 倍液等。并对病枝及时清除、烧毁，并在病株周围的土壤撒上生石灰，起到杀虫灭菌作用。

17. 花叶芋

◆**别称**：彩叶芋、杂种芋。

◆**科属**：天南星科，花叶芋属。

◆**生长地**：原产热带美洲的圭亚那、秘鲁以及亚马孙河流域等地。

◆**形态特征**：多年生块茎草本植物，株高 30 ~ 50 厘米。黄色块茎扁圆形。叶片从土面下块茎生出，呈盾状卵形至圆三角形，叶柄细长，叶色丰富，有绿色、紫色、粉红色、白色等彩色的斑点、纹理，绚丽斑斓。花有舟形佛焰苞，肉穗花序黄至橙黄色，浆果白色。栽培品种还有白叶芋。常盆栽供居室、办公室、宾馆、饭店美化装饰。

◆**生活习性**：喜温暖、多湿、半荫蔽环境，要求较明亮的光照但忌阳光直晒，不耐寒冷，冬季休眠。生长适温为 20 ~ 30℃，低于 12℃时地上部叶片开始枯萎，温度 22℃以上才开始发芽长叶。

喜肥沃、疏松、排水良好的沙质土壤。

◆**繁育管理**：花叶芋一般采用分球繁殖，栽种1年后花叶芋的大块茎周围产生许多小块茎，秋末气温下降时地上部叶片枯萎，需将装有进入休眠状态的地下部块茎的盆移至温暖处贮存或将小块茎在冬季适当干燥和沙藏，于第二年春气温回升新芽萌发前将块茎按大小分盆种植。也可采用种子繁殖，需要人工授粉。栽培用培养土常按园土、腐叶土、河沙以2：2：1配制。春夏季生长旺盛时期应保证充足的水分和较高的空气湿度，以防叶片凋萎。炎热夏季要防止阳光直射，中午应遮阴，以防日灼。

◆**病虫害防治**：发现红蜘蛛危害，注意通风良好，并可用40%氧化乐果600倍液喷射防治。

18. 天门冬

◆**别称**：天冬草、刺文竹、武竹、玉竹。

◆**科属**：百合科，天门冬属。

◆**生长地**：原产南非，现我国各地有栽培。

◆**形态特征**：多年生、蔓生常绿草本植物。茎基部木质化，丛生，柔软下垂，细长多分枝，下部有刺。小枝十字状对生，棱形，有3～5沟。叶退化为细小鳞片状或刺状，黄绿色，扁平，3～4枚轮生。夏季开花，花小，白色或淡红色，2～3个丛生，有香气。浆果鲜红色，圆形，很美丽，种子黑色。天门冬株形美观，四季青翠，枝叶繁茂，常作室内盆栽观赏，也是布置会场、花坛的边饰材料和切花的理想陪衬材料。

◆**生活习性**：天门冬喜温暖湿润、半阴半阳的环境，盛夏忌烈日暴晒和干旱，不耐寒。喜疏松、排水良好、肥沃的黏质或沙质壤土。生长适宜温度为 15 ~ 25℃，越冬温度为 5℃。

◆**繁育管理**：天门冬通常用播种繁殖和分株繁殖。春季播种，采下的果实用水浸泡搓去果皮，晾干，均匀点播于装有沙或素土的浅盆内，土温在 15℃以上，1 个月左右发芽出土。苗长到 10 厘米时，分株装小盆，盆土用疏松培养土，上盆缓苗后进行正常管理。分株繁殖，结合春季和秋季换盆进行，将植株从盆中扣出，根据植株大小以 3 ~ 5 芽一丛为标准分割成数株上盆栽植，浇透水后放于荫蔽处养护。盆栽培养土可用腐叶土。盛夏要适当遮阴，避免暴晒，4 ~ 5 月或 9 ~ 10 月根系伸展到盆边时要换盆。

天门冬既喜阳，又忌烈日直晒，光线过强叶易焦黄。在半阴的环境下栽培，叶才能鲜绿而有光泽，但如果长期放置在室内阴暗处，见不到光线，茎叶也易变枯黄，所以每隔一段时间就把花盆移到光照处，使其复壮后再放回散射光处。在夏季气温高时，浇水应适当多些，但不能过湿，更不能积水，以免水多烂根。冬季宜保持盆土不干。盆土过干根系吸收水分受阻，因此，盆土过干过湿都能引起茎叶发黄。成株盆栽用土，排水要好，生长季节一般每半月施一次腐熟的稀薄液肥。

19. 文殊兰

◆**别称**：十八学士、罗裙带、白花石蒜、水蕉、文兰树等。

◆**科属**：石蒜科，文殊兰属。

◆**生长地**：原产亚洲热带，在我国广东、云南等地有野生分布。

◆**形态特征**：多年生常绿草本植物，株高 1 米左右，地下部自

叶基形成长圆柱形假鳞茎，鳞茎粗壮，直径 10 ～ 15 厘米。叶着生在假鳞茎顶端，莲座状密生 20 ～ 30 枚，带状披针形，长 0.6 ～ 1.0 米，浅绿色，边缘波状。花茎直立，花葶从叶丛中抽出，实心，高与叶相等，伞形花序顶生 10 ～ 24 朵花，外具 2 大型苞片，花白色，有芳香，花被裂片 6 枚，高脚碟状，线形反卷下垂。花期 7 ～ 9 月。果球形。

◆**生活习性**：性喜温暖湿润，耐盐碱土壤，不耐寒，稍耐阴。文殊兰对土壤要求不严，适宜疏松肥沃、富含腐殖质、排水良好的土壤。文殊兰是良好的大型室内盆栽花卉，可布置会场、门厅、客厅等处，我国南方园林绿地中可露地栽植。

◆**繁育管理**：文殊兰主要用分株法繁殖，也可用播种法。分株繁殖在春、秋季结合换盆进行，将母株周围的吸芽切离，注意少伤肉质根系，晾晒 1 ～ 2 天，另行种植，栽植不宜过深。栽后充分浇水，并置于无阳光直射处。在温暖湿润的环境中，约 1 个月就可以生根。生长期应充分浇水，每周施稀释成 300 倍液的复合肥 1 次。夏季移入阴棚下养护，秋末移入温室。种子繁殖适合在深秋进行，文殊兰种子含水量大，成熟时要随采随播。用浅盆点播，覆土厚度为种子直径的 2 倍，然后浇透水，保持培养土湿润，温度在 16 ～ 22℃约半月后可发芽。

◆**病虫害防治**：文殊兰易受褐斑病、介壳虫的危害。褐斑病染病植株可以用 75% 百菌清可湿性粉剂 700 倍液喷洒防治。遭受介壳虫虫害的植株用 40% 氧化乐果乳油 1500 倍液喷洒防治。

20. 铃兰

◆**别称**：草玉铃、香水花、鹿铃、小芦铃、君影草、草寸香、糜子菜、芦藜花。

◆**科属**：百合科，铃兰属。

◆**生长地**：在欧亚大陆及北美广泛分布，我国东北、西北、华北林区有野生。

◆**形态特征**：铃兰为多年生草本花卉。具地下、平展、多分枝的根状茎，根茎尖端为椭圆形的顶芽。春季由每个顶芽抽生 2 ~ 3 片基生叶，叶片椭圆形或长圆状卵形，叶具长柄，呈鞘状合抱，外面具数枚膜质鞘状叶。花葶自鞘状叶内抽出，长 15 ~ 30 厘米，总状花序，稍向外弯曲，小花白色，钟状，偏向一侧下垂，具芳香。花期 4 ~ 5 月。浆果球形，红色。

◆**生活习性**：铃兰喜半阴，极耐寒，喜凉爽、湿润环境，忌炎热及阳光直射，要求富含腐殖质的壤土或沙壤土，自然分布，多自成群落生于林下。铃兰有多个变种：大花铃兰（花、叶均较大）、粉红铃兰（花被上有粉红色条纹）、重瓣铃兰、花叶铃兰（叶上具黄色条纹）等。但铃兰的变种不及白花种铃兰芳香浓郁。

◆**繁育管理**：铃兰一般用分株繁殖法。春、秋两季切割根茎或萌芽另行栽培即可，以秋季繁殖更佳。带有一段根茎的饱满顶芽，次年春天即可开花，稍瘦小的芽需栽培 1 年后开花。铃兰也可采用播种繁殖。从采收的红色浆果中洗出种子，直接播于露地，一般需两个冬天才能发芽，5 ~ 6 年的实生苗方可开花。栽培铃兰时，将分割好的芽每 2 ~ 3 个一丛，按（25 ~ 30）厘米 ×（25 ~ 30）厘米的株行距栽植，栽深 5 ~ 6 厘米。栽植地应深耕，施入足够的基肥，经常保持湿润，在早春萌芽及生长开花期适当见光，生长后期必须具半阴条件，否则生长不良，容易发生焦叶现象。铃兰为春季开花植物，盛夏高温炎热期，叶片逐渐枯黄，进入休眠阶段。铃兰的促成栽培方法是低温处理法，秋季将根茎起出，置于 2 ~ 3℃

窖内，2～3周完成低温休眠，在预定花期5周前，移到14℃左右的温室中，适当浇水并保持黑暗，2周后移至向光处，室温升至20℃，增强水肥，一般3周后可进入花期。低温和黑暗处理是铃兰促成栽培的关键。

◆*病虫害防治*：常见的病害是茎腐病、炭疽病、叶斑病等。平时要定期用铜素杀菌剂防治，并严禁从病株上采种繁殖，一旦发现病株，要立即销毁清除，以防传播蔓延。如有褐斑病，用75%百菌清可湿性粉剂700倍液喷洒。

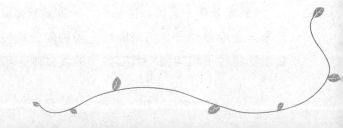

——第九章　　观叶植物的繁育技术——

1. 文竹

◆**别称**：山草、云片竹、芦笋山草、
云片松、云片草、云竹、羽毛天门冬、
刺天冬等。

◆**科属**：百合科，天门冬属。

◆**生长地**：原产非洲南部，我国
各地均有栽培。

◆**形态特征**：多年生常绿蔓生草本植物。茎绿色，极细，圆柱形，
丛生柔弱，具攀援性，可达数米，多分枝，下部有三角形刺。叶片
退化成刺状鳞片，纤细，叶状枝水平展开，状似羽毛，6～12 枚
成束簇生，翠绿色水平排列。春季开花，花小，1～4 朵生于短柄上，
白色。浆果球形，成熟后紫黑色。

◆**生活习性**：喜温暖、湿润和半阴环境，不耐严寒，畏干旱，
忌积水，忌阳光直射。生长适宜温度为 15～25℃，越冬温度为 5℃。
喜腐殖质含量丰富、排水良好、疏松肥沃的沙质壤土。文竹姿态优
美，是著名的室内观叶花卉，常作室内盆栽观赏，也可作切花、花
篮、花束、花环等的陪衬材料。

◆**繁育管理**：文竹以播种和分株方法繁殖。播种繁殖一般于
春季采收成熟种子，随采随播，播种前先将种子用温水浸泡一
昼夜，将种子均匀播于装有沙土的浅盆中，喷透水后盖上玻璃

和报纸，以避免阳光直射，保持湿润。在室温 20℃ 条件下 1 个月后发芽出苗，苗高 5 厘米以上可移栽小盆，放置阴凉、通风处，换苗后正常管理。分株繁殖，常于春夏结合换盆进行，把生长过盛的植株扣盆，抖掉泥土，将根部扒开，用剪子剪断根的自然分界处，以 2 ～ 3 株丛分切种植上盆。盆栽可用马粪土或腐叶土与沙子 1:1 混合栽植。每年早春换盆。生长期间要求土壤湿润，忌积水，以免肉质根腐烂，每月追施尿素 100 倍液的稀薄液肥 1 ～ 2 次。宜放置在半阴、通风环境下，避免烈日直射，以免叶片枯黄。地栽文竹，需及时搭架供其攀附，以利通风透光，适量整形修剪，及时剪去枯黄茎叶，保持株形美观，或将植株压低为低矮盆景。

◆**病虫害防治**：夏季发现介壳虫和蚜虫危害时，应及时用 40% 氧化乐果乳油 1000 倍液喷洒防治。发现灰霉病和叶枯病危害叶片时，可用 50% 托布津可湿性粉剂 1000 倍液喷洒。

2. 橡皮树

◆**别称**：印度橡皮树、印度榕、印度胶榕、橡胶树、印度橡胶。

◆**科属**：桑科，榕属。

◆**生长地**：原产印度和马来西亚等地。

◆**形态特征**：大型常绿灌木。盆栽株高 1 ～ 2 米，树皮光滑，有乳汁。小枝粗壮，常绿色，嫩芽红色。单叶互生，叶大肥厚，长椭圆形或矩卵形，叶厚革质。橡皮树叶大有光泽。叶刚长出时呈细长圆锥形，色泽嫩红。雌雄同株异花，花小，白色。园艺栽培品种主要有花叶橡皮树、金边橡皮树、白斑

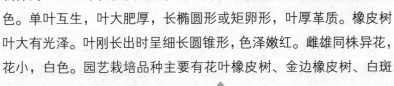

橡皮树等。橡皮树叶片肥厚光亮，是点缀宾馆、厅堂和家庭居室的最佳观叶花木之一。

◆**生活习性**：橡皮树喜肥，不耐寒，耐半阴，耐修剪。生长适温为 20℃左右。喜高温、潮湿、充足阳光的环境。在疏松肥沃并含大量腐殖质的土壤中生长旺盛。越冬温度应保持在 10℃以上。

◆**繁育管理**：橡皮树主要采用扦插繁殖和高压繁殖。春、秋两季选用 1～2 年生生长健壮、组织充实、无病虫害、含 3 个以上芽的枝条，剪成 10～15 厘米长作为插条，芽节以上保留 1 厘米以防芽眼枯萎，芽点以下全部保留。所剪取的枝条最好下部半木质化，这样插下去容易生根。为防止剪口处乳汁流失过多影响成活，应该在伤口处及时涂抹草木灰。插条插入以河沙、泥炭、珍珠岩或蛭石为基质的插床中，深度为插条的一半，插后阴棚遮蔽，保持温度 20℃左右和土壤湿润，1 个月左右生根，苗高 15 厘米时即可上盆。高压繁殖即空中压条繁殖，多在 7 月上旬至 8 月中旬进行。选择 1～2 年生发育良好、组织充实的健壮枝条，先在枝条上准备生根处环剥 1～1.5 厘米深达木质部，再用潮湿苔藓或泥炭土包围伤口，最后用塑料薄膜包紧。等到土中有根须即可将生根枝条连薄膜一起剪下，剥去薄膜，将枝条和土一起上盆。盆栽用土宜用腐叶土、园土、河沙各 1 份加少量基肥配制。生长期间应给予充足水分。每月施 1～2 次以氮肥为主的复合肥或腐熟的饼肥水。保证足够的光照条件，忌盛夏强光暴晒。幼苗高 0.7～1 米时摘心，促其萌发侧枝，适度整形修剪，培养并保持良好的观赏形态，注意防寒防冻。

◆**病虫害防治**：橡皮树常见虫害有吹绵介壳虫、糠片介壳虫，可用 40% 氧化乐果乳油 1000 倍液喷杀防治。其病害有炭疽病、灰霉病和叶斑病，可用 65% 代森锌 500 倍液喷洒。

3. 绿萝

◆**别称**：黄金葛、石葛子。

◆**科属**：天南星科，藤芋属。

◆**生长地**：原产中美、南美的热带雨林地区。现我国各地尤其是上海、江苏、台湾、福建、广西、广东等地区均有人工园林种植。

◆**形态特征**：多年生常绿大型攀援藤本植物，常攀援在雨林的岩石或树干上生长。茎可达 10 米以上。茎细软，叶互生，叶片油绿光亮，叶片心形。园艺变种花叶绿萝的叶片镶嵌有黄色的斑块和条纹，更具观赏价值。

◆**生活习性**：绿萝喜高温、多湿及半阴环境。对光照反应敏感，怕强光直射。生长适宜温度为 20 ~ 30℃，低于 8℃时叶片变黄。在肥沃的腐叶土或泥炭土中长势良好。绿萝为极好的观叶植物，既可作柱式或挂壁式栽培，也可室内盆栽悬垂观赏，同时也是插花陪衬材料。

◆**繁育管理**：扦插繁殖应剪取 15 ~ 30 厘米长的茎段，将基部 1 ~ 2 节叶片去掉，直接盆栽，每盆栽 3、5 根，或剪取 4 ~ 8 厘米长的茎段直接插入沙床，20 天左右生根，1 个月后上盆栽植。压条繁殖可将将匍匐茎压条，待生根入土并有新叶长出后切离母株另行栽植。盆栽培养土常用腐叶土、泥炭土和沙土配制。生长期间需设立支柱，供茎叶攀援而上。保持盆土湿润，并经常向叶面喷水。每半月施肥 1 次，多施磷、钾肥（浓度为 0.2% 的磷酸二氢钾和浓度为 2% 的过磷酸钙），少施氮肥。栽培 3 ~ 4 年后植株须修剪或

更新。

◆**病虫害防治**：绿萝容易发生根腐病，可用 3% 呋喃丹颗粒剂防治。叶斑病可用 70% 代森锌可湿性粉剂 500 倍液喷洒防治。

4. 观赏凤梨

◆**别称**：艳凤梨、斑叶凤梨、菠萝花、凤梨花。

◆**科属**：凤梨科，凤梨属。

◆**生长地**：原产中、南美洲的热带、亚热带地区。

◆**形态特征**：观赏凤梨为多年生常绿草本，株高 40 ~ 120 厘米，冠幅 80 厘米。叶簇生，线状，长 1 米左右，质地硬，拱曲，亮绿色，两边金黄色，叶缘有红色锐齿。穗状花序顶生，聚成卵圆形，花序顶端有一丛 20 ~ 30 枚叶形苞片，苞片红色，边缘有红色小锯齿，果实橙红色，很有观赏价值，是插花的新材料。

◆**生活习性**：观赏凤梨喜温暖、湿润环境，宜选择阳光充足、空旷、通风场所栽培。要求疏松肥沃、排水良好的沙壤土。冬季温度不得低于 12℃。观赏凤梨叶色鲜艳美观，既可观叶，又可观果，是优良的室内盆栽植物。

◆**繁育管理**：观赏凤梨分生能力强，极易从植株基部长出蘖芽，因此常用分株繁殖法。在春季挖出母株，将母株基部的蘖芽切下分栽，还可用花序顶端的叶状苞片扦插于沙床中，待生根后移栽。盆栽时，应置于室内光线较强处，生长季节给予充足的水分，并适量追施浓度为 0.5% 的尿素溶液和浓度为 0.5% 的硫酸钾溶液，使叶色鲜艳，如施氮肥较多或过于荫蔽，易使叶色变绿或褪为黄白色。冬季减少浇水，最低温度保持在 5℃以上。

◆**病虫害防治**：生长期常有叶枯病和褐斑病危害，发病时可用25% 多菌灵 1000 倍液喷洒防治。

5.绿苋草

◆**别称**：肾草、豆瓣草、法国草。

◆**科属**：苋科，绿苋草属。

◆**生长地**：原产中、南美洲热带地区。

◆**形态特征**：绿苋草为多年生草本。植株低矮，高 5 ~ 15 厘米，茎直立，分枝多，呈密丛，节膨大。茎伸长后呈半匍匐性或半蔓性。全株绿色，叶密集，多皱褶不平，叶小，对生，卵状披针形或匙状长披针形，稍卷曲，全缘，肉质枝叶，全长可达 10 厘米，叶柄部狭小，逐渐而大衔接叶面。叶柄呈圆心形，如圆锹状，叶面蜡质无毛，近根处每节有短小气根。花白灰色，极小，如棉絮状，蒴果短而圆，不易观察。叶片绿色，随季节不同也会出现黄色或乳白色。叶色依品种而异，各具特色。常见品种有红苋草（叶匙状长披针形，稍卷曲，叶色随季节生长而变化，呈绯红或褐红色）、白苋草（叶匙形或椭圆形，叶卷曲有皱，叶缘有白色斑纹）、彩苋草（叶椭圆状长卵形，先端尖，叶色也随季节生长而变化，有绿、褐红、桃红、淡黄等色，尤其卷曲叶呈鲜艳的桃红色，极为雅致）等。

◆**生活习性**：喜高温，极不耐寒，冬季宜在 15℃的温室中越冬。好阳光，也略耐阴，不耐夏季酷热，不耐湿，也不耐旱。对土壤的要求不严格。生长季节好湿润，要求排水良好。生育适温 20 ~ 30℃。绿苋草以观叶为主，生性强健，耐旱，生长密集，叶色优雅，最适合庭园群植、列植，作地被构成图案美观，大面积栽培视觉效果极佳，也适合箱植或盆栽。荫蔽则易徒长，叶色不良，

不宜作室内植物。

◆**繁育管理**：可用分株或扦插法繁殖。大量育苗以扦插为主，春至秋季均能育苗。剪取顶芽或未老化的枝条，每段 5～10 厘米，扦插于河沙，接受日照 60%～70%，保持湿润，经 10～15 天能发根成苗。栽培以肥沃的壤土或沙质壤土为佳，排水需良好。栽培地日照要充足，日照不足茎叶易徒长，无法密植矮化，叶色不良。追肥可用有机肥料或氮、磷、钾肥，每月施用 1 次。枝条伸长或不够密集，应作适当修剪，促使其萌发新叶。成株后耐旱性增强，应减少水分，抑制长高，老化的植株要更新栽培。

6. 红叶甜菜

◆**别称**：红叶莙荙菜、红莙菜、紫菠菜。

◆**科属**：藜科，甜菜属。

◆**生长地**：原产南欧，我国长江流域广泛栽培。

◆**形态特征**：红叶甜菜为二年生草本，主根直立，叶丛生于根颈，叶片呈暗紫红色，长菱形，全缘，肥厚，有光泽，暗紫红色，花小，绿色。花、果期 5～7 月。胞果，种子细小。观叶期 11 月至翌年 2 月。

◆**生活习性**：喜光，好肥，耐寒力较强，也耐阴。适宜温暖、凉爽的气候。植株一般在 -10℃ 以下不受冻害，亦不怕霜。对土壤要求不严，适应性强，在排水良好的沙壤土中生长较佳，也能在阴处生长。红叶甜菜紫红色，叶片整齐美观，在园林绿化中可作露地花卉，布置花坛，也可盆栽作室内摆设。

◆**繁育管理**：采用播种繁殖。一般于 9 月初进行，将种子撒播于露地苗床中，播后覆土，在 15 ~ 20℃条件下，8 天左右出齐苗，出苗整齐迅速。当幼苗长出 3 片真叶时需移栽 1 次，花坛定植株行距为 30 ~ 40 厘米，施稀释的人粪尿 10 倍液 2 ~ 3 次。定植后要及时灌透水，1 个月后，每隔 2 周追施一次复合肥。通常于入冬前，可直接移入花坛中或绿地中定植。以后只要适当中耕除草、施肥、浇水等一般管理即可。留种植株可于 4 月中旬种子成熟时拔下，将种子打晒干净，晾干储存备用。

7. 三色苋

◆**别称**：老来少、雁来红、雁来黄。

◆**科属**：苋科，蓬子菜属。

◆**生长地**：原产热带美洲，我国各地有栽培。

◆**形态特征**：三色苋为一年生草本植物，株高 80 ~ 150 厘米。茎常分枝。叶卵状椭圆形至披针形，长 4 ~ 10 厘米，宽 2 ~ 7 厘米，除绿色外，常呈红色、紫色、黄色或紫绿杂色。先端尖，基部狭，表面光滑或疏具微毛，幼时表面光亮而清秀。花腋生或顶生，3 ~ 5 朵集生成穗状花序下垂，苞片及小苞片大小不等。退化雄蕊全缘。胞果矩圆形，盖裂，褐色，细小。

◆**生活习性**：三色苋喜阳光，好湿润及通风环境，耐旱，耐碱。不耐寒，生长中遇 - 1℃的低温就受害，-2 ~ -3℃就死亡，故在北方不能露地越冬。在日照充足的地方生长良好；要求多腐殖质的微酸性至中性土壤，疏松肥沃的黏质壤土最为适宜。生长适宜温度为气温 20 ~ 25℃，土温 18 ~ 20℃，温度低于 10℃或高于 35℃均生长不良。三色苋为观叶植物，宜作花坛、花境材料。

◆**繁育管理**：三色苋的繁殖以播种为主，扦插也可成活。播种，可于春季 5 月播于露地苗床，约 1 周出苗，发芽迅速整齐。经间苗后，可移植 1 次。在株高 10 厘米时，可定植于园地。如果苗床的苗不太密集，也可不经移植直接种于园地。栽培时应立支柱，以防倒伏。

8. 水竹

◆**别称**：伞草、风车草。

◆**科属**：禾本科，刚竹属。

◆**生长地**：原产西印度群岛，现各地广泛栽培。

◆**形态特征**：水竹为多年生常绿草本，株高 60 ~ 120 厘米。具块状地下茎，茎秆丛生，三棱形，直立无分枝，叶退化为鞘状，棕色，包裹茎秆基部，总苞叶伞状着生秆顶，带状披针形，穗状花序着生于茎顶，花淡紫色，花期 6 ~ 7 月，花小，无花被，果熟期 9 ~ 10 月。变种花叶伞草，叶和茎上具白色条纹。

◆**生活习性**：水竹性喜温暖、潮湿及通风透光良好的环境，不耐寒，耐阴性极强，忌暴晒，对土壤要求不严，喜腐殖质黏性湿润土。生长适温 15 ~ 20℃，冬季适温 7 ~ 12℃。水竹姿态优美，叶形奇特，是较好的观叶花卉，适合室内栽培。除一般盆栽外，还可制作盆景，也是插花的常用配材。温暖地区可丛植于水池中、溪岸边，极富自然情趣。

◆**繁育管理**：水竹可分株、扦插或播种繁殖，分株和播种于春季进行，扦插四季均可，多以分株、扦插繁殖最为简易。播种，在 3 ~ 4 月，室温 20℃时，容易萌发成苗。将种子轻轻撒入浅盆，压平、覆土，浸水后盖上玻璃，10天后相继发芽。苗高5厘米左右可移入小盆。分株繁殖，宜在3~4月换盆时进行，将大丛根群纵切分成数丛，分别上盆栽种。扦插繁殖，在4~5月剪取健壮顶生茎，留茎3厘米，对伞状叶略加修剪，并将轮生的叶短剪一半，以减少水分蒸发，然后扦插于沙或蛭石，使叶片贴在基质上，叶上略盖一层沙，浇透水，以后保持基质湿润，插后约10天开始生根，再移栽上盆。用水插也容易成活。刚上盆的植株要予以遮阴。生长期每2周施1次腐熟的饼肥水澄清液加水50倍配制的稀释饼肥水，并经常保持盆土潮湿，盆土水分不足叶易变黄枯萎。夏季避免强光直晒。要经常修剪枯枝败叶，冬季应移入不低于5℃的室内越冬。

◆**病虫害防治**：常发生叶枯病和红蜘蛛危害。叶枯病可用50%托布津1000倍液喷洒，红蜘蛛用40%乐果乳油1500倍液喷洒。

9. 鹿角蕨

◆**别称**：麋角蕨、蝙蝠蕨、鹿角羊齿。

◆**科属**：水龙骨科，鹿角蕨属。

◆**生长地**：原产澳大利亚东部波利尼西亚等热带地区。

◆**形态特征**：鹿角蕨为多年生常绿附生性草本植物，具肉质根状茎，短而横卧，密被鳞片；鳞片淡棕色或灰白色，中间深褐色，坚硬，线形。叶2型，不育叶扁平圆盾形，边缘波状，重叠着生，新叶绿白色；生育叶丛生，叶片三角状，先端宽而有分叉，形如鹿角，叶面密生短柔毛，灰绿色，孢子囊群散生于叉裂顶端，孢子绿色。孢子成熟期为夏季。

◆**生活习性**：鹿角蕨性喜高温、多湿和半阴的环境，耐旱、不耐寒。适宜疏松及通气性能极好的腐叶土。怕强光直射，以散射光为好，冬季温度不低于 5℃。具世代交替现象，孢子体和配子体均行独立生活。鹿角蕨叶片形大而美丽，姿态奇特，别致逗人，周年绿色，常盆栽或吊挂栽植观赏，是室内观叶植物中珍贵稀有的精品。

◆**繁育管理**：鹿角蕨以分株繁殖为主，5 月老植株进行分株，事先准备好栽培容器，孔隙处覆以棕榈皮，然后填入栽培基质，从母株上选择健壮的鹿角蕨子株，用利刀沿盾状的营养叶底部轻轻切开，带上吸根栽入容器中，基质表面盖上苔藓，经遮阳、喷水保湿，约 1 个月即可成活。分株后由于根系受到很大的损伤，吸水能力极弱，需要 3 ~ 4 周才能萌发新根。刚分株的个体生长适温是 15 ~ 25℃，保持较高湿度，夏季浇水要勤，每月追施加 20 倍水的人粪尿肥，越冬温度 10℃以上。

◆**病虫害防治**：易受红蜘蛛、蚜虫、蓟马和介壳虫为害，可用肥皂水防治。

10. 孔雀竹芋

◆**别称**：蓝花蕉、五色葛郁金。

◆**科属**：竹芋科，肖竹芋属。

◆**生长地**：原产于热带美洲及印度洋的岛域中。

◆**形态特征**：孔雀竹芋为多年生观叶草本，株高 30 ~ 40 厘米，具根茎，叶片卵形，长 20 ~ 30 厘米，宽约 10 厘米，叶从根部长出，植株呈丛状，叶面斑纹极美，似孔雀羽毛。淡黄绿色半透明的叶面上，中肋两侧镶橄榄绿色、卵形、大小互生的斑块。羽状细侧脉也呈橄榄绿色。叶背的饰斑则呈紫红色。小花生于穗状花序苞片内，白色。

◆**生活习性**：孔雀竹芋喜高温多湿和半阴环境，不耐寒。生长适温为 20～30℃，超过 35℃或低于 7℃对生长不利，不耐阳光直射，盛夏季节在直射阳光下易引起叶片灼伤，应在半阴条件下养护，空气温度越高越利于叶片展开。栽培土壤需疏松、肥沃、排水良好。孔雀竹芋性耐阴，叶形、叶色美丽，适合盆栽或庭园荫蔽地美化，为室内高级观叶植物。此外，孔雀竹芋还是很好的净化室内空气的植物。

◆**繁育管理**：孔雀竹芋主要用分株繁殖法。春季 4～5 月结合换盆时将过密的植株拔出，除去宿土，将健壮、整齐的幼株分开，上盆栽植后充分浇水，并放于半阴处养护。生长季节须充分浇水，保持盆土湿润，但土壤过湿易引起根部腐烂，甚至死亡。生长期每周轻施尿素澄清液加 200 倍水的液肥 1 次，冬季和盛夏停止施肥。植株不能长期放在室内或过阴处，否则植株变得柔弱，叶片失去特有光彩。秋冬季应当接受阳光照射，冬季保持干燥，过湿则基部叶片易变黄起焦，影响植株形态。

◆**病虫害防治**：孔雀竹芋病虫害较少，但如果通风不良、空气干燥，也会发生介壳虫为害，应用吡虫啉系列药物进行喷洒防治。叶斑病可用 50% 多菌灵 600～800 倍液，或 75% 百菌清 600～800 倍液，每隔 7～10 天 1 次。各种药要交替作用，可以防止病菌产生抗药性。

11. 吊兰

◆**别称**：垂盆吊兰、土洋参、八叶兰、葡萄兰、垂盆草、桂兰、

浙鹤兰、钩兰。

◆**科属**：百合科，吊兰属。

◆**生长地**：原产非洲南部，各地广泛栽培。

◆**形态特征**：吊兰为多年生常绿草本植物。根茎短、肉质稍肥厚，圆柱形丛生，多汁而肥厚。叶基生，条形至条状披针形，细长，基部抱茎，鲜绿色，长约 30 厘米，全缘或稍波状，叶腋中抽出匍匐枝，弯垂，并发出带气生根的新植株。总状花序，花白色，蒴果扁球形。常见的栽培变种有金边吊兰（叶缘金黄色）、银心吊兰（叶片沿主脉具白色宽纹）等。

◆**生活习性**：吊兰喜温暖、湿润、半阴的生长环境，怕强光和干旱，喜肥，怕积水。生长适温为 15 ~ 25℃，越冬温度为 5℃。它适应性强，较耐旱，但不耐寒，对土壤要求不苛刻，一般在排水良好、疏松肥沃的沙质土壤中生长较佳。对光线的要求不严，一般适宜在中等光线条件下生长，亦耐弱光。吊兰周年翠绿宜人，属于传统的居室垂挂植物之一，常盆栽陈设于室内观赏。吊兰具有很强的吸甲醛能力，可以用作室内净化空气之用。吊兰全草可入药。

◆**繁育管理**：吊兰繁殖十分简单，主要采用分株繁殖。春季结合换盆，将母株分成 2 至数丛，栽入盆中，或从匍匐枝上剪取新子株直接上盆。此法不受季节限制，随时可进行，极易成活。盆栽培养土常用腐叶土或泥炭土、园土加河沙等量混合并加入占盆土总量 5% 的饼肥、0.5% 的骨粉或 0.5% 的过磷酸钙作为基质。生长期间需供应充足的水分，并施用经充分腐熟的饼肥和人畜粪尿 20 倍液，通过喷水保持较高空气湿度。夏季注意遮阴，忌强烈阳光直射或光照不足，以免叶片枯死。防止盆内积水，以免烂根。

冬季室温应在 5℃ 以上，盆土稍干为宜。吊兰根系相当发达，一般 2 ～ 3 年应换一次盆，或见根长满盆时就换较大一些的盆，剪去部分老根，换上新的培养土，以免根系堆积，造成吊兰黄叶、枯萎等现象。吊兰对光照十分敏感，虽属半阴性花卉，但每天具有散射光照射时，叶片才能正常生长。若长期得不到光照，叶片就会变黄，叶色浅淡。所以冬季应放在室内有光照的地方。夏季则应置于阴凉处，忌强光直射。光线过强，叶片也会暗淡发白，影响美观，甚至枯萎死亡。

12. 蚌兰

◆**别称**：红蚌兰叶、红面将军、紫背万年青、紫葺、紫兰、蚌花叶、血见愁。

◆**科属**：鸭跖草科，紫背万年青属。

◆**生长地**：原产印度、墨西哥，现我国广东、广西、福建等地均有栽培。

◆**形态特征**：蚌兰为多年生草本植物，株高 20 ～ 30 厘米，茎粗壮，稍肉质，不分枝。叶簇生于短茎，剑形，长 15 ～ 30 厘米，宽 2.5 ～ 6 厘米，先端渐尖，基部鞘状，硬挺质脆，叶面绿色，叶背紫色。成株叶腋常着生白色小花，苞片如蚌，大而压扁，淡紫色，因此得名。斑叶品种叶面有金黄色、紫色纵纹。花期 8 ～ 10 月。另有栽培种称为 "小蚌兰"，植株较小，叶小而密生，叶背淡紫红色，最大特点为叶簇密集，洁净整齐，不易开花，生性强健，耐旱性强，在强光下栽培，叶色转为紫红晕彩，优雅悦目。

◆**生活习性**：蚌兰喜温暖、湿润气候。对光线适应性强，在强光或荫蔽处均能生长，可作室内植物观赏。蚌兰适于盆栽或庭园美

化。蚌兰清热、止血、去瘀，药用价值高。

◆**繁育管理**：蚌兰可用播种、扦插或分株法繁殖，以分株法繁殖为主，春至秋季为繁殖适期。成株能萌发幼株，待幼株长成之后分离另植即成。若分离的幼株未带根群，可将其扦插于河沙或培养土，保持湿润，经 3 ~ 4 周能发根。扦插在 3 ~ 10 月均可，剪取顶端嫩枝，去除基部叶片，插穗长 7 ~ 10 厘米，插后 2 周生根。分株繁殖可结合春季换盘进行，从母株旁切下带根茎节的苗直接栽植。栽培土质要求不高，但以肥沃的腐殖质壤土为最佳。全日照、半日照均理想。用有机肥料如经过发酵的饼肥 200 倍液或氮、磷、钾肥按 4 ∶ 3 ∶ 3 的比例配制成 200 倍液，7 月少量施用 1 次。栽植多年后过度拥挤或老化，应强制分株栽培。性喜高温多湿，生长适温 20 ~ 30℃，浇水要做到不干不浇。夏季天气干燥时，向植株喷水增大湿度，则更有生机。冬季要减少灌水，寒流侵袭低于10℃时要预防寒害。

13. 沿阶草

◆**别称**：绣墩草、麦冬。

◆**科属**：百合科，沿阶草属。

◆**生长地**：原产我国和日本。

◆**形态特征**：沿阶草为多年生常绿草本植物。根状茎短粗，具细长匍匐茎，须根端或中部膨大成纺锤形肉质块根。地下茎长，直径 1 ~ 2 毫米，节上具膜质的鞘。茎很短。叶基生成密丛，叶片线形，禾叶状，先端渐尖，边缘具细锯齿。总状花序较短，花莛有棱，低于叶丛稍下垂，苞片条形或披针形，少数呈针形，稍带黄色，半透明，花白色或淡紫色。浆果球形，成熟时蓝色而有晶光。种子近球形或椭圆形，直径 5 ~ 6 毫米。花期 6～8 月,果期 8～10 月。

◆**生活习性**:沿阶草喜半阴、湿润而通风良好的环境,抗逆性强,耐寒、耐晒。对土壤要求不很严格,喜湿润而稍肥沃疏松的土壤。沿阶草植株低矮,花莛直挺,花色淡雅,清香宜人,叶丛终年常绿,为良好的地被观叶植物,宜作花坛、花径的镶边材料或盆栽观赏。沿阶草全株可入药,经济价值高。

◆**繁育管理**:沿阶草多用分株繁殖法,一年四季均可,多在春季 3～4 月分栽,每株 7～10 芽,栽后浇水。采用种子繁殖时,春季播种,盆播,保持湿润,10 天左右即可出土。盆栽或地栽全年都可进行,宜栽植于通风良好的半阴环境,经常保持土壤湿润,生长期间追施 2～3 次稀释 20 倍的人畜粪尿液。

◆**病虫害防治**:沿阶草易生叶枯病,春季植株萌芽时用 75% 百菌清可湿性颗粒 1000 倍液喷施进行预防,每隔 7 天喷 1 次,连续喷 3～4 次,可有效防止该病发生。发病期禁止喷灌,及时排除积水,同时用 50% 多菌灵可湿性粉剂 500 倍液或 75% 甲基托布津可湿性粉剂 1000 倍液喷雾,连喷 3～4 次,每次间隔 10 天,雨后要注意补喷。

14. 锦蔓长春

◆**别称**:花叶蔓长春花、金钱豹、花叶长春蔓、爬藤黄杨。

◆**科属**:夹竹桃科,蔓长春花属。

◆**生长地**:原产地中海沿岸、印度、热带美洲。

◆**形态特征**:锦蔓长春为常绿蔓性亚灌木,丛生。茎枝纤细,伸长呈蔓性,偃卧或平卧,长可达 1 米以上,叶对生,卵形或椭圆形,

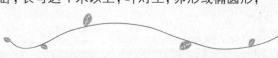

全缘，先端急尖，绿色，有光泽，叶缘有乳白或乳黄色镶嵌，叶色素雅美观，花单生于开花枝叶腋内，蓝色，花冠高脚碟状。4～5月开花。

◆**生活习性**：锦蔓长春适应性强，生长迅速。对光照要求不严，尤以半阴环境生长最佳。锦蔓长春适合盆栽或作吊盆，可当室内植物欣赏。

◆**繁育管理**：锦蔓长春可用分株、扦插、压条繁殖。繁殖适期在春季 4 月上旬或秋季 9 月上旬。春至夏季为扦插适期。剪枝条每段 10～15 厘米，插于沙床或细木屑中，保持湿润，经 2～3 周能发根。分株可在每年春季进行，将茎叶连匍匐茎节一起挖取分栽。栽培以腐叶土为佳。排水需良好，日照 60%～80%。光照不足易徒长，叶色不良。施肥可选用尿素澄清液，配制成 0.5% 溶液叶面喷雾，每月 1 次。每年早春应强剪 1 次，促使茎叶新生。

15. 彩叶草

◆**别称**：紫锦苏、五彩苏、五色草、彩叶苏、洋紫苏。

◆**科属**：唇形科，鞘蕊花属。

◆**生长地**：原产热带、亚热带地区。

◆**形态特征**：彩叶草为多年生草本植物，老株可长成亚灌木状，但株形难看，观赏价值低，故多作一二年生栽培。株高可达 30 厘米。少分枝，茎有棱角，密被细毛，基部木质化。叶对生，卵形，长约 15 厘米，有锯齿，叶色丰富，有浓淡不一的黄色、红色、橙色、绿色、棕色、或多种色混杂，为优美的观叶植物。顶生总状花序，花小，白色或带浅蓝色。花期夏、秋季。小坚果平滑有光泽。

◆**生活习性**：彩叶草喜高温高湿，耐暑热，不耐寒冷。生长适温 15 ~ 30℃，气温在 15℃以下，生长停滞。喜光，但强烈日照可抑制生长，耐半阴地，但不耐荫蔽，不宜长期置室内。喜肥沃湿润土，稍耐水湿，忌干旱。盆栽宜用壤土或腐殖土，少施氮肥，以防叶片肥嫩，颜色变淡。旱季应不时喷雾，防止因旱脱叶。除留种外，花序抽出时即行摘除，可防止植株老化。彩叶草叶色绚丽多彩，宜盆栽，如作花坛宜选择宽叶、单色叶品种。

◆**繁育管理**：彩叶草用种子或扦插材料繁殖。当气温达 20℃左右时，即可播种。用充分腐熟的腐殖土与素沙土各半掺匀装入苗盆，将盛有细沙土的育苗盆放于水中浸透，然后按照小粒种子的播种方法下种，微覆薄土，以玻璃板或塑料薄膜覆盖，保持盆土湿润，给水和管护。发芽适温 25 ~ 30℃，10 天左右发芽。出苗后间苗 1 ~ 2 次，播种的小苗，叶面色彩各异，此时可择优汰劣。苗期注意喷雾保湿，每周施浓度为 0.6% 的薄氮肥水 1 ~ 2 次，1 个月左右即可移植至盆内或移入容器内培育供露地栽植。扦插一年四季均可进行，极易成活，夏季生长旺盛期进行更好，也可结合植株摘心和修剪进行嫩枝扦插，剪取生长充实饱满枝条，截取 10 厘米左右，带叶插入干净消毒的河沙中，入土部分必须常有叶节生根，扦插后疏荫养护，经常喷雾保持盆土湿润。温度较高时，生根较快，期间切忌盆土过湿，以免烂根，约 1 周发根。1 个月左右可出床定植于花盆或容器内。幼苗定植后需摘心 1 ~ 3 次，以控制高度，使枝叶茂密美观。留种植株夏季不能放在室外，以免烈日暴雨损伤。

16. 地肤

◆**别称**：地麦、落帚、孔雀松、绿帚、观音菜、扫帚苗、扫帚菜。

◆**科属**：藜科，地肤属。

◆**生长地**：原产亚、欧两洲。

◆**形态特征**：地肤为一年生草本
植物，高 50 ~ 100 厘米。根略呈纺
锤形。分枝多而紧密。茎直立，圆
柱状，淡绿色或带紫红色，有多数
条棱，稍有短柔毛或下部几无毛；

分枝稀疏，斜上。叶互生，线状披针形，密生，秋季变红色。穗
状花序，开红褐色小花，花极小，无观赏价值，胞果扁球形，内
含种子 1 枚。花期 6 ~ 9 月，果期 7 ~ 10 月。

◆**生活习性**：地肤喜阳光充足的环境，能耐阴，喜温暖，不耐
寒，极耐炎热，耐盐碱，耐干旱，耐瘠薄。对土壤要求不严。其自
播习性强。地肤用途广泛，可作花坛边缘及树坛边饰，亦常盆栽观
赏。果实扁球形，可入药，叫地肤子。嫩茎叶可以吃，老株可用来
作扫帚，通称扫帚菜。

◆**繁育管理**：地肤多用种子繁殖，秋季果实成熟时采收植株，
晒干，打下果实。宜直播，于 4 月初播种于露地苗床，发芽迅速、
整齐。经间苗后移植一次，于 6 月初定植园地或上盆，定植株距为
50 厘米。地肤生长容易，对肥水要求不严格，养管粗放。

17. 西瓜皮椒草

◆**别称**：豆瓣绿椒草、无茎豆瓣绿。

◆**科属**：胡椒科，草胡椒属。

◆**生长地**：原产美洲和亚热带地区。

◆**形态特征**：西瓜皮椒草为多年
生常绿草本植物。茎短，丛生，叶柄
红褐色。叶卵圆形，尾端尖，长约 6

厘米，叶脉由中央向四周辐射，主脉8条，浓绿色．脉间为银灰色，状似西瓜皮，故而得名。穗状花序，花小，白色。

◆**生活习性**：西瓜皮椒草喜温暖、多湿及半阴环境。喜疏松、排水透气良好的土壤，耐寒性稍弱，冬季温度应保持在8℃以上。生长适温20～25℃，超过30℃和低于15℃则生长缓慢。西瓜皮椒草株形矮小，生长繁茂，宜作盆栽摆设或吊挂欣赏。

◆**繁育管理**：西瓜皮椒草常用叶插和分株法繁殖。叶插于春夏季选取生长成熟、健壮充实的叶片，将叶柄斜插于沙床中，叶柄与苗床的角度为35°～45°，基质用洗净的河沙配上20%～30%的蛭石。保持湿润，置于半阴处，气温25～28℃条件下，约1个月可发根出苗。也可将叶片纵切成2片直接插入苗床。分株是当植株长满盆时，将植株倒出分成数盆栽植，可结合换盆时进行。夏秋高温干旱季节应注意经常给叶面喷雾，以保持叶面湿润。浇水过多，茎叶易腐烂。宜施用三要素等量的肥料，氮肥过多易造成斑纹不显著而影响观赏价值。

◆**病虫害防治**：西瓜皮椒草病虫害较少，以叶斑病常见，可喷施多菌灵、敌力脱等防治。其虫害主要有红蜘蛛、介壳虫，三氯杀螨醇、尼索朗可杀红蜘蛛；杀扑磷、毒死蜱可杀介壳虫。根颈腐烂病和栓痂病可喷波尔多液控制病害蔓延。应注意栽培场所、盆罐和用土的消毒。

18.吊竹梅

◆**别称**：红莲、花叶竹荚菜、紫鸭跖草、吊竹兰。

◆**科属**：鸭跖草科，吊竹梅属。

◆**生长地**：原产于中南美洲热带的墨西哥，传播到日本后，1909 年从日本引种到中国。

◆**形态特征**：吊竹梅为多年生匍匐性常绿草本。全株深紫红色。茎分枝，节处生根，茎细长稍柔弱，绿色，下垂，半肉质。叶、茎稍肉质，叶互生，长椭圆形至披针形，先端尖，基部鞘状，全缘，叶面银白色，其中部及边缘为紫色，叶背紫色。花小，数朵聚生于 2 片紫红色的叶状苞内，紫红色。果为蒴果。因其枝叶常匍匐下垂，叶形似竹叶，故名吊竹梅。花常年开放。

◆**生活习性**：吊竹梅喜温暖、湿润气候，不耐寒冷，越冬温度约 10℃。喜在阳光较为充足的地方栽培，但忌强光，夏天宜置于阴棚下，耐阴，但过阴吊竹梅处茎叶徒长，叶色变淡，观赏价值降低。对土壤要求不严，在肥沃而疏松的腐殖土生长较好，较耐瘠薄，不耐旱。吊竹梅有一定程度的耐阴性，园艺品种有四色吊竹梅，是极好的室内观赏植物，并可置于高处或吊盆栽植增加立体色彩。

◆**繁育管理**：吊竹梅可用扦插或分株繁殖。由于吊竹梅茎呈匍匐性，节处生根，分离后另行栽植即可生长成新的植株。因扦插极易成活，故以扦插繁殖为主。扦插结合摘心，全年随时都可进行，极易生根。吊竹梅适应性强，栽培容易，但叶子经强烈日光照射会灼焦，所以夏季应放在背阴处，避免阳光直射，或放置室内较明亮、有散射光的地方。生长期间应充分灌水，保持见干见湿，适当追肥，夏天应置于阴棚下，但不能过阴。可吊盆栽培，经常摘心，使茎叶密集下垂，形成丰满的株形。冬季在温室中培养，适当控水，不使落叶或徒长。吊竹梅生长健壮，繁育管理也比较粗放，很少发生病虫害。

19. 吉祥草

◆**别称**：观音草、松寿兰、小叶万年青、瑞草、竹根七。

◆**科属**：百合科，吉祥草属。

◆**生长地**：原产我国西南地区。

◆**形态特征**：吉祥草为多年生常绿草本植物，株高10～35厘米，具匍匐根状茎，节处生根。叶簇生根茎端，深绿色，广线形至带状披针形，先端渐尖，边缘具细齿。花莛自叶丛基部抽生，短于叶丛，顶生穗状花序，紫红色，具芳香，无梗，花期9～10月。浆果球形，红色，果熟期9～12月。

◆**生活习性**：吉祥草性喜阴凉、湿润的环境，较耐寒耐阴，怕涝。适应性强，不择土质，以富含腐殖质、排水良好的沙质壤土最宜。吉祥草在园林绿地中常植于水边、林下作地被植物，或丛植于路旁、台阶边、假山等处，也常用作盆栽观赏。全株具药用价值。

◆**繁育管理**：吉祥草以分株法繁殖为主，春、秋季皆可进行，一般3～4年分株1次，栽培极易成活。夏季每半月可施0.5%的尿素澄清液肥1次，每天浇水1次，置阴棚下养护。春秋季隔1天浇1次水，每月施用稀释20倍的人粪尿肥1次，冬季停止施肥，每年或隔年换盆加土1次。

20. 肾蕨

◆**别称**：圆羊齿、蜈蚣草、排草、石黄皮。

◆**科属**：肾蕨科，肾蕨属。

◆**生长地**：原产热带、亚热带地区，分布于我国湖南、贵州、福建、云南、广东等地。

◆**形态特征**：肾蕨为多年生附生或地生常绿草本植物，株高
30 ~ 60 厘米，外被棕黄色茸毛。根茎直立，具细长匍匐茎，匍匐
茎短枝上长出圆形块茎或小苗。一回羽状叶簇生，长披针形，叶片
长 30 ~ 50 厘米，羽片 40 ~ 80 对，两端渐窄，两排小羽片依主脉"一"
字形紧密相连，形似百足蜈蚣，也似梳头的篦子而得名。初生的小
复叶呈抱拳状，成熟的叶片革质光滑。孢子囊群生于小叶片背面小
脉顶端，囊群肾形。

◆**生活习性**：肾蕨地生或附生在溪边林下或阴湿的石缝树干上，
喜温暖、湿润及半阴环境，忌强光直射，不耐旱，不耐寒。喜富含
腐殖质、排水良好的肥沃土壤。肾蕨的叶片青翠、光润、修长，悬
挑，秀丽清雅，非常美观，是理想的室内绿化装饰盆栽花卉，也可
作为切花或插花的陪衬材料。

◆**繁育管理**：肾蕨主要采用分株或孢子繁殖。分株通常于春季
新叶尚未萌发前结合换盆进行，将母株分割成小丛上盆栽种即可，
也可于夏季直接切取匍匐茎顶端萌生的幼株培养。孢子繁殖是将
成熟孢子撒入腐叶土表面，喷雾保湿，2 个月后长出孢子体。孢子
成熟后，孢子落在温室湿润、阴凉的土地上，也能自行萌发，可
挖起栽植，待长出 3 ~ 4 片叶时，可上盆栽植。也可通过组织培
养繁殖。栽培土壤常用腐叶土、园土各半加少量河沙及占盆土 5%
的饼肥、5% 的过磷酸钙混合配制。生长期间要经常保持盆土湿
润，但不能积水，每 1 ~ 2 周施用稀释人畜尿 15 倍液 1 次，创造
明亮的散射光条件，但不能强光直射，适宜温度 20 ~ 25℃，冬
季温度要在 10℃以上，保证安全越冬。因肾蕨性喜阴湿，无论冬
夏都应放置在荫蔽处，冬季放室内东西向处或北面窗台都可。夏
季则应放在室外阴棚或凉台上，要保持周围环境空气有较高的湿
度。如阳光直射，轻者叶片绿色变淡，无光泽，影响美观，严重者，

叶子枯黄脱落。在盆栽 3 ~ 4 年后换盆，根系充满盆后，根系逐渐衰老，吸收能力减弱，也易引起叶子枯黄脱落：这时应把植株从盆中扣出，切去外部的部分老根，促使其生长新根，就能重新复壮。

◆**病虫害防治**：肾蕨易生生理性叶枯病，注意盆土不宜太湿，还有植株容易遭受蚜虫和红蜘蛛危害，可用肥皂水喷洒防治。

21. 铁线蕨

◆**别称**：铁丝草、美人粉、铁线草。

◆**科属**：铁线蕨科，铁线草属。

◆**生长地**：原产于暖温带、亚热带和热带地区，我国长江流域以南各省市，北到甘肃、陕西、河北都有野生，现各地温室有栽培。

◆**形态特征**：铁线蕨为多年生细弱常绿草本植物，植株丛生，植株高 15 ~ 40 厘米。根状茎横走，密生棕色鳞片，根黑褐色，坚硬，纤细如毛，常多密集成块状。叶茎生，质薄，叶柄紫黑色细而坚硬如铁线，叶片卵状三角形，二至四回羽状复叶，细裂，裂片斜扇形，深绿色，叶脉扇状分叉，叶柄长达 30 厘米以上，故名铁线蕨。孢子囊群生于叶背外缘，常为肾形。

◆**生活习性**：铁线蕨多生于热带雨林及阴湿山地的岩石上，喜温暖、湿润和半阴环境，为钙质土指示植物，多生于阴湿斜坡上和岩壁上。不耐寒，怕强光直射，生长适温为 13 ~ 18℃。冬季气温不低于 10℃叶片才能保持鲜绿。喜疏松、肥沃、含石灰质的沙壤土。铁线蕨茎、叶秀丽多姿，适宜在园林中布置于假山隙缝、背阴屋角，也可在家庭阳台种植，或盆栽摆设案头、窗台、门厅、走廊，还可作切花材料。

◆**繁育管理**：铁线蕨以分株法繁殖为主，宜于春季未发芽前结合换盆进行，将株丛由盆中磕出，切断根状茎，分别栽植即可。此外，铁线蕨是孢子繁殖的蕨类植物，在阴湿的环境中易散发孢子自行繁殖，常见盆土中或盆架下有自行繁殖的幼株，待其长到一定的大小后，即可掘出上盆。盆土可用等量园土、腐叶土和素沙配制。夏季应在阴棚下养护，生长期要充分浇水和保持较高的空气湿度，每15～20天追施 1 次稀释 20 倍的人畜粪尿肥。常植于微碱性土壤中，可在室内长时间栽培。冬季室温要在 10℃以上，铁线蕨才能安全过冬，浇水不宜太多，保持土壤湿润即可，还要往叶面及周围地面喷水，提高空气湿度，降低温度。生长的适宜温度为 18～25 ℃，夏季光照强，湿度高，要放置在荫蔽的环境中，防止阳光直射，以免灼伤叶片，并要有较高的空气湿度和土壤湿度。

22. 一叶兰

◆**别称**：蜘蛛抱蛋、箬叶、大叶万年青、竹叶盘、九龙盘、竹节伸筋。

◆**科属**：百合科，蜘蛛抱蛋属。

◆**生长地**：原产中国南方各省区，现中国各地均有栽培，利用较为广泛。

◆**形态特征**：一叶兰为多年生常绿草本植物。根状茎短而粗，直径 5～10 毫米，具节和鳞片。叶自根状茎上丛生而出，叶片长椭圆形，一叶一柄，叶柄健壮，坚硬，挺直，中央有槽沟，先端渐尖，基部楔形，边缘多少皱波状，两面绿色，有时稍具黄白色斑点或条纹。春季开花，花葶自根茎生出，单朵生。果实似蜘蛛卵，故又习称蜘蛛抱蛋。其他变种：斑叶蜘蛛抱蛋（绿色叶面上有乳白色或浅黄色斑点）、金纹蜘蛛抱蛋（绿色叶面上有淡黄色纵向线条纹）。

◆**生活习性**：一叶兰喜温暖潮湿、半阴、通风良好的环境，较耐寒，极耐阴，夏天忌强烈日光直射。生长适温为 10 ~ 25℃，越冬温度为 0 ~ 3℃。适宜在疏松、肥沃的微酸性沙质壤土上生长。一叶兰是室内绿化装饰的优良喜阴观叶植物，又是现代插花极佳的配叶材料。其根状茎可入药。

◆**繁育管理**：一叶兰主要采用分株繁殖，于春季新芽萌发前结合换盆进行，将地下根茎连同叶片分切为带 3 ~ 5 片叶的数丛，分别上盆栽种，置于半阴环境下养护。一叶兰对土壤要求不严，耐瘠薄，但以疏松、肥沃的微酸性沙质壤土较好。盆栽培养土可用腐叶土、泥炭土、园土等量混合配制。生长季要充分浇水，保持盆土湿润，每月施 1 ~ 2 次加 20 倍水的人畜粪尿液肥，保证叶片清秀明亮，防止阳光暴晒，以免灼伤叶片，冬季需放入室内养护，仍以半阴为好，2 ~ 3 年于春季换盆 1 次。

◆**病虫害防治**：发生叶枯病和根腐病可用 50% 多菌灵 1000 倍液防治，灰霉病可喷施 65% 甲霉灵可湿性粉剂 1000 倍液或 50% 扑海因可湿性粉剂 1000 倍液。

23. 鸟巢蕨

◆**别称**：山苏花、巢蕨、王冠蕨。

◆**科属**：铁角蕨科，巢蕨属。

◆**生长地**：原产热带、亚热带地区。

◆**形态特征**：鸟巢蕨为多年生常绿附生或陆生草本植物。株形呈漏斗状或鸟巢状，株高 0.6 ~ 1.2 米。根状茎短而直立，木质，深棕色，先端密被鳞片，鳞片阔披针形，先端渐尖，全缘，薄膜质，深棕色，稍有光泽。叶簇生，辐射状排列于根状茎顶部，叶片阔披针形，亮绿色，有光泽。孢子囊群狭条形，生于叶背面侧脉上侧，囊群盖线形，浅棕色或灰棕色，厚膜质，全缘，宿存。

◆**生活习性**：鸟巢蕨喜高温高湿及半阴环境，不耐寒，生长适宜温度 15 ~ 25℃，冬天温度不应低于 5 ℃，空气湿度宜在 80% 以上。喜疏松、肥沃、排水良好的土壤。鸟巢蕨常盆栽作吊盆观赏或陈设于厅堂、庭院装饰。

◆**繁育管理**：鸟巢蕨可用分株繁殖和孢子播种。植株生长较大时，往往会出现小型分枝，可在春末夏初新芽生出前用利刀慢慢地把需要分出的植株部切离，再分别栽植即可。鸟巢蕨产生的分枝较少，少用分离子株的办法分株，通常将生长健壮的植株在春末从基部切成 2 ~ 4 块，并将叶片剪短 1/3 ~ 1/2，使每块带有部分叶片和根茎，然后单独盆栽成为新的植株；盆栽后放在温度 20℃ 以上半阴和空气湿度较高的地方养护，以尽快使伤口愈合。盆中栽培基质稍湿润，不可太湿，否则容易腐烂。待新叶生出后可逐渐恢复原来的形状。孢子繁殖一般用于商品化批量生产中，在播种后 2 个月左右出芽。盆栽鸟巢蕨的培养土常用蕨根、树皮块、苔藓、碎砖块拌和碎木屑、椰子糠等作为基质，同时选用透气性较好的栽培容器，并在容器底部填充碎砖块等较大颗粒材料，以利通气排水。生长期间需多浇水并向叶面喷水，以保持叶面光洁，但应防止积水，以免烂根死亡，保持较高的空气湿度，创造较强的散射光条件，忌强光直射，以免叶片发黄，每月施用稀释 20 倍的人畜粪尿肥 1 ~ 2 次。

◆**病虫害防治**：发现炭疽病，可用 50% 多菌灵可湿性粉剂 500 倍液防治。

24. 广东万年青

◆ **别称**：亮丝草、竹节万年青、大叶万年青、井干草、粗肋草。

◆ **科属**：天南星科，广东万年青属。

◆ **生长地**：原产于印度、马来西亚，中国、菲律宾也有少量分布。

◆ **形态特征**：广东万年青为多年生常绿草本植物，茎直立，根茎粗短，有节，节处有须根。高 0.6 ~ 1.0 米。单叶互生，叶椭圆状卵形，先端长尖，基部浑圆，叶柄长，基部以下具阔鞘，叶基部丛生，宽倒披针形，质硬而有光泽。花梗自叶鞘内抽出，顶生肉穗花序，佛焰苞长 5 ~ 7 厘米，黄绿色，花小，单性，雌雄花同一花序，雄花在上，雌花在下，花期夏、秋季。浆果球形，鲜红色，经冬不落。花期 5 月，果 10 ~ 11 月成熟。

◆ **生活习性**：广东万年青性喜温暖、多湿和半阴环境，耐阴性强，忌强光直射。植株生长健壮，抗性强。不耐寒，冬季越冬温度不得低于 12℃。生长温度为 25 ~ 30℃，相对湿度在 70% ~ 90%。适宜疏松、肥沃、排水良好的微酸性土壤。广东万年青是良好的室内盆栽观叶植物，也可作插花配叶。我国华南地区可露地栽于水边及林下阴湿之处作地被植物。

◆ **繁育管理**：广东万年青主要采用扦插和分株法进行繁殖。扦插繁殖，通常在 4 ~ 5 月份剪取带芽的长 10 厘米左右的茎段为插穗，沙插或水插，遮阴，保湿，在气温 18℃的条件下约半个月生根。一般春季 2 ~ 3 月间换盆时进行分株繁殖，对老植株进行分株，对根部切口要涂以草木灰或土霉素片粉末，以防腐烂。小苗装盆时，先在盆底放入 2 厘米厚的粗粒基质或者陶粒作为滤水层，其上撒上一层充分腐熟的有机肥料作为基肥，厚度为 1 ~ 2 厘米，再盖

上一层基质，厚 1 ~ 2 厘米，然后放入植株，以把肥料与根系分开，避免烧根。初上盆时浇水要适当控制，每 20 天追施浓度为 0.7% 的氮肥液 1 次，夏季置阴棚下并向叶面洒水，适当修剪保持株形。广东万年青喜欢湿润的气候环境，要求生长环境的空气相对湿度在 60% ~ 75%。最适生长温度为 18 ~ 30℃，忌寒冷霜冻，秋冬入温室养护，越冬温度需要保持在 10℃以上，在冬季气温降到 4℃以下则进入休眠状态，如果环境温度接近 0℃时，会因冻伤而死亡。每 2 ~ 3 年进行换盆。

◆**病虫害防治**：易受红蜘蛛、介壳虫危害，可在若虫孵化期用 40% 乐果乳油 1000 倍液或 40% 氧化乐果乳油 1000 倍液喷洒，还可以喷洒 5% 亚胺硫磷乳油 1000 倍液杀除。若发生叶斑病，应及时清除病残叶片，发病初期或后期均可用 0.5% ~ 1% 波尔多液或 50% 多菌灵 1000 倍液喷洒。发生炭疽病，可用 0.3% ~ 0.5% 等量式波尔多液或 60% 代森锌 800 ~ 900 倍液，或 70% 托布津 1500 倍液喷洒。

25. 花叶万年青

◆**别称**：黛粉叶、细斑粗肋草、银斑万年青。

◆**科属**：天南星科，花叶万年青属。

◆**生长地**：原产南美巴西。中国广东、福建各热带城市普遍栽培。

◆**形态特征**：花叶万年青为多年生常绿灌木状草本植物，株高 0.6 ~ 1.5 米。茎粗壮，节间短。下部的叶柄具长鞘，中部的叶柄达中部具鞘，上部叶柄长，鞘几达顶端，有宽槽。叶片大而光亮，着生于茎干上部，椭圆状卵圆形或宽披针形，深绿色，其上镶嵌有密集、不规则的白色、乳白色、淡黄色等色彩不一的斑点、斑纹或斑块。佛焰苞长圆披针形，狭长，骤尖。肉穗花序，花单性。浆果橙黄绿色。常见的园艺栽培品种有大王黛粉叶（叶面沿侧脉有乳白色斑条或斑块）、暑白黛粉叶（浓绿色叶面中心乳黄绿色，叶缘及主脉深绿色，沿侧脉有象牙白斑）、白玉黛粉叶（叶片中心部分全为乳白色，叶缘和少数叶脉呈不规则的银色）等。

◆**生活习性**：花叶万年青喜高温、湿润及半阴环境。耐阴，怕干旱，忌强光直射，畏寒。花叶万年青在黑暗状态下可忍受14天，在15℃和90%相对湿度下贮运。生长适温为20～30℃，越冬温度不应低于10℃。要求疏松、肥沃和排水良好的土壤。花叶万年青色彩明亮，四季青翠，是高雅的室内观叶植物，适合盆栽，陈设于厅、堂观赏和居室。

◆**繁育管理**：花叶万年青以扦插繁殖为主，以7～8月高温期扦插最好，剪取茎顶端2～3节、长7～10厘米的茎干，切除部分叶片，减少水分蒸发，切口用草木灰或硫黄粉涂敷，插于沙床或用苔藓包扎切口，保持较高的空气湿度，置半阴处，1个月左右生根，待茎段上萌发新芽后移栽。也可分株繁殖。盆栽培养土常用腐叶土或泥炭土加少量河沙和基肥配制。5～9月生长旺盛期间应充分浇水，每月追施加5倍水稀释的饼肥澄清液1～2次，注意遮阴，避免阳光直射。盆栽2年以上的植株茎干较长，可适度整形修剪，剪下的茎干可用作扦插繁殖。

◆**病虫害防治**：花叶万年青易发生病害。如发生根腐病和茎腐病，除注意通风和降低湿度外，可喷洒75%百菌清800倍液防治。发生叶斑病、褐斑病、炭疽病，可喷洒50%多菌灵500倍液防治。

26. 含羞草

◆**别称**：知羞草、感应草、怕羞草、怕丑草、怕痒草、见笑草。

◆**科属**：豆科，含羞草属。

◆**生长地**：原产南美热带地区，现我国各地均有栽培。

◆**形态特征**：含羞草为多年生草本或亚灌木植物，株高 40 ～ 60 厘米，茎基部木质化，枝上散生倒刺毛和锐刺。羽片 2 ～ 4 个，掌状排列，小叶 24 ～ 48 枚，小叶矩圆形，一受触动，羽叶闭合，叶柄下垂，因此得名。头状花序矩圆形，花色粉红。花期 7 ～ 10 月，果期 5 ～ 11 月。荚果扁形。

◆**生活习性**：含羞草性喜阳光、湿润环境，不耐寒，适宜肥沃、湿润的土壤。含羞草常作盆栽观赏，也可植于园林绿地中，还具有药用价值。

◆**繁育管理**：含羞草多采用播种法繁殖。播前可用 35℃温水浸种 24h，4 月初浅盆穴播，播于露地苗床，覆土不宜过厚，以种子的 2 倍为宜，播后以浸盆法给水，盖以苇席遮阴，保持盆土湿润，在 15 ～ 20℃条件下，7 ～ 10 天便可出苗，幼苗萌动即撤去苇席，接受光照，苗高 5 厘米时上盆，或定植园内。含羞草为直根性植物，须根很少，适宜播种繁殖，而且最好采取直播的方法，以免移栽伤根；若必须移栽者，应在幼苗期移栽，否则不易成活。移植后的幼苗不宜浇大水，也不宜多施肥，苗至 15 厘米高时可追施少量加 20 倍水的人畜粪尿液肥，以后每月追 1 次充分腐熟的豆饼水。夏季 2 ～ 3 天浇水 1 次。荚果成熟期不齐，须分数次逐个采种。

◆**病虫害防治**：含羞草的主要病虫害是蚜虫，可在发病期喷施 50% 杀螟松或 10% 吡虫啉可湿性粉剂 1000 倍液。

27. 棕竹

◆**别称**：观音竹、矮棕竹、棕榈竹、
筋头竹。

◆**科属**：棕榈科，棕竹属。

◆**生长地**：原产我国和印度尼西
亚等东南亚地区。

◆**形态特征**：棕竹为多年生常绿丛生状灌木。茎直立圆柱形，
有节，高1～3米。茎纤细如手指，有叶节，不分枝，包以有
褐色网状纤维的叶鞘。叶集生于茎顶，掌状深裂近至基部。肉
穗花序腋生，花小，淡黄色，极多，单性，雌雄异株。浆果球
状倒卵形。种子球形，胚位于种脊对面近基部。花期4～5月，
果期10～12月。

◆**生活习性**：棕竹喜温暖、潮湿、半阴及通风良好的环境，忌
强烈阳光直射，不耐旱。不耐积水，极耐阴，畏烈日，稍耐寒，
可耐0℃左右低温。不耐瘠薄和盐碱，要求较高的土壤湿度和空
气温度。喜排水良好、肥沃、微酸性的沙质壤土栽植。适宜温度
10～30℃，气温高于34℃时生长停滞，越冬温度不低于5℃，但
可耐0℃左右低温，最忌寒风霜雪，在一般居室可安全越冬。棕竹
为重要的室内观叶植物，常盆栽供厅、堂及居室陈设。

◆**繁育管理**：棕竹多用分株繁殖，多于4月中、下旬新芽长出
前结合换盆进行，将萌蘖多的株丛用利刀分切为每丛3～6株的数
丛，分切时尽量少伤根，不伤芽，否则生长缓慢，观赏效果差。分
株上盆后置于半阴处，保持湿润，并经常向叶面喷水，以免叶片枯
黄。待萌发新枝后再移至向阳处养护，然后进行正常管理。若用播
种繁殖，播前将种子用30～35℃温水浸种，待种子开始萌动时播种，
播后覆土，1～2个月即可发芽，幼苗长到8～10厘米时，以4～7

株为一丛进行移栽，以利成活和生长。培养土用腐叶土和河沙等量混合配制。生长季节保持盆土湿润并经常向叶面喷水，每月施用复合肥 1 ～ 2 次，盛夏放置于通风和遮阴处，避免强光直晒，及时剪除枯枝败叶，2 ～ 3 年结合繁殖换盆。

◆**病虫害防治**：其虫害主要是介壳虫，可用氧化乐果 800 倍液或 80% 敌敌畏乳剂 1000 ～ 1500 倍液防治。通风不良，易得煤烟病，可加强通风或喷 800 ～ 1000 倍的退菌特。常见的叶斑病、叶枯病和霜霉病，可选用 70% 甲基托布津可湿性粉剂 600 ～ 800 倍液或 1% 波尔多液喷洒防治。棕竹腐芽病在发病初期，用 50% 多菌灵可湿性粉剂加 75% 百菌清可湿性粉剂 800 倍液，或 80% 代森锰锌可湿性粉剂 500 倍液，轮流喷洒心叶及全株，每 10 天 1 次，连续 3 ～ 4 次，具有很好的防治效果。

28. 水塔花

◆**别称**：红笔凤梨、火焰凤梨、红藻凤梨、比尔见亚、水槽凤梨。

◆**科属**：凤梨科，水塔花属。

◆**生长地**：原产巴西等美洲热带地区。

◆**形态特征**：水塔花为多年生常绿草本多浆植物，株高 50 ～ 60 厘米，无茎。基部莲座状，叶丛紧密排列，叶基部相互抱合，中心呈筒状，形成贮水筒，叶筒内可以盛水而不漏，状似水塔，故得名"水塔花"。叶宽条形，肥厚，先端圆钝，叶阔披针形，急尖，硬革质，鲜绿色，表面有厚角质层和吸收鳞片。叶缘上部具棕色小齿，蓝绿色，革质。穗状花序直立，花莛自叶丛中央抽出，高出叶丛，苞片粉红色，披针形，花冠朱红色，花瓣外卷，边缘带紫色，有花

10 余朵。花期 4 ~ 5 月。浆果。

◆**生活习性**：水塔花性喜高温、湿润和半阴环境，略耐寒。对土质要求不高，适宜富含腐殖质、疏松肥沃、排水良好的微酸性沙质壤土，忌钙质土。喜阳光充足，要求空气湿度较大，忌强光直射，生长适温为 20 ~ 28℃。水塔花花序鲜红，与蓝绿色的叶对比强烈，常用作盆栽观赏，是优良的花叶兼赏花卉。

◆**繁育管理**：水塔花可用分株法或分割吸芽法栽植。早春将老植株基部的吸芽割下，切口要平整，以利于愈合发根，插入沙或蛭石中，保持 25℃温度，遮阴、保湿，约 1 个月即可生根。分株法是把母株从花盆内取出，抖掉多余的盆土，把盘结在一起的根系尽可能地分开，用锋利的小刀把它剖开成两株或两株以上，分出来的每一株都要带有相当的根系，并对其叶片进行适当修剪，以利于成活。分割的小株在百菌清 1500 倍液中浸泡 5 分钟后取出晾干，即可上盆。也可在上盆后马上用百菌清灌根。幼苗上盆后每 3 周追施 1 次加 15 倍水的人畜粪尿液肥，浇水时可将水灌入叶筒中，夏季置阴棚下，定期向叶面洒水，深秋入温室养护，冬季减少浇水。2 ~ 3 年换盆。

◆**病虫害防治**：水塔花生长期常发生叶枯病和褐斑病，发病时可用 25% 多菌灵 1000 倍液喷洒防治。

29. 虎尾兰

◆**别称**：千岁兰、虎耳兰、虎皮掌、虎皮兰。

◆**科属**：百合科，虎尾兰属。

◆**生长地**：原产北非，分布于非洲及亚洲的热带及亚热带地区。

◆**形态特征**：虎尾兰为多年生常绿草本。具匍匐根状茎，地上无茎，叶自地下根状茎长出，簇生，叶片倒披针形或剑形，革质，高达 50 厘米，直立，狭长如剑，基部渐狭形成有槽的叶柄，先端渐尖，两面具浅绿和暗绿色相间的横带状斑纹，像虎尾，故称虎尾兰。表面具白粉。花淡绿色或白色，3 ～ 8 朵簇生，花莛与叶等长，可高达 80 厘米，排成总状花序，有香味。花期春夏季，浆果。

◆**生活习性**：虎尾兰喜光照充足、湿润的气候，也耐阴，较耐旱，忌夏季暴晒。喜温暖，不耐寒，适温 20 ～ 30℃，低于 4℃受冻。能忍耐久旱的恶劣环境，但不耐寒。要求疏松、肥沃、排水良好的沙质壤土，黏土中也可生长。虎尾兰叶片丛生，斑纹美丽，四季青翠，叶片坚挺、雅致，是优良的室内装饰盆栽花卉。

◆**繁育管理**：虎尾兰一般采用分株和叶插法繁殖。叶插：5 ～ 6 月选取健壮叶片剪成长 6 ～ 10 厘米的叶段，剪下后放置一段时间，使切口处阴干，待萎蔫后垂直插入沙土中，放遮阴处养护，保持湿润，约经 1 个月生根成活。切记叶片有方向性，插叶时不可颠倒生长方向，若插反方向，则不能生根发芽。分株：于每年 3 ～ 4 月将母株分株，每丛含 3 ～ 5 枚叶，分别上盆。金边虎尾兰扦插后金边消失，因此金边虎尾兰只用分株法。虎尾兰 3 月上盆或换盆。培养土以沙土和腐叶土按 1∶1 比例配制，可加入占盆土 3% 的腐熟饼肥拌和均匀使用。常年可放于室内明亮处陈设，每天最好有 3 ～ 4 小时的光照，夏季避免中午阳光暴晒。露天养护，定期向叶面洒水。生长期可追施 1 ～ 2 次蹄角片液与麻渣液混合的液肥。冬季入中温温室养护，室温不能低于 10℃。叶丛长满盆后及时换盆，并适当分株，以利生长。

◆**病虫害防治**：虎尾兰生长期气温过高或湿度过大时易受叶斑病危害，在发病初期可喷施 1∶1∶100 波尔多液或 50% 托布津可湿性粉剂 700 倍液，同时注意通风，降低空气湿度。

30. 酒瓶兰

◆**别称**：大肚树兰、象腿树。

◆**科属**：龙舌兰科，酒瓶兰属。

◆**生长地**：原产墨西哥东部热带雨林地区，现我国长江流域广泛栽培。

◆**形态特征**：酒瓶兰为常绿小乔木，在原产地可达 2～3 米，盆栽种植的一般 0.5～1.0 米。具有明显的庞大的茎，地下根肉质，茎干直立，形状奇特，茎干基部膨大，圆形，上细下粗，酷似酒瓶，可以储存水分，故而得名。膨大茎干具有厚木栓层的树皮，呈灰白色或褐色。老株表皮会龟裂，状似龟甲，颇具特色。单一的茎干顶端长出丛生的带状内弯的革质叶片。叶细长条形，紧密互生于茎干顶部，全缘或细齿缘，革质，柔曲下垂。叶丛中长出圆锥状花序，花小白色，10 年以上的植株才能开花。

◆**生活习性**：酒瓶兰喜温暖、湿润及日光充足的环境，较耐旱、耐寒，畏强烈日光暴晒。生长适温为 16～28℃，越冬温度为 0℃。喜疏松肥沃、排水良好、富含腐殖质的沙质壤土。酒瓶兰是热带观叶植物的优良品种，常盆栽陈设于室内装饰和摆设于厅堂观赏。

◆**繁育管理**：酒瓶兰多用种子繁殖，将种子播于腐叶土和河沙混合的基质中，保持湿润和半阴环境，不宜太湿，否则会引起腐烂，在温度 20～25℃及半阴环境中，2～3 个月即可发芽，一般家庭繁殖比较困难，多购苗种植。也可分切芽体，扦插繁殖，但必须注意伤口消毒，以免腐烂。盆栽培养土可用腐叶土、园土、河沙按 2：1：1 的比例再加少量基肥配制。上盆时，栽种不宜

太深，需把膨大的茎基全部露出土面。在 3 ~ 10 月生长季节要供给充足的肥料和水分，促其茎膨大。浇水要见干见湿，切忌盆内积水。创造阳光充足的条件，忌强光直射，以免叶尖枯焦、叶色发黄。

◆**病虫害防治**：酒瓶兰易受介壳虫危害，应注意保持湿润和通风良好，并及时喷施 40% 氧化乐果或 50% 杀螟松 1000 倍液。细菌性软腐病发病初期，喷施农用链霉素 1000 倍液，或浇 65% 敌克松 800 倍液。叶斑病发病时喷施 75% 百菌清 600 倍液或 50% 多菌灵 500 倍液。每隔 7 ~ 10 天喷 1 次，连续 2 ~ 3 次。

31. 散尾葵

◆**别称**：黄椰子、紫葵。

◆**科属**：棕榈科，散尾葵属。

◆**生长地**：原产非洲马达加斯加岛，现在我国南方一些园林单位常见栽培。

◆**形态特征**：散尾葵为常绿丛生状灌木或小乔木，株高可达 3 ~ 8 米。茎干光滑、金黄色，无毛刺，嫩时披蜡粉，上有明显叶痕，呈环纹状，基部分蘖较多，呈丛生状生长。大型羽状复叶，全裂、扩展、拱形。小羽片披针形，先端渐尖，柔软。叶片平滑细长，叶面亮绿色，叶柄和茎干金黄色。花雌雄同株，小而呈金黄色；肉穗花序生于叶鞘束下，多分枝。

◆**生活习性**：散尾葵喜温暖、湿润、半阴且通风良好的环境。耐寒力较弱，对低温十分敏感，气温 20℃以下叶子发黄，越冬最低温度需在 10℃以上，5℃左右就会冻死。生长适温为 25 ~ 35℃，较耐阴，怕强烈阳光直射。适宜生长在疏松、腐殖质含量丰富、排水良好的土壤。散尾葵株形优美，姿态潇洒自如，是著名的热带观叶植物，常盆栽陈设于厅、堂和居室观赏。

◆**繁育管理**：散尾葵可用分株繁殖，于4～5月份结合换盆进行，选基部分蘖多的植株，去掉部分旧盆土，用刀或枝剪从基部连接处将其分割成至少有苗2株以上的2至数丛进行栽植，伤口处需涂上草木灰或硫黄粉进行消毒。盆栽培养土常用腐叶土、泥炭土加入1/3河沙或蛭石及少量基肥配制而成。分栽后置于较高温环境中，经常喷水，保持湿润，以利恢复生长。5～10月为散尾葵的生长旺盛期，要经常保持盆土湿润和植株周围较高的空气湿度，但不能积水，以免烂根，每1～2周施用1次腐熟的加5倍水的饼肥澄清液或人畜粪尿液或复合肥料，以促进生长，春、夏、秋三季应遮阴50%，避免阳光直射，冬季应做好保温防冻工作。

◆**病虫害防治**：散尾葵易受红蜘蛛或介壳虫危害，应注意湿润和通风良好，并可用氧化乐果800倍液喷洒防治。

32. 紫叶小檗

◆**别称**：红叶小檗。

◆**科属**：小檗科，小檗属。

◆**生长地**：原产于中国东北南部、华北及秦岭。

◆**形态特征**：紫叶小檗为落叶灌木,高1～2米,多分枝,枝丛生。幼枝红褐色或红色，枝节有锐刺，老枝灰棕色或紫褐色。叶1～5枚簇生，叶互生，倒卵形或狭倒卵形，全缘，先端微尖，基部细长，叶色紫红。花序伞形或近簇生，有花2～5朵，花黄色。浆果椭圆形，成熟后鲜红色。花期4～6月，果期8～10月。

◆**生活习性**：紫叶小檗适应性较强，喜充足的光照，不耐阴，

否则因光不足叶会退化变为绿色。喜温暖湿润环境，也耐旱，耐寒。对土壤要求不严，但以肥沃而排水良好的沙质壤土生长最好。萌芽力强，耐修剪。紫叶小檗在光稍差或密度过大时部分叶片会返绿，园林常用其与常绿树种作块面色彩布置，可用来布置花坛、花镜、片植、丛植或栽培作绿篱，是园林绿化中色块组合的重要树种。

◆**繁育管理**：紫叶小檗多用扦插法繁殖。扦插于夏、秋季进行。用当年生半木质化枝作插穗，剪枝每段 8 ～ 12 厘米，上端留叶片，剪掉锐刺，再扦插于沙床，保持湿度在 90% 左右，温度 25℃左右，经 30 ～ 40 天发根成苗。紫叶小檗萌芽力强，生长速度快，植株往往呈丛生状，可进行分株繁殖。分株时间除夏季外，其他季节均可进行。苗木移植于春、秋季进行。整形修剪宜在春季萌芽前进行。枝条生长过旺而影响观赏时可随时修剪。夏季 6 ～ 7 月追施 2 ～ 3 次稀薄复合液肥，3 ～ 10 月每周浇水 1 次，11 月浇冻水。低于 10℃要预防寒害。

◆**病虫害防治**：常见病害是白粉病，此病是靠风雨传播，且传播速度极快、危害大，应及时用三唑酮 1000 倍液进行叶面喷雾，每周一次，连续 2 ～ 3 次可基本控制病害。其虫害主要是蚜虫，可在发病期喷施 50% 杀螟松或 10% 吡虫啉可湿性粉剂 1000 倍液。

33. 火炬树

◆**别称**：鹿角漆树、火炬漆、加拿大盐肤木。

◆**科属**：漆树科，盐肤木属。

◆**生长地**：原产欧美，中国 1959 年引种，后向全国各省区推广。

◆**形态特征**：火炬树为落叶灌木或小乔木，株高可达 10 米。柄下芽，分枝少，枝条密生茸毛。叶互生，奇数羽状复叶，小叶 9～27 片，长圆形至披针形，长 5～15 厘米，先端长，渐尖，基部圆形或广楔形，边缘有锯齿，叶表面绿色，背面灰白色，均被密茸毛。雌雄异株，直立圆锥花序顶生，雌花序及果穗鲜红色，长 10～20 厘米，形同火炬，故得名。小核果扁球形，有红色刺毛。花期 5～7 月，果期 9～11 月。

◆**生活习性**：火炬树喜生于河谷滩、堤岸及沼泽地边缘，也耐干旱贫瘠，可在石砾山坡荒地上生长。喜温抗寒，耐酸碱，为荒山绿化先锋树种。火炬树生长快速，一般 4 年即可开花结实，可持续 30 年左右。阳性树种，适应性极强。火炬树雌花序及果穗鲜红，夏季缀于枝头，极为美丽，秋叶变红，十分鲜艳，为理想的水土保持和园林风景造林用树种。树皮、叶含有单宁，种子含油蜡，可作工业原料，根皮可药用。

◆**繁育管理**：火炬树用播种、分蘖和插根繁殖均可。播种于 9 月进行，采集成熟果穗，暴晒脱粒，播前用碱水揉搓，去其种皮外红色茸毛和种皮上的蜡质。然后用 85℃热水浸烫 5 分钟，捞出后混湿沙埋藏，置于 20℃室内催芽，视水分蒸发状况适量洒水。20 天露芽时即可播种。分蘖是掘起健壮根蘖苗，稍带须根栽种，即能成活。插根是在苗木出圃后，收集残根，直埋圃地育苗。移栽应在深秋落叶后至翌年春季发芽前进行。栽时要求苗正、根舒，栽后大苗宜立支柱。干旱瘠薄山地造林需截干栽植，距地表 18~20 厘米处平剪，起苗后将过长的主侧根剪去，保留 25 厘米长，容易成活。

◆**病虫害防治**：主要是螟蛾，可在幼虫发生时用 50% 杀螟松乳油 1500 倍液喷雾。

34. 紫叶李

◆**别称**：红叶李、樱桃李。

◆**科属**：蔷薇科，李属。

◆**生长地**：原产亚洲西南部，中国华北及其以南地区广为种植。

◆**形态特征**：紫叶李为落叶小乔木，株高 4 ～ 8 米。幼枝紫红色，树灰褐色。多分枝，枝条细长，开展，有时有棘刺。叶互生，叶片卵形至倒卵形，嫩叶鲜红色，老叶褐紫色。花色水红，簇生于叶腋。核果球形，暗红色。花期 3 ～ 4 月，果期 6 ～ 7 月。

◆**生活习性**：紫叶李喜温和、湿润的气候，耐寒性不强。对土壤要求不严，不耐干旱，较耐水湿，耐微酸而不耐碱，在肥沃而深厚的土壤中生长良好。紫叶李全年紫红色，春、秋季更鲜艳，孤植群植皆宜，能衬托背景。尤其是紫色发亮的叶子，在绿叶丛中，像一株株永不败的花朵，在青山绿水中形成一道靓丽的风景线，是理想的地植、盆栽及美化庭院、公园的优良花木。

◆**繁育管理**：紫叶李用嫁接繁殖，用杏、李、梅、桃、山桃等实生苗做砧木，采用切接方法，用经消毒的芽接刀在芽位下 2 厘米处向上呈 30° 斜切入木质部，直至芽位上 1 厘米处，然后在芽位上 1 厘米处横切一刀，将接芽轻轻取下，再在砧木距地 3 厘米处，用刀在树皮上切一个 "T" 形切口，使接芽和砧木紧密结合，再用塑料带绑好即可。接后培土将切口埋住，保持土壤湿润。嫁接后，接芽在 7 天左右没有萎蔫，说明已经成活，25 天左右就可以将塑料带拆除。也可采用扦插和压条繁殖。紫叶李适应性强，繁育管理粗放，主要注意整形修剪，培养丰满的树冠，防碱防旱，必要时需换土。定植时每穴施腐熟的堆肥 10 ～ 15 千克，夏季生长期间，结合浇水施 2 ～ 3 次稀薄腐熟的麻酱渣液。从萌芽到开花期间，应灌水 3 ~ 4 次，夏季灌水 3 ~ 4 次，雨季雨水多时及时排涝，立秋后应控制灌水。北方种植要注意保护越冬。

◆**病虫害防治**：其主要病虫害是介壳虫、红蜘蛛、刺蛾和梨小食心虫，介壳虫防治可在孵化期喷施 25% 亚胺硫磷 1000 倍液或在冬季涂刷白涂剂，白涂剂的配制比例是生石灰 5000 克、硫黄粉 1000 克、食盐 250 克，动物胶适量，再加适量水。防治红蜘蛛和刺蛾，用 40% 氧化乐果乳油 1000 倍液进行喷杀。防治梨小食心虫，可在成虫羽化产卵及卵孵化期，每周喷施 40% 乐果乳油 400 倍液，或在老熟幼虫阶段使用 15% 杀虫畏乳剂 300 倍液喷雾。

35. 常春藤

◆**别称**：中华常春藤、长春藤、钻天风、三角枫、旋春藤。

◆**科属**：五加科，常春藤属。

◆**生长地**：原产欧洲、北非、亚洲和我国中部及南部各省山地。

◆**形态特征**：常春藤是多年生常绿藤本攀援灌木植物，茎光滑，长 3 ~ 20 米，灰棕色或黑棕色，有气生根，一年生枝疏生锈色鳞片状柔毛，鳞片常有 10 ~ 20 条辐射肋。单叶互生，革质而有光泽，叶柄长 2 ~ 9 厘米，有鳞片，常带乳白色花纹，无托叶，叶二型，营养枝上的叶为全缘或 3 裂，三角状卵形；生殖枝上的叶为卵形或菱形，全缘。先端长尖或渐尖，基部楔形、宽圆形、心形；叶上表面深绿色，有光泽，下表面淡绿色或淡黄绿色，无毛或疏生鳞片；侧脉和网脉两面均明显。伞状花序单个顶生或 2 ~ 7 个总状排列或伞房状排列成圆锥花序，淡绿白色，芳香，花期 6 ~ 10 月。浆果球形，红色或黄色，果熟期翌年 4 ~ 6 月。

◆**生活习性**：常春藤性耐阴，也能生长在全光照的环境中。在温暖湿润的气候条件下生长良好，耐寒性较差。对土壤要求不严，喜湿润，适宜潮湿、疏松、肥沃的中性或微酸性土壤，不耐盐碱。常春藤株形优美、规整，叶形、叶色有多样变化，四季常青，是世界著名的新一代室内攀援性植物，是园林中优良的垂直绿化材料，也可作盆景观赏，尤其在较宽阔的客厅、书房、起居室内摆放，格调高雅、质朴，并具有南国情调。可以净化室内空气，吸收由家具散发出的苯、甲醛等有害气体，可入药。

◆**繁育管理**：常春藤的茎蔓容易生根，通常采用扦插法繁殖。扦插在 3 ～ 4 月进行，选用疏松、通气、排水良好的沙质土作基质。从植株上剪取木质化的健壮枝条，截成 15 ～ 20 厘米长的插条，上端留 2 ～ 3 片叶。扦插后保持土壤湿润，置于侧方遮阴条件下，很快就可以生根。秋季嫩枝扦插，则是选用半木质化的嫩枝，截成 15 ～ 20 厘米长、含 3 ～ 4 节带气根的插条。扦插后进行遮阴，并经常保持土壤湿润，一般插后 20 ～ 30 天即可生根成活。定植时应重剪，促使多生分枝。生长期每半月施 1 次液肥，氮、磷、钾比例为 1 : 1 : 1，冬季停止施肥。夏季需遮阴，多浇水和喷雾，以保持空气湿度，冬季宜少浇水，但需保持盆土湿润。

◆**病虫害防治**：其虫害有粉虱、介壳虫，在 7 ～ 8 月粉虱大量发生时，可喷施 2.5 % 溴氰菊酯或 40% 氧化乐果，每周喷施 1 次，连续喷施 3 ～ 4 次。介壳虫，可人工刮除，发生面积大时，也可喷洒 40% 氧化乐果乳油 800 倍液。其他方法参见苏铁病虫害防治部分。其病害有叶斑病、疫病，在叶斑病发病初期摘除病叶，并集中烧毁，同时喷洒 1% 波尔多液，每 7 天喷 1 次，连喷 4 ～ 5 次。疫病发病初期，喷施或浇灌 25% 甲霜灵可湿性粉剂 800 倍液或 58% 甲霜灵·锰锌可湿性粉剂 600 倍液、64% 杀毒矾可湿性粉剂 600 倍液、72% 克露 600 倍液。

36. 富贵竹

◆**别称**：万寿竹、开运竹、丝带树、竹蕉、万年竹、富贵塔、塔竹。

◆**科属**：百合科，龙血树属。

◆**生长地**：原产非洲热带、亚热带及我国西南一带。

◆**形态特征**：富贵竹是常绿小乔木。株形很似朱蕉，但小些。茎直立生长，植株细长，直立上部有分枝。在室内生长的株高 2 ～ 3 米。根状茎横走，结节状。叶片卵圆披针形，顶端渐尖，叶互生或近对生，纸质，有明显 3 ～ 7 条主脉，具短柄，绿色。伞形花序有花 3 ～ 10 朵生于叶腋或与上部叶对花，花冠钟状，紫色。浆果近球球，黑色。

◆**生活习性**：富贵竹喜光照充足、高温、多湿的环境，也十分耐阴，适于室内生长。可单株水养，也可多株捆在一起组成各种形状，室内盆栽观赏或放在室内的容器内水养是现在比较流行的培养方式。

◆**繁育管理**：富贵竹可用扦插法繁殖。插穗长 5 ～ 10 厘米，可把整个插穗横向埋在排水良好的沙质插床上，也可直立插于插床上，注意上、下方向不要颠倒，深度 2 ～ 3 厘米。另外，扦插在水容器中也可生根，入水深度不可过深，2 ～ 3 厘米即可，否则容易泡烂。一定要保证扦插基质、水及容器清洁，否则易感染霉菌、腐烂。温度宜保持在 25℃左右，不能低于 1℃，温度高有利于生根。经一个半月左右就可生根，然后移栽入盆内培养。富贵竹应放在室内光线好的地方，并避免中午强光直射。放置在过于荫蔽

处生长不良，叶片易变黄。如冬季温度等条件适宜，也可生长良好。温度在 1℃时即进入休眠，但最低温度在 5℃以上就能安全越冬。富贵竹性喜湿润，应经常用细孔喷壶喷洒叶面，提高空气湿度。生长期浇水要均衡，不可过干或过湿。如盆土积水，根系易腐烂。盆土用保肥、保水、通气、疏松的培养土，培养土可用泥炭土和沙土以 1：1 混合或用草炭土加少量豆饼渣，再加适量粗沙混合使用。为排水通畅，在上盆时一定要做好排水层。生长期应每周施一次腐熟的稀薄液肥。进入 9 月份就要停止施肥并控制浇水，以利冬季休眠。富贵竹耐修剪，如果将顶部或上部的枝干剪去，剪口处以下的芽就会生成新的枝条，可以同时有 1 个芽长出，因此可以长成独顶尖的植株，也可成簇生状。在植株长得过于高大或下部叶片脱落时，可根据需要进行修剪，剪下的枝条可进行繁殖。无论是一年生的，还是多年生木质化茎干都可做插穗，同时由于顶部被剪，顶端优势受阻，在条件适宜时，枝干下部的隐芽就会长出新的枝条或形成新的植株。

◆**病虫害防治**：富贵竹基本上没有病虫害，有时叶片焦边、叶尖枯焦，多是由于空气湿度过低、土壤干旱或通风过度引起的，应注意管理。

—— 第十章　木本花卉的繁育技术 ——

1. 八仙花

◆**别称**：阴绣球、绣球、斗球、粉团花、紫阳花。

◆**科属**：虎耳草科，八仙花属。

◆**生长地**：原产中国和日本。

◆**形态特征**：八仙花为常绿或落叶小灌木，株高可达 4 米。根肉质。枝条粗壮，节间明显。叶对生，椭圆形至阔卵圆形，先端短而渐尖，淡绿色，边缘有钝锯齿，表面有光泽，叶柄粗壮，叶脉明显。花为不孕花，呈球形，伞房花序顶生，花初开时为淡绿色后转变为白色，最后变为粉红色或蓝色。花期 6 ~ 7 月。

◆**生活习性**：八仙花喜温暖湿润的气候，忌烈日直晒，喜半阴环境。要求排水良好、富含腐殖质的酸性壤土。土壤酸碱度与花色有关。碱性土壤易使八仙花叶黄化，生长衰弱。八仙花花大色美，花期长，为耐阴花卉。可配植于林下、建筑物北面等的庇荫处，也可盆栽。

◆**繁育管理**：八仙花用扦插、压条和分株法进行繁殖，以扦插为主。扦插繁殖分硬枝扦插和嫩枝扦插。硬枝扦插于 3 月上旬植株未发芽前切取枝梢 2 ~ 3 节，进行温室盆插。嫩枝扦插于 5 ~ 6 月发芽后到新梢停止生长前进行效果最好，于阴棚下进行，将剪取的嫩枝插于河沙中，保持插床和空气湿润，在 20℃ 左右的条件下，10 ~ 20 天即可生根，扦插成活后，第二年即可开花。压条繁殖用

老枝、嫩枝均可。春天芽萌动时用老枝压条，嫩枝抽出 8 ～ 10 厘米长时即可压条，此时压入土中的是二年生枝条。6 月也可进行嫩枝压条。压条前需去顶，挖 1 厘米 ×（2 ～ 3）厘米的沟，不必刻伤，然后将枝条埋入土中，拍实土，浇透水。正常情况下，1 个月后可生根。再将子株与母株分离，另行栽植。用老枝压条的子株当年可开花，用嫩枝压条的子株第二年才能开花。

栽培宜选择庇荫处，保持土壤湿润，但也不能浇水过多。雨季排涝，以防烂根。春季宜重剪，留茎部 2 ～ 3 芽，新芽长到 10 厘米时，摘心 1 次，可促使多分枝，开花繁茂。生长期内一般半个月施 1 次稀薄酱渣水，为使土壤经常保持酸性条件，可结合施液肥时每 100 千克肥水中加 200 克硫酸亚铁，使之变成矾肥水浇灌。孕蕾期间增施 1 ～ 2 次 0.5% 过磷酸钙，会使花大色艳。

◆**病虫害防治**：主要有萎蔫病、白粉病和叶斑病，用 65% 代森锌可湿性粉剂 600 倍液喷洒防治。其虫害有蚜虫和盲蝽，可用 40% 氧化乐果乳油 1500 倍液喷杀。

2. 牡丹

◆**别称**：花王、洛阳花、木芍药、富贵花、谷雨花。

◆**科属**：毛茛科，芍药属。

◆**生长地**：多自然分布在海拔 1000 米左右的中低山上，是暖温带、温带地区的适生花卉。原产我国，是我国传统名贵花卉，主要分布在山东菏泽、河南洛阳一带。

◆**形态特征**：落叶小灌木，株高 0.5 ～ 2.0 米。肉质直根系，枝条基部丛生，茎枝粗壮且脆，当年生枝光滑，花后冬季有干梢现象。叶互生，二回三出羽状复叶，顶生小叶常先端 3 裂，基部全缘，基部小叶先端常 2 裂。叶面深绿色，叶背灰绿色。叶具长柄，一般长 8 ~ 20 厘米。花单生于 1 年生枝顶，两性，花径 10 ~ 30 厘米，花色丰富，有白、黄、粉、红、紫、墨紫、雪青等色，有单瓣、半重瓣、重瓣等品种及多种花型。花期 4 ~ 5 月，因品种不同，可分为早、中、晚三种，相差时间 10 ~ 15 天。果为蓇葖果。牡丹花色丰富，花大而美，色香俱佳，是我国传统名花之一。多植于公园、庭院、花坛、草地中心及建筑物旁，也可盆栽或作切花用。

◆**生活习性**：牡丹喜温暖凉爽的气候，忌高温高湿，在夏季酷暑、梅雨季节的闷热潮湿条件下，牡丹生长不良，并导致病虫害的发生。牡丹喜光，宜栽种在阳光充足处，但也不宜过于暴晒，否则叶片退色，花期稍耐半阴，可略作遮阴或利用树木、建筑进行侧方庇荫。牡丹要求土壤肥沃疏松、保水透气，忌地势低洼、地下水位高、土壤黏重，否则易造成根系腐烂、植株死亡。

◆**繁育管理**：牡丹以播种、分株、嫁接等方法繁殖苗木。分株繁殖可保持品种的优良特性，适用于所有品种，是应用最广的一种繁殖方法。分株宜在秋分前后进行，过早则养分积累不足不利于来年生长，过晚则温度较低，对根系伤口愈合不利。将母株挖出，去除附土，置阴凉处晾晒 2 ~ 3 日，待根变软后用利刀从其自然可分处劈开，使每个新株保留适当根系和蘖芽。分株早些可多生新根，分株太晚，新根长不出来易造成冬季死亡。一般 5 ~ 6 年可分株一次，分株后马上栽植。如果准备外运，应先晾晒变软后再包装，可避免因根脆出现断根或霉烂。种子繁殖适于单瓣或半重瓣品种，主要用于选育优良新品种及培育砧木，但需 5 ~ 7 年方能开花。种子于 9 月上旬成熟，采种后立即播种，播前用浓硫酸浸种 2 ~ 3 分钟，或用 95% 酒精浸种 30 分钟，也可用 50℃温

水浸种 24 小时，软化种皮促进萌芽。入冬前可萌发长出胚根，来年萌芽出土，秋季即可移栽。嫁接繁殖多用于扩大种源以及生长较慢的品种繁殖，具有成本低、速度快的优点。嫁接在立秋前后进行，嫁接砧木可选用牡丹根、牡丹实生苗或芍药根，根砧粗 2～3 厘米，长 15～20 厘米且带须根。嫁接前 2 天，稍微晾晒变软后即可进行嫁接。接穗选生长健壮、无病虫害的一年生粗壮枝条，接穗长 8～10 厘米，带有健壮的顶芽和侧芽。接穗要随剪随接，不可存放过久。嫁接方法常用劈接法，将接穗下端削成两个等长的长 2～3 厘米的削面，再将根砧顶部切平，中间用嫁接刀劈开，深度 2～3 厘米，将削好的接穗从上而下插入砧木裂口使两者形成层对齐，用麻皮绑好，接后插入土中 6～10 厘米，上部覆土并高出接穗 10 厘米以上，以利防寒越冬。

　　牡丹以地栽为主，少量盆栽只作短期观赏。地栽牡丹要选择土壤肥沃深厚、地下水位低、排水良好且略有倾斜的向阳背风地区栽植，栽前施足基肥（堆肥、厩肥、饼肥、猪粪尿和骨粉等）。定植时要求根系伸展、不能窝根，栽植深度以原苗木的深度为准。牡丹适宜秋植，入冬前可长出新根，苗木顶芽丰满，第二年春季可以开花。牡丹生长量大，花多叶繁，要消耗大量养分、水分，1 年追肥 3 次。第一次在春季，主要是促进新蕾发育和开花，以有机氮和有机磷为主，施用腐熟的饼肥液或加 3～4 倍水的猪粪尿，每月 2～3 次；第二次在花后进行，恢复植株长势促进花芽分化；第三次是冬季土壤封冻前进行，在根部周围施堆肥、饼肥、钙镁磷肥等迟效性肥料，促进根系生长，为第二年生长提供营养物质。浇水应根据土壤湿度进行，水量以半小时渗完为宜，雨季注意排水防涝。

　　为使牡丹植株保持美观匀称的株形和适量的枝条，维持地上和地下生长平衡，使花芽充实，开花繁茂，可对牡丹进行修剪。春季新芽萌发出土后，选择均匀分布、健壮的 5 ~ 7 个新枝保留，其余去除，并及时剪除牡丹根颈处的萌蘖枝，以减少养分消耗。为保证花大色艳，每枝保留一个壮芽，其余抹去。5 ~ 6 月进行花后修剪，每个当年生枝上保留基部两个芽，其余全部抹去。秋季结合嫁接进行整形，有计划地逐年更新老枝，先留 1 ~ 2 嫩枝，逐步取代或做嫁接的接穗，或可分株。

◆**病虫害防治**：牡丹的病虫害较多，夏季雨多易生叶斑病、紫纹羽病、茎腐病等，应及时喷 50% 多菌灵可湿性粉剂 500 ~ 1000 倍液防治，同时更换新土，剪去患病部分，重病株挖除烧毁。牡丹根很甜，易受蛴螬、天牛、蚂蚁、介壳虫、地老虎等的伤害，地下害虫可用呋喃丹防治，地上害虫可用敌敌畏、波尔多液、托布津或氧化乐果防治。

3.山茶花

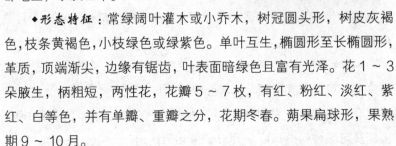

◆**别称**：曼陀罗、茶花、玉茗、山春、海榴、耐冬。

◆**科属**：山茶科，山茶属。

◆**生长地**：原产我国南部、西南部地区，以及日本。

◆**形态特征**：常绿阔叶灌木或小乔木，树冠圆头形，树皮灰褐色，枝条黄褐色，小枝绿色或绿紫色。单叶互生，椭圆形至长椭圆形，革质，顶端渐尖，边缘有锯齿，叶表面暗绿色且富有光泽。花 1 ~ 3 朵腋生，柄粗短，两性花，花瓣 5 ~ 7 枚，有红、粉红、淡红、紫红、白等色，并有单瓣、重瓣之分，花期冬春。蒴果扁球形，果熟期 9 ~ 10 月。

◆**生活习性**：喜半阴、温暖、潮湿的气候环境和散射光照，忌

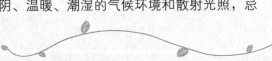

严寒，忌烈日，喜湿润，忌干燥。适宜疏松肥沃、富含腐殖质、排水良好的偏酸性土壤。在耐寒程度上，单瓣品种比重瓣品种要强。山茶花适宜生长温度是 18～25℃，能忍受 35℃左右的高温。山茶花对有害气体二氧化硫、氟化氢的抗性强，并能吸收氯气等气体。山茶在我国有着悠久的栽培历史，是人们喜爱的传统名花。山茶花常用于盆栽观赏，布置庭院、居室、厅堂等，长江以南地区可在各类园林绿地中丛植或散植，或与其他园林植物一起配置，花蕾还可入药。

◆**繁育管理**：山茶花繁殖方法很多，主要采用扦插法进行繁殖。扦插可用 1～2 年生健壮、半木质化枝条，剪取 4～10 厘米长作为插穗，于 6 月份雨季或 9 月份进行，插后浇透水保持湿润，6 周后剪口愈合生根。生根后逐步用较强光照，促进木质化。对于名贵的山茶花也可用嫁接法繁殖。嫁接一般在清明至中秋间均可进行，以油茶作砧木，可用靠接、枝接和芽接法。移栽在 3～4 月和 9～10 月带土球进行，春季保持充足水分，追施加 5 倍水的稀薄人畜粪尿液 1～2 次，5 月花芽分化时控制水分，施入以磷为主的追肥（5% 过磷酸钙）1～3 次，8 月重复追肥 1～2 次，并进行疏蕾、疏叶，秋末移入室内或冷室越冬。山茶花对光线特别敏感，夏季放在阴棚下养护，避免强光直射。每 2～3 年换盆一次，盆土选用酸性、富含腐殖质、透水保水性好的黏培养土，于 11 月或早春 2～3 月换盆。

◆**病虫害防治**：主要病虫害有炭疽病、红蜘蛛、介壳虫、蚜虫等。要注意通风、加强管理，以增强植株的抗病能力。介壳虫、蚜虫可用氧化乐果防治，红蜘蛛可用三氯杀螨醇防治。炭疽病可用 50% 多菌灵可湿性粉剂 600～800 倍液喷洒防治。

4. 杜鹃

◆**别称**：鹃花、山石榴、映山红、金达莱、羊角花。

◆**科属**：杜鹃花科，杜鹃花属。

◆**生长地**：杜鹃花原产不丹、锡金，遍布北半球寒温两带。现我国是世界分布中心。

◆**形态特征**：落叶或半常绿小灌木，分枝多，枝条细长而直，有亮棕色或褐色扁平糙毛。单叶互生，有时对生，叶纸质，全缘，椭圆状卵形。花朵顶生，伞形花序或总状花序，一至数朵簇生，花冠漏斗形五裂。花色丰富，有大红、桃红、紫红、粉红、墨红、肉红、橙红、金黄、纯白、粉紫等色。颜色变异非常大。蒴果，种子细小。杜鹃花烂漫如锦，显示出大自然的绚烂瑰丽，花色丰富，是园林绿地优良的绿化树种，也常盆栽观赏。

◆**生活习性**：杜鹃性喜光，喜温暖、通风、半阴、凉爽、湿润的环境。适宜疏松、排水良好、富含腐殖质的酸性或微酸性土壤（pH值在 5.5 ~ 6.5）。怕干、怕涝。部分园艺品种适应性较强，耐干旱、瘠薄，但在黏重或通透性差的土壤上，生长不良。

◆**繁育管理**：杜鹃花可用扦插、嫁接和播种法繁殖，其中以扦插和嫁接繁殖比较常用。扦插繁殖是杜鹃繁殖应用最广泛的方法，方法简单，成活率高，性状稳定，生长快速。一般在 5 月下旬至 7 月初进行，取当年生、节间短、粗壮的半木质化嫩枝作插穗，剪去下部叶片，顶端留下 4 ~ 5 片叶，如果枝条过长可截取顶梢，如果剪下的插穗一时不能扦插，可用湿布包裹基部，然后套上塑料薄膜，放在阴处可存放数日。扦插 50 天左右即可生根。嫁接一般用于名贵品种，春秋进行，用 2 ~ 3 年生健壮的毛叶杜鹃作砧木，可采用靠接、腹接或劈接法。播种繁殖是培育新品种的主要手段，在蒴果

呈暗褐色尚未开裂时采收，在春分至清明进行播种。盆栽杜鹃宜用酸性、疏松的山泥或腐叶土，春、夏、秋三季每 2 ~ 3 天浇一次透水，冬季保持盆土湿润即可。在 3 ~ 4 月施肥，施稀薄的腐熟饼肥，同时施用 2.25 % 的硫酸亚铁，秋后再施 1 ~ 2 次。

◆**病虫害防治**：杜鹃易受红蜘蛛、黑斑病等病虫害危害，红蜘蛛除人工手捉外，可用 40% 氧化乐果乳油 800 倍液、58% 风雷激乳油 1500 ~ 2500 倍液等喷杀。黑斑病用 50% 托布津可湿性粉剂500 倍液喷洒。

5. 月季

◆**别称**：月月红、斗雪红、长春花。

◆**科属**：蔷薇科，蔷薇属。

◆**生长地**：月季为高度杂交种，有中国、西欧、东欧等地蔷薇属植物的种植资源，现在世界各地广为栽培。

◆**形态特征**：常绿或落叶有刺灌木及呈藤本状花卉，枝干上部青绿色，下部灰褐色，新枝紫红色，茎部长有弯曲的尖刺。叶互生，奇数羽状复叶，小叶 3 ~ 9 枚，椭圆形，边缘有锯齿，托叶与叶柄合生。花顶生、单生或数朵丛生呈伞房花序，花有单瓣与重瓣，花色丰富，除具粉红、大红、紫红、黄、白等纯色外，还有复色及可产生变换的色彩，芳香，花由春季一直开到初冬，因此有"花落花开无间断，春来春去不相关"的词句来形容其花期长，并因其色彩丰富，花形多姿，被誉为"花中皇后"，是极好的盆栽花卉，并且花、叶、根全可入药。

◆**生活习性**：月季是高度杂交种，喜阳光充足、通风良好的环境，耐寒、耐修剪。冬季气温低于 5℃时，进入休眠状态；夏季温度持续 30℃以上时，也进入半休眠状态。适宜疏松、肥沃、排水良好的微酸性土壤。

◆**繁育管理**：月季以扦插、嫁接、播种为主要繁殖方式。只要温度能达到 15℃以上，都可进行扦插；嫁接多用白玉棠为砧木，切取月季芽为接穗进行嫁接，可获得大量植株。月季适应性强，对土质、环境要求不严，故栽培月季比较容易。只要掌握好肥水、修剪，满足对光照的需要就能多开花、开好花。要求土壤肥沃、排水、透气良好，保肥力强，用一般培养土即可。经过一两年生长后，需要换一次盆，补充营养。因月季开花次数多，养分消耗大，每次花后除进行修剪，以免消耗养料外，还应适当追施肥料，及时补充养分。用肥以充分腐熟的有机肥料为主，掌握"淡肥勤施"的原则。月季最怕干旱缺水，发现盆土发白时，应及时浇水。春、秋季在晴天应每天中午浇一次水，夏季每天早晚各浇一次水。尤其在开花前要加强肥水的管理，多浇水，勤施肥。在花蕾初现时，停止施肥。开花期间浇水更应充足，但不能盆土积水。冬季无论落叶不落叶都要控制浇水，不能浇水过多，以免因盆土过湿降低土壤温度，影响通气。花后修剪时要选留健壮芽，不要留得过高，留外芽，能使新枝向外延伸，均匀分布。过冬时的修剪应保留健壮枝条，将弱枝全部剪掉，对过老的植株要进行更新，选留茎部萌发的壮芽培养 1 年后，逐渐把老枝替换掉。春天嫁接的月季容易萌发脚芽，应及时剪除，以免消耗养料，保持接穗月季的正常生长。月季是强阳性花卉，夏季放置在室外培养，摆放地要有充足的光照，盆与盆之间要有适当的间距，不能摆放过挤，以利整个植株都能接受到光照，并且利于通风。通风不良，易发生病虫害、落叶、枯萎、甚至死亡。

◆**病虫害防治**：月季易受白粉病、黑斑病、介壳虫、蚜虫、红蜘蛛等的侵害，除注意多通风外，应及时用药防治。黑斑病可用

80% 代森锌可湿性粉剂 500 倍液或 70% 甲基托布津可湿性粉剂 1000 倍液防治；白粉病可用 25% 粉锈宁可湿性粉剂 1500 倍液防治；蚜虫可用 50% 杀螟松 1000 倍液或 50% 抗蚜威 3000 倍液防治；红蜘蛛可用 20% 三氯杀螨醇乳油 800 ~ 1000 倍液防治。

6. 玫瑰

◆**别称**：徘徊花、穿心玫瑰、刺玫花、刺客。

◆**科属**：蔷薇科，蔷薇属。

◆**生长地**：原产我国北部，朝鲜、日本等地有分布。

◆**形态特征**：落叶灌木。枝干多针刺。株高 2 米左右。奇数羽状复叶，小叶 5 ~ 9 枚，椭圆形至椭圆状倒卵形，表面多皱纹，有边刺。托叶大部和叶柄合生。花单生或数朵聚生，重瓣至半重瓣，花紫红色、白色，有芳香。果扁球形，红色。花期 4 ~ 5 月，果期 9 ~ 10 月。常见品种有紫玫瑰、白玫瑰、重瓣白玫瑰、红玫瑰、重瓣紫玫瑰、杂种玫瑰等。玫瑰花花朵可提取芳香油，还可熏茶、醇酒。玫瑰在园林庭院中最适宜作花篱、花境、大型花坛和专类玫瑰园。

◆**生活习性**：玫瑰不耐积水。喜阳光，耐旱，耐寒，喜肥沃的沙质壤土，在背风向阳、排水良好、疏松肥沃的轻壤土中生长良好，在黏壤土中生长不良，开花不佳。应离墙壁较远以防日光反射，灼伤花苞，影响开花。在微碱性土壤中也能适应。昼夜温差大、干燥的环境条件有利于生长。玫瑰不耐涝，积水会导致落叶，甚至死亡。分蘖能力强。阳光充足可促使其生长良好。无论地栽、盆栽均应放在阳光充足的地方，每天要接受 4 小时以上的直射阳光。不能在室内光线不足的地方长期摆放。冬季入室，放向阳处。气温

12 ~ 18℃生长迅速，3 ~ 4 月温度过低，影响花芽分化，花期土壤含水量以 14% 左右为宜。

◆**繁育管理**：可用播种、分株、埋条、扦插、嫁接等法繁殖。分株繁殖适宜秋季落叶或早春萌发前进行，采用硬枝或嫩枝扦插均可。嫁接法有丁字形芽接、腹接等。分株法一般将玫瑰适当深栽或根部培土，促使各分枝茎部长新根。结合换盆，可将长新根的侧枝切开，另成一新植株。播种法一般都是为培养新品种才采用，将秋季采收的种子装入盛有湿润沙土的塑料袋内，置于夜冻昼融的环境中，经过约 1 个月后再逐渐加温至 20℃ 左右，种子裂口发芽后即可以播种（或者沙藏到第二年春季播种），当幼苗长出 3 ~ 5 小叶时分栽。

秋季落叶后，在植株周围挖环状沟，埋入肥效长、可防寒的堆肥或畜粪，春芽刚萌动时，用加 5 倍水的人畜粪尿液浇在根的周围，注意保证不污染茎叶。干旱时浇水，及时剪去老株及枯死枝条，对当年枝不宜短截。

◆**病虫害防治**：玫瑰的病虫害有锈病、黑斑病、白粉病、黑绒金龟子、红蜘蛛等。可用 50% 多菌灵可湿性粉剂 1000 倍液防治锈病、白粉病、黑斑病。金龟子可用敌敌畏防治；红蜘蛛可用三氯杀螨醇防治。

7. 栀子花

◆**别称**：栀子花、碗栀、黄栀子、白蟾花、玉荷花。

◆**科属**：茜草科，栀子属。

◆**生长地**：原产我国长江流域以南各省区。

◆**形态特征**：栀子花属常绿灌木，高 1 ～ 3 米，枝干丛生，嫩枝常被短毛，枝圆柱形，灰色，小枝绿色。叶对生或 3 叶轮生，有短柄，革质，稀为纸质，少为 3 枚轮生，通常椭圆状倒卵形或矩圆状倒卵形，长 3 ～ 25 厘米，宽 1.5 ～ 8 厘米，顶端渐尖、基部楔形或短尖，两面常无毛，上面亮绿，下面色较暗；侧脉 8 ～ 15 对，下面凸起，上面平；叶柄长 0.2 ～ 1 厘米；托叶膜质，全缘，具光泽。花大，白色，具浓香，单生枝顶，萼管倒圆锥形或卵形，有纵棱，通常 6 裂，裂片披针形或线状披针形，花冠高脚碟状，喉部有疏柔毛，直径 4 ～ 5 厘米，果实卵形至椭圆形，橙黄色，具 5 ～ 9 纵棱，顶端有宿存萼片。种子多数，扁，近圆形而稍有棱角，花期 4 ～ 5 月，果期 11 月。常见栽培观赏变种有大栀子花、卵叶栀子花、狭叶栀子花、斑叶栀子花。

◆**生活习性**：喜温暖，好阳光，但又要求避免强烈阳光的直晒。适宜在稍荫蔽处生活。耐半阴，怕积水。喜空气湿度高、通气良好的环境。喜疏松、湿润、肥沃、排水良好的酸性土壤。耐寒性差，温度在 -12℃下，叶片受冻而脱落。萌芽力、萌发力均强，耐修剪。栀子花四季常青，枝叶繁茂，花色洁白，香气浓郁。为美好庭院的优良树种，还可成片丛植为花篱，或于疏林下、林缘、路旁及山旁散植，也可盆栽或制作盆景。

◆**繁育管理**：栀子花的繁殖以扦插和压条为主。扦插硬枝或嫩枝均可，10 ～ 15 天生根。压条多在春季进行，一般用 2 ～ 3 年生枝，约 3 周生根，当年 6 ～ 7 月即可切离母树，分栽培养。还可采用分株或播种法繁殖，均以春季为宜。移植于梅雨季节进行，需带土球。夏季要多浇水，增加湿度。开花前多施薄肥，可施用加 10 ～ 15 倍水的人畜粪尿，促进花朵肥大。

◆**病虫害防治**：常有叶斑病危害，可用 70% 甲基托布津可湿性粉剂 1000 倍液，或 25% 多菌灵 250 ~ 300 倍液，或 75% 白菌清 700 ~ 800 倍液防治。其虫害有刺蛾、介壳虫和粉虱，用 2.5% 敌杀死乳油 3000 倍液喷杀刺蛾，用 40% 氧化乐果乳油 1500 倍液喷杀介壳虫和粉虱。

8. 扶桑

◆**别称**：朱槿、佛桑、桑槿、大红花。

◆**科属**：锦葵科，木槿属。

◆**生长地**：原产我国南部地区。

◆**形态特征**：常绿灌木或小乔木。茎直立，盆栽株高一般达 1 ~ 3 米，多分枝。树冠近球形。单叶互生，广卵形或长卵形，先端渐小，叶缘具粗齿或有缺刻，基部全缘，叶表面有光泽。花朵硕大，单生于叶腋，有下垂的、有直立的、有单瓣的、有重瓣的。单瓣花呈漏斗形，雄蕊及柱头伸出花冠外；重瓣花花冠通常为玫瑰红色，非漏斗形，雄蕊及柱头不突出花冠外。花色丰富，有鲜红、大红、粉红、橙黄、白、桃红等色，直径 10 厘米左右，花期长。蒴果卵形，光滑。扶桑全年开花，夏秋最盛，花姿优美，花色艳丽，适宜盆栽观赏，适用于客厅、入口厅等处摆设和放置阳台上观赏。

◆**生活习性**：扶桑是强阳性植物，喜光照充足、温暖湿润的环境。不耐寒，不耐旱，不耐阴，温度在 12 ~ 15℃才能越冬。气温在 30℃以上开花繁茂，在 2 ~ 5℃低温时出现落叶。对土壤适应范围广，但在疏松肥沃、排水良好的中性至微酸性沙质土壤中生长良好。忌积水，萌芽力强，耐修剪。

◆**繁育管理**：主要采用扦插法繁殖，选 1 ~ 2 年生 1 厘米左右粗的健壮枝条，剪成 10 ~ 15 厘米的插穗，只留上部叶片和顶

芽，削平基部，插入经水洗消毒的细沙土中，雨后遮阴、保湿，30～40天后便可生根。4月出房后应放于光线充足的地方，生长期施入加20倍水稀释的腐熟饼肥上清液1～2次，6月起开花，一直到10月，每月追施2%磷酸二氢钾1～2次，并充分浇水。10月底移入温室管理，控制浇水，停止施肥。

◆**病虫害防治**：其病虫害主要有蚜虫、介壳虫、煤污病等，煤污病由蚜虫传播，初时可用水冲洗。介壳虫可喷80%敌敌畏乳油或马拉硫磷1000倍液防治。蚜虫可用80%敌敌畏乳油2000倍液防治。

9.茉莉花

◆**别称**：茉莉、末利花、抹厉、末丽。

◆**科属**：木犀科，茉莉属。

◆**生长地**：茉莉是热带和亚热带植物，原产我国西部地区和印度。

◆**形态特征**：常绿灌木，幼枝绿色，枝条细长，有柔毛，单叶对生，椭圆形或倒卵形，全缘、深绿色，有光泽。聚伞花序，生于新枝枝顶或叶腋，花白色，生3～9朵，有单瓣和重瓣之分，具浓香，花期6～10月。茉莉花花朵白色，芳香宜人，花期初夏至深秋，是重要的室内盆栽观赏花卉，花可用来熏茶，提取香精，具有重要的经济价值。

◆**生活习性**：茉莉性喜阳光充足、炎热、潮湿的气候。在通风良好、稍阴的环境下生长良好，畏寒怕冷，抗寒能力较差，不耐干旱、湿涝、碱土。土壤以土层深厚、疏松、肥沃、排水良好的沙质和半沙质的偏酸性土壤为好。

◆**繁育管理**：茉莉主要采用扦插繁殖。5～6月间选直径0.5

厘米，1～2年生且长10～15厘米的健壮枝条，插于3天前浇透水且消过毒的沙壤土中，插入1/2，压实后随时浇水，然后覆盖塑料薄膜，保持较高的空气湿度，1个月后可生根成活。孕蕾时要摘心和短截枝条，以促生新枝和孕育更多更好的花蕾，7周施稀薄饼肥水1次，花期要增加光照，加强肥水管理，连续追施1∶5的蹄角片水稀释液，可以头天施肥，第二天浇水。盛夏每天早晚浇水，空气干燥时需喷水增加湿度，冬季要控制浇水量。随时剪去枯枝、病枝、弱枝，特别是及时剪短谢花枝。冬季遇低温要注意保暖防冻。

◆**病虫害防治**：主要病害有白绢病、炭疽病等，虫害有介壳虫、红蜘蛛等。防治病害，在发病期喷施75%百菌清可湿性粉剂800～1000倍液。防治虫害，可喷施50%辛硫磷1000～1500倍液，连续2～3次。

10. 一品红

◆**别称**：圣诞花、象牙红、猩猩木。

◆**科属**：大戟科，大戟属。

◆**生长地**：原产墨西哥、中美洲及非洲热带地区。

◆**形态特征**：多年生常绿小灌木。茎直立、光滑，内含有白色汁液。嫩枝绿色，老枝淡棕色。单叶互生，下部叶片卵状椭圆形，绿色；上部的苞叶较狭，披针形，生于花序下方，轮生，叶形似提琴状，叶全缘或浅裂，背面有柔毛。开花时苞片呈鲜红色、白色、淡黄色和粉红色，色彩鲜明，为观赏的主要部分。花序顶生，花小。蒴果，种子3粒，体大，椭圆形，褐色。园艺栽培的变种还有一品白、一品粉、美洲一品红、重瓣一品红等。

◆**生活习性**：喜温暖、湿润、阳光充足的环境条件。怕干旱、怕涝，不耐寒。生长适温为25℃左右，越冬温度应保持在15℃以上。要求排水畅通、透气性良好的疏松、肥沃的微酸性土壤。一品红对水分要求较严，土壤湿度大容易烂根而引起落叶，土壤过干植株生长不良，也易落叶。一品红苞片色彩艳丽，花期长，一般可长达3～4个月，且正值圣诞、元旦开花，是深受人们喜爱的盆栽花卉，既适合庭园种植，又常盆栽陈设于厅、堂观赏。同时也是良好的造型植物，可根据人们的欣赏需要，塑造出不同高矮、不同形状的切花。

◆**繁育管理**：一品红以扦插繁殖为主。扦插主要在春季2～3月进行。选择生长健壮的1～2年生枝条，剪成长8～12厘米的段作为插穗，剪取后先洗去切口的白浆，再插入水中或沾草木灰，以免汁液流出，稍晾干后插入排水良好的土壤中或粗沙中（插条上保留2片叶子），保持湿润并稍遮阴，插床温度22℃时，1个月左右生根，再过半个月移栽上盆。也可嫩枝扦插，当嫩枝长出6～8片叶时，取8厘米左右带3～4个节的一段嫩梢，去掉基部大叶片，立即投入清水中止住汁液，然后扦插即可。

盆栽培养土常用腐叶土、园土、堆肥按2：2：1的比例混合配制。生长期间充分浇水，保持土壤湿润，不宜过干或过湿；每月施用加20倍水的人畜粪尿液肥2～3次，追肥以清淡为宜，6月份施用1次发酵过的鸡粪或饼肥，将肥料粉碎后均匀撒布在盆土表面，然后松土浇透。适度整枝作弯，使其矮化，也可用0.3％～0.5%矮壮素，促使其矮化，培养良好的观赏造型。一品红为短日照植物，自然开花在12月，如欲使其提前开花，需作短日照处理（每天保持9小时的日照条件，单瓣品种遮光 45 ~ 60 天即可开花）。

◆**病虫害防治**：其病虫害主要是粉虱，并引发黑煤病、茎腐病和介壳虫。可在发病期喷 40% 氧化乐果或 50% 杀螟硫磷各 1000 ~ 1500 倍液，5 ~ 7 天 1 次，连续 3 ~ 4 次。防治虫害，可喷洒 50% 杀螟硫酸 1000 倍液，自 6 月份上旬开始每 10 天左右喷一次，连喷 3 次，效果很好。

11. 变叶木

◆**别称**：洒金榕。

◆**科属**：大戟科，变叶木属。

◆**生长地**：原产南洋群岛、印度及太平洋岛屿，我国广东、福建、台湾等地区都有栽培。

◆**形态特征**：多年生常绿、矮生小乔木或灌木。株高 1 ~ 2 米。单叶互生，叶形千变万化，卵圆形至线形，全缘或分裂达中脉，边缘波浪状，具有长叶、母子叶、角叶、螺旋叶、戟叶、阔叶、细叶七种类型，叶色五彩缤纷，有深绿、淡绿，其上有褐、橙、红、黄、紫、青铜等不同深浅的斑点、斑纹或斑块。叶有柄，厚草质。花小，黄白色。蒴果球形，白色。

◆**生活习性**：变叶木性喜温暖、湿润、阳光充足的环境，不耐阴，不耐霜寒，怕干旱。夏季生长温度宜在 30℃ 以上，越冬温度 10℃ 以上。在强光、高温、较高空气湿度的条件下生长良好。对土壤要求不严，以土层深厚、黏重、肥沃、偏酸性土壤为好。变叶木是观叶植物中叶色、叶形和叶斑变化最丰富的，为观叶植物中的佼佼者，常作盆栽观赏，其叶也是极好的花环、花篮和插花的装饰材料。

◆**繁育管理**：变叶木可用扦插或压条繁殖。扦插繁殖于5～9月进行，剪取8～10厘米长、生长粗壮的顶部新梢作插穗，洗去白汁，晾干后，插入温室沙床中，温床下应加湿。室温保持在25℃以上，3～5周生根，新叶长出后上盆栽植。压条繁殖是在压条之处环状剥皮，用苔藓包扎剥口，保持苔藓湿润，在27℃条件下，3周后即能生根。盆土用黏质壤土、腐叶土、河沙按6∶3∶1的比例混合配制。生长期间要充分浇水，保持盆土湿润，忌积水；除夏天适当遮阴外，其余季节光线越强，叶片的色彩越漂亮；每2～3周施复合肥1次，冬季加强养护，防寒防冻，成熟植株宜2年换盆1次，于5月上旬进行。除经常保持盆内湿度外，还要注意适当通风，以免因室温高、通风差发生病虫害。

◆**病虫害防治**：变叶木常见病害有黑霉病、炭疽病，应及时通风并用50%多菌灵可湿性粉剂600倍液防治。常见虫害有红蜘蛛、介壳虫，可喷洒氧化乐果乳油1000倍液防治。

12. 米兰

◆**别称**：珠兰、米仔兰、树兰、鱼仔兰。

◆**科属**：楝科，米仔兰属。

◆**生长地**：原产我国南部和东南各省区以及亚洲东南部。

◆**形态特征**：常绿灌木或小乔木，多分枝。株高4～7米。嫩枝常被星状锈色鳞片。奇数羽状复叶互生，叶绿而光亮，小叶3～5枚，倒卵形至长椭圆形。圆锥花序腋生，花小而繁密，黄色，形似小米，花香浓郁。夏、秋季开花。浆果。

◆**生活习性**：喜阳光充足，也耐半阴。喜温暖、湿润气候，不耐寒。宜疏松、富含腐殖质的微酸性壤土或沙壤土。能耐半阳，在半阳处开花少于阳光充足处，香味也欠佳。长江流域及其以北各地皆盆栽，冬季移入室内越冬，温度需保持 10 ~ 12℃。米兰树姿秀丽，枝叶茂密，花清雅芳香似兰，叶片葱绿而光亮，深受人们喜爱，是很好的室内盆栽花卉，宜盆栽布置客厅、书房、门廊及阳台等。暖地也可在公园、庭园中栽植。

◆**繁育管理**：米兰主要用扦插或高压法繁殖。扦插于 6 ~ 8 月剪取一年生、长 8 ~ 10 厘米、成熟的顶端带叶嫩枝，剪去下部叶片，削平切口，插入消过毒的沙质插床上，浇透水后覆盖塑料膜保湿，置半阴处，每天换气一次，保持土面湿润，2 个月左右即可生根。生根后 1 个月上盆。高压繁殖在 5 ~ 8 月进行。选 1 ~ 2 年生的健壮枝环状剥皮，套上塑料膜，待切口稍干再在膜中填充苔藓、蛭石或湿土，将上下扎紧，80 天左右即可生根，然后在包裹物的下部剪断上盆即可。盆土用泥炭土 2 份、沙 1 份或者用园土、堆肥土各 2 份，加沙 1 份混合调制。春季开始生长后每 2 周施稀释的饼肥水 1 次，注意控制水量，5 月上旬开始，施以 1 : 5 的蹄角片水稀释液 1 ~ 2 次，5 月下旬施以 1 份骨粉加 10 份水的骨粉浸液 1 ~ 2 次，花前十几天施用 1000 倍的磷酸二氢钾水溶液 1 次，冬季停止施肥。平时保持盆土湿润，干旱和生长旺盛期每天叶面喷水 1 ~ 2 次，冬季控制水分，不干不浇。

◆**病虫害防治**：易受煤烟病、红蜘蛛和介壳虫危害，防治方法主要是通风。如发生虫害可用乐果 1000 ~ 2000 倍液喷杀。如发生病害，应注意通风，同时可用多菌灵 500 ~ 1000 倍液喷洗。

13. 白兰花

◆**别称**：巴兰、缅桂、玉兰花、黄桶兰、黄桶树。

◆**科属**：木兰科，含笑属。

◆**生长地**：原产东南亚地区、印度尼西亚，在我国西南地区广为栽培。

◆**形态特征**：白兰花常绿小乔木，干皮灰色，新枝及芽绿色有绢毛，树冠宽卵形。单叶互生，全缘，叶片薄革质，卵状长椭圆形至卵状披针形，表面平滑有光泽。花单生于叶腋，白色有浓郁香味，花瓣披针形，有6～9瓣。花期4～9月。

◆**生活习性**：喜阳光充足、温暖、湿润、通风良好的环境，不耐寒，土壤以富含腐殖质、排水良好的微酸沙壤土为宜。根肉质怕积水。白兰花碧叶玉花，花期长，有沁人的芳香，四季常青，姿态优雅，使人们喜爱的木本花卉。白兰花在气候温暖地区可作庭荫树及行道树，寒冷地区多盆栽，其花朵可熏制花茶，做头花、襟花佩戴，具较高经济价值。

◆**繁育管理**：主要用嫁接和压条繁殖。嫁接以木兰作砧木，在6月间进行靠接，约90天即能愈合，即可与母株切离。压条在春季夏初进行，生根后切离母株上盆。盆栽的培养土用腐叶4份、沙土1份及一些基肥配成，移栽上盆要带土球。生长季节每3～5天施1次腐熟的豆饼液肥，开花期每隔3～4天施1次腐熟的麻酱渣稀释液，花前还需补充磷、钾肥。春季出房后，以中午浇水为好，隔日1次，但每次必须浇足，盛夏时适当增加喷水次数。冬季应严格控制浇水，保持盆土湿润即可。一般地区冬季需移入温室。

◆**病虫害防治**：其病虫害有炭疽病、蚜虫、介壳虫、红蜘蛛等，在发病期喷施75%百菌清可湿性粉剂800～1000倍液防治。防治虫害，可喷施 50% 辛硫磷 1000 ~ 1500 倍液，连续 2 ~ 3 次，能有效防治。

14. 虎刺梅

◆**别称**：铁梅掌、铁海棠、麒麟花。

◆**科属**：大戟科，大戟属。

◆**生长地**：原产非洲马达加斯加，我国各地都有栽培。

◆**形态特征**：常绿落叶灌木或常绿攀援、多浆类灌木，株高 0.5 ~ 1 米，茎具多棱，并有褐色硬锐刺，枝条密生，嫩枝具柔毛。单叶，聚生于嫩枝上，叶倒卵形，先端浑圆而有小突尖，黄绿色，草质有光泽。聚伞花序生于枝条顶端，花小，花冠轮生，绿色，单性同株，无花被，总苞基部具 2 苞片，苞片宽卵形、鲜红色，长期不落，花期 10 月至翌年 5 月。蒴果扁球形。

◆**生活习性**：性喜高温、光照充足和通风、湿润的环境，耐旱力强，不耐寒，忌水湿。适宜排水良好的沙质土壤。阳光充足时花色鲜艳，长期光照不足，花色暗淡，只长叶子，不开花。干旱时，叶子脱落，但茎枝不萎蔫。土壤湿度过大，易造成生长不良，甚至死亡。长江流域及其以北地区，均盆栽室内越冬，冬季室温不宜低于 15℃。虎刺梅株丛繁茂，茎姿奇特，花叶美丽，可在造型架上攀援生长，深受人们喜爱，是秋、冬、春三季良好的观赏盆花，也可作室内装饰或供制作盆景。南方地区常露地作绿篱栽植。

◆**繁育管理**：虎刺梅主要用扦插法进行繁殖，整个生长季节都可进行扦插，但以 5 ~ 6 月最好。从母株上剪取粗壮充实带顶芽、长 7 ~ 8 厘米的茎段作插穗，剪口涂抹炉灰或草木灰，待剪口充分

干燥，剪口处外流白浆凝固后插于湿润的沙床中，插后注意保持盆土稍干燥，插床上可用干净的粗河沙，插穗入土深度 3 ～ 4 厘米，插后浇一次透水，再进行遮阳并经常喷雾，保持插床湿润，1 个月后即生根成活。扦插苗上盆后给予充足光照，盆栽以 3 份园土、2 份腐熟有机肥料和 5 份沙配制成培养土。从 4 月中旬至 9 月，可每半个月追施 1 次蹄角片液肥（一般是 500 克羊蹄角片加水 10 千克，放入缸中密封，充分发酵即可），雨季每 3 ～ 4 周施 1 次麻渣干肥，休眠期停止施肥。夏季应每天浇 1 次水，开花期间控制浇水，春、秋两季可每 2 ～ 3 天浇水 1 次，冬季每 10 ～ 15 天浇 1 次水。夏季防烈日直射和雨淋，并适当修剪和设架扎缚枝条。深秋入温室养护，保持盆土干燥，2 ～ 3 年换盆一次。

◆**病虫害防治**：虎刺梅夏季易受红蜘蛛危害，可以将其放在通风良好、光照充足的环境，同时喷洒 1000 倍 80% 敌敌畏除治。

15. 龟背竹

◆**别称**：蓬莱蕉、透叶莲、穿孔喜林芋、电线兰、铁丝兰。

◆**科属**：天南星科，龟背竹属。

◆**生长地**：原产墨西哥、美洲热带雨林地区，在我国西双版纳有野生，现各地均有栽培。

◆**形态特征**：多年生常绿攀援藤本植物。茎粗壮，可长达 10 余米。节部明显，茎干上生有许多细长、褐色的气生根，故又称电线兰。叶大，幼苗时叶片心形，无孔，全缘，随着植株长大，叶片出现羽状深裂，主脉两侧呈龟甲形散布许多椭圆形孔洞和深裂，孔裂叶的形状犹如龟背，因此得名。叶深绿色，革质。肉穗花序，白色，佛焰苞淡黄色革质，边缘翻卷。栽培中还有斑叶变种（浓绿色的叶片上带有大面积不规则的白斑）。条件适宜时可结出紫罗兰色浆果，具菠萝香味，可生食。

◆**生活习性**：喜温暖湿润和半阴环境，忌阳光直射和干燥，较耐寒。生长适温为 20 ～ 25℃，越冬温度为 5℃。对土壤要求不严，在富含腐殖质的沙质壤土中生长良好。龟背竹植株优美，叶片形状奇特，叶色浓绿，常盆栽置于厅、堂观赏，也可作大型壁挂居室装饰。

◆**繁育管理**：龟背竹以扦插繁殖为主。龟背竹萌生力强，每年 4 ～ 5 月天气转暖后，可将老茎枝条剪取带 2 ～ 3 个芽眼的茎为一插穗，带叶片将茎干插入以河沙或蛭石为基质的盆中，适当遮阳，保持温度在 25 ～ 30℃，高温易成活，插后经常喷水保证插床湿润，1 个月左右生根，2 个月长出新芽。盆土以腐叶土为主，适当掺入壤土及河沙。6 ～ 9 月每月施肥 1 ～ 2 次，施肥种类以尿素、磷酸二氢钾为主，施用浓度为：尿素 0.5%、磷酸二氢钾为 0.2%。冬季少浇水，注意防冻。栽培时应搭架支撑，定型后注意整枝修剪和更新。

◆**病虫害防治**：龟背竹的叶片有时会发生褐斑病，须及时喷药。此外，经常有介壳虫危害茎叶，应经常开窗通风预防，或用小毛刷除掉，并每月喷洒 1000 倍的 40% 乐果乳油。

16. 巴西木

◆**别称**：巴西铁、巴西千年木、巴西铁树、玉莲千年木、香龙血树、巴西水木。

◆**科属**：百合科，龙血树属。

◆**生长地**：原产非洲、东南亚和澳洲热带和亚热带地区。

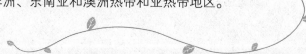

◆**形态特征**：常绿乔木，高可达 6 米以上，一般盆栽高 0.5 ~ 1 米。茎直立生长，有时分枝。叶丛生枝顶，长椭圆状披针形，鲜绿色，无叶柄，轮生，呈放射状，叶缘呈波状起伏，叶片中间带有金黄色条纹。穗状花序，花小，黄绿色或浅紫色，具芳香。栽培品种主要有金边龙血树（叶边缘有数条金黄阔纵纹，中央为绿色）、银边龙血树（叶边缘为乳白色，中央为绿色）、金心龙血树（叶片中央有一金黄色宽条纹，两边绿色）等。

◆**生活习性**：巴西木性喜高温、多湿的环境。较耐阴，喜光照，但忌阳光直射，忌干燥干旱。生长适温为 20 ~ 30℃，休眠温度为 13℃，越冬温度为 8℃。喜疏松、排水良好的沙质壤土。巴西木株形挺拔壮观、整齐优美，叶片宽大，紫色素雅，一般做大、中型盆栽，装饰客厅、会场或商店，是目前最为普遍栽培的室内观叶植物之一。

◆**繁育管理**：巴西木以扦插繁殖为主。6 ~ 7 月，剪取带叶的分生枝插于湿润沙床中，断面切口要平滑，把切下的支柱茎段的下部切口用 75% 百菌清可湿性粉剂 100 倍液消毒。为防止水分蒸发，上部涂抹石蜡封口。插穗下端埋在排水良好的清洁基质中，或浸入清洁的水中，其深度依插穗长短而定，较长的茎段要加以固定，不能上下颠倒，浸入水中的部分不宜过长。约 1 个月生根，或切取粗壮不带叶的老茎干扦插，插条 30 ~ 50 厘米，插后 2 个月生根。也可采用水插法。盆栽培养土可用腐叶土加 1/3 的河沙或蛭石配制。巴西木生长期间要保证充足的水分供应，每天浇一次水，盆土过干或过湿都不利于生长。巴西木喜光，但中午又要避免强光直晒，防止烈日灼伤叶片。每月施 1 次加 10 倍水稀释的人畜粪尿液。巴西木耐阴，但如果过阴叶片偏绿，花纹会不明显，光泽度也不好，因此适宜放在有散射光线的半阴处栽培，氮肥过多，也会造成花纹退色，经常清洗叶面，保持叶面清洁。

◆**病虫害防治**：发现叶斑病时可用波尔多液或甲基托布津 800 倍液喷洒防治。

17. 石榴

◆**别称**：安石榴、山力叶、丹若、榭榴。

◆**科属**：石榴科，石榴属。

◆**生长地**：原产中亚亚热带地区。

◆**形态特征**：落叶灌木或小乔木。树皮粗糙，灰褐色，有瘤状突起。分枝多，嫩枝有棱，小枝柔韧。单叶对生，有短柄，长椭圆形或长倒卵形，先端圆钝或微尖，有光泽，质厚，全缘，新叶红色。花两性，有钟状花和筒状花，有短柄，一般 1 朵至数朵着生在当年新枝的顶端。花有单瓣、重瓣之分，花色多为大红，也有粉红、黄、白及红白相间色，花瓣皱缩。花期 5 ～ 9 月。浆果球形，外种皮肉质，呈鲜红、淡红或白色，顶部有宿存花萼，果多汁、甜酸味，可食用，果熟期 9 ～ 10 月。

◆**生活习性**：石榴喜光线充足，喜温暖，温度在 10℃以上才能萌芽。石榴较耐寒，冬季休眠时可耐短期低温。石榴耐旱，不耐阴，怕水涝，适宜疏松、排水良好的沙质土壤。生长季节需水较多。石榴树龄可高达百年。石榴适于在园林绿地中栽植，是观花、观果极佳的盆景植物。

◆**繁育管理**：石榴的繁殖方法很多，可用扦插法、分枝法等，期中扦插较为简便，应用最为广泛。扦插在温度能达到要求的条件下四季均可进行，扦插冬春用硬枝，夏秋用嫩枝。剪去半木质化枝条 15 ~ 16 厘米做插穗，保留顶部小叶，插穗切口上部要平滑，下部剪成斜面，随剪随插，以保证成活率。插床上的扦插基质要用消过毒的沙壤土，插后注意遮阴保湿。温度在 20℃左右，30 天可以生根。分株繁殖在早春刚萌动时选择健壮的根蘗苗分栽定植，方法简单，容易成活。结合早春翻盆换土，施入 100 ~ 150 克骨粉或豆饼渣、鸡鸭粪等肥料作基肥。早春施稀薄饼肥水 1 ~ 2 次，开花前施以充分腐熟的稀薄蹄角片水或麻酱渣水 1 ~ 2 次，孕蕾期用 0.2% 磷酸二氢钾液喷施叶面 1 次，花谢坐果期和长果期，每月追施磷钾肥料 1 ~ 2 次。春、秋季隔 1 天浇水 1 次，夏天早晚各浇水 1 次，冬天控制浇水，约 1 周浇水 1 次，每年冬春之间，进行一次疏枝和修剪，生长期间，适当作摘心修剪并不断剪去根干上的萌蘗。

◆**病虫害防治**：石榴易受蚜虫、介壳虫和桃蛀螟等的侵害。桃蛀螟是石榴的主要害虫之一，每年发生 2 ~ 3 代，以幼虫蛀害果实，造成烂果、落果、可用 30 倍的敌百虫液浸药棉球塞入花萼深处，当幼虫通过花萼时，即被毒死。蚜虫可用香烟蒂浸泡肥皂水喷洒。发生介壳虫，量少时可用手指或小刷除去，数量多时，可喷乐果防治。

18. 腊梅

◆**别称**：腊木、黄梅、雪梅、香梅、干枝梅。

◆**科属**：腊梅科，腊梅属。

◆**生长地**：原产于我国中部，四川、

湖北及陕西均有分布。

◆**形态特征**：落叶灌木，树干丛生，黄褐色，皮孔明显。单叶对生，叶椭圆状披针形，先端渐尖，叶纸质，叶面粗糙。花单生于枝条两侧，自一年生枝之叶腋发出，直径 2～3.5 厘米，花被多数，内层较小，紫红色，中层较大，黄色，稍有光泽，似蜡质，最外层为细小鳞片组成，花期 12 月至翌年 3 月，先叶开放，具浓香。

◆**生活习性**：性喜阳光，耐高温，夏季一般不需遮光，若光线不足易出现直接变长、花蕾稀少、树形松散、枝条细弱等情况。腊梅能耐阴，耐干旱，有一定耐寒力，冬季 -15℃不需搬入室内。但腊梅最怕风吹，要注意防风，否则易出现花苞不开放、开花后花瓣被风吹焦萎蔫、叶片生锈斑等现象。腊梅忌水湿，要求土层深厚、排水良好的中性或微酸性轻壤土。对有害气体二氧化硫和一氧化硫的抗性强。腊梅是园林绿地的常用树种，还可作切花花材，也是盆栽和制作桩景的好材料。鲜花既可提取芳香油，烘干后又是名贵药材。

◆**繁育管理**：腊梅繁殖方法有嫁接、分株、播种等。嫁接采用切接和靠接法。分株在谢花后采用入土劈株带根分栽。播种在 7～8 月采收变黄的坛形果托，取出种子干藏至翌春播种。嫁接成活后每长 3 对芽后，就摘心一次，让其自然分枝形成树冠。3～4 月花谢后应及时修剪，可重剪，要求每枝留 15～20 厘米，7～8 月生长期修剪要保留一定数量枝条的生长。移植须在春、秋带土球移栽。花谢后应施足基肥，肥料最好用发酵腐熟的鸡粪和过磷酸钙混合有机肥，花芽分化期和孕蕾期应追施以磷为主的氮、磷、钾结合肥料 1～2 次。秋季落叶后追施充分腐熟的饼肥水 1～2 次。每 1 周浇水 1 次，不干不浇，水量不宜过大，雨后注意排水。

◆**病虫害防治**：主要虫害是蚜虫、天牛。防治天牛时用棍敲打

枝干，及时捕杀落地成虫；经常检查树干，发现有排粪孔时，用铁丝刺死其中的幼虫；或向排粪孔塞入蘸有敌敌畏的棉球，用黄泥封口，进行熏杀。防治蚜虫要剪除有卵枝条，集中销毁；喷洒10% 吡虫啉可湿性粉剂 6000 倍液，或 70% 灭蚜松可湿性粉剂 1500 ~ 2000 倍液，或 50% 马拉松乳油 1000 ~ 1500 倍液。主要病害有炭疽病、黑斑病。应彻底清除带病落叶，集中销毁，减少侵染源。防治炭疽病可喷洒 50% 甲基托布津 800 ~ 1000 倍液，或 50% 多菌灵可湿性粉剂 1000 倍液。防治黑斑病可喷洒 50% 多菌灵可湿性粉剂 1000 倍液，或 65% 代森锌 500 倍液，或 0.3 波美度石硫合剂。

19. 榆叶梅

◆**别称**：榆梅、小桃红、榆叶鸾枝。

◆**科属**：蔷薇科，桃属。

◆**生长地**：原产我国北方地区。

◆**形态特征**：榆叶梅为落叶灌木，稀小乔木，枝条开展，具多数短小枝，小枝细，小枝灰色，一年生枝灰褐色，单叶互生，叶阔椭圆形至倒卵形，先端锐尖或 3 浅裂，边缘有粗重锯齿，表面粗糙无毛，背面有疏生短柔毛，冬芽短小，长 2 ~ 3 毫米。花 1 ~ 2 朵簇生于叶腋，花单瓣至重瓣，粉红色，先叶开放或花叶同放，花期 3 ~ 4 月。核果近球形，红色，有毛。果熟期 7 月。

◆**生活习性**：榆叶梅性喜阳光，不耐庇荫，耐寒，在 -35℃ 下能安全越冬，耐碱，耐旱，耐瘠薄。对土壤要求不严。以中性至微碱性肥沃土壤为佳。根系发达，耐旱力强。不耐水湿，抗病力强。生于低至中海拔的坡地或沟旁乔、灌木林下或林缘。抗病力较强。

榆叶梅是园林绿地中重要的春季花木，可与其他早春花木配置，也可于向阳山坡片植。

◆**繁育管理**：榆叶梅主要用播种、扦插和嫁接法进行繁殖。播种繁殖容易，发芽率高，春播或秋播都可，播种方法可采取撒播和条播，但以条播最好，秋播种子事先不须进行催芽处理，将干净提纯的种子直接播种即可，但秋播种子当年不发芽，需在苗圃地中越冬，但在播种前应用 0.5% 高锰酸钾溶液浸种 2 ~ 3 小时，或用 3% 的浓度浸种 40 分钟，取出密封半小时，再用清水冲洗数次后播种，然后及时灌水越冬。幼苗生长迅速，第二年即能开花。嫁接繁殖以秋季芽接为主，也可春季枝接，可用杏、山桃、毛桃或实生苗作砧木。栽植宜在早春进行，同时将未成熟枝条及病虫枝剪去，可促使开花茂盛，花后应加以短剪。榆叶梅成花容易，开花繁茂，开花时消耗大量养分，应注意花后施肥，以利于新花芽分化，可施无机肥及充分腐熟的饼肥和人粪尿。夏季多施有机肥。

◆**病虫害防治**：常见病害有榆叶梅黑斑病、叶斑病，榆叶梅黑斑病可用 80% 代森锌可湿性颗粒 700 倍液，或 70% 代森锰锌 500 倍液进行喷雾，每 7 天喷施一次，连续喷 3 ~ 4 次，可有效控制病情。叶斑病可及时喷洒 75% 甲基托布津可湿性粉剂 900~1400 倍液，或 75% 百菌清可湿性粉剂 800 倍液。其虫害有蓑蛾、蚜虫，蓑蛾可在幼虫发生期喷洒杀灭菊酯 2050 倍液，或 85% 敌敌畏乳油 900 倍液，或 80% 敌百虫晶体 1500 倍液。蚜虫用 12% 氧化乐果乳剂 900 倍液或马拉硫磷乳剂 1100~1600 倍液喷洒 1 次，或敌敌畏乳油 900 倍液或 70% 吡虫啉分散粒剂 14000~19000 倍液喷洒 1 次。

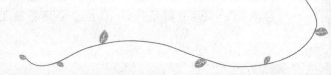

20. 五色椒

◆**别称**：朝天椒、五彩辣椒、樱桃椒、佛手椒、观赏椒。

◆**科属**：茄科，辣椒属。

◆**生长地**：原产南美洲热带地区，后作为观赏植物由哥伦比亚引入欧洲，遍布世界各地。

◆**形态特征**：五色椒为多年生半木质植物，常作一年生栽培。株高30～50厘米，茎直立，多分枝，单叶互生，叶柄短，卵状披针形。花单生叶腋，或3～5朵聚生于枝顶，有梗，花白色，花期6～7月。浆果球形、卵形或心脏形，直立，小而尖，初时绿色逐步变白、紫，最后为红色、黄色，有光泽。果熟期8～10月。易自然杂交，常出现新变异。

◆**生活习性**：五色椒喜阳光充足和温暖、干燥的环境，耐炎热，不耐寒，适宜肥沃、湿润、疏松的沙质土壤。五色椒叶色翠绿，果色鲜艳，果实五彩缤纷，是秋季的观果花卉，可布置于花坛、花台中，也可盆栽陈设于客厅、卧室或厨房，装饰效果非常好。五色椒全草入药，根茎性温、味甘，能祛风散寒、舒筋活络，并有杀虫、止痒功效。植株对空气中的二氧化硫和三氧化硫等有毒气体有一定的吸收和抵抗能力。

◆**繁育管理**：五色椒主要采用播种繁殖。于3月播于室内苗床或盆播，也可4～5月播于露地苗床，对播种用的基质进行消毒，最好的方法就是把它放到锅里炒热，什么病虫都能烫死。保持土壤湿润，子叶展开后间苗，把有病的、生长不健康的幼苗拔掉，使留下的幼苗相互之间有一定的空间；具3～4枚真叶时移植，10厘米高时可定植，盆土用腐殖土与细沙土各半配置，盆底放入20～50克蹄角片或10克复合化肥做底肥，生长期内每周应追施 1 次 1 ∶ 5 的蹄角片肥水稀释肥或 0.1% ~ 0.5% 的复合化肥溶液。5 月底以前每天浇 1 次水，6 ~ 8 月每天早晚各浇水 1 次，8 月下旬以后一般 1 ~ 2 天浇 1 次水。雨季应移到避雨处，避免淋雨。

◆**病虫害防治**：常见的病害有疫病，苗期发病，及时喷施或浇灌 50% 甲霜酮可湿性粉剂 800 倍液，或 64% 杀毒矾可湿性粉剂 500 倍液防治。绵腐病发病初期喷施 72.2% 普力克水剂 400 倍液，或 15% 土菌消 450 倍液防治。其虫害主要是红蜘蛛，可喷洒 1000 倍 40% 三氯杀螨醇稀释液除治。

21. 佛手

◆**别称**：佛手柑、五指橘、九爪木。

◆**科属**：芸香科，柑橘属。

◆**生长地**：原产印度，在我国广东、四川丘陵地带多有分布。

◆**形态特征**：佛手为常绿灌木或小乔木，枝叶开展，枝刺短硬，树干褐绿色，幼枝略带紫红色。单叶互生，长椭圆形，边缘有波状微锯齿，先端钝，叶腋有刺。花簇生于叶腋间，圆锥花序，白色带紫晕，花瓣 5 枚。果实冬季成熟，基部圆形，有裂纹，如紧握拳状或开展如手指状，呈暗黄色，具浓香味，果肉几乎完全退化。种子数颗，卵形，先端尖。花期 4 ~ 5 月。果熟期 11 ~ 12 月。

◆**生活习性**：佛手为热带、亚热带植物，喜温暖湿润的气候，喜阳光，不耐寒，好肥，耐阴，耐瘠，耐涝，不耐严寒，怕冰霜及干旱。以雨量充足、冬季无冰冻的地区栽培为宜。适宜土质深厚、疏松肥沃、排水良好、富含腐殖质的酸性沙质壤土。最适生长温度 22 ~ 24℃，越冬温度 5℃以上。佛手叶色苍翠，四季常青，果

实色泽金黄，香气浓郁，形状奇特似手，千姿百态，让人感到妙趣横生。佛手不仅有较高的观赏价值，而且具有珍贵的药用价值、经济价值，因此被称为"果中之仙品，世上之奇卉"，雅称"金佛手"。

❀繁育管理：佛手多用嫁接繁殖，也可用扦插和高压繁殖。选枸橘作砧木进行靠接或切接。种植以盆栽为主，冬季室温应在 4 ～ 15℃，出房前可摘掉全部叶芽，结果后应强修剪。以腐熟豆饼渣和少量骨粉混合作基肥，3 月下旬至 6 月上旬每半月施稀薄饼肥水 1 次，现蕾后停施，孕蕾期用 0.2% 磷酸二氢钾液喷叶面 1 ～ 2 次。坐果后可在每百克水中放入 3 ～ 5 克糖、草木灰 3 ～ 4 克、尿素 0.4 ～ 0.5 克，混合过滤去渣，每半月喷洒树冠 1 次，连续喷 2 ～ 3 次。10 月后结合浇水加施稀薄人粪尿，同时施腐熟的堆肥。生长旺盛期要多浇水，高温和炎夏期间，早晚各浇水 1 次，并适当喷水以增加空气湿度。秋后浇水量应减少，冬季以保持盆土湿润即可。开花、结果初期，浇水不宜太多。

◆病虫害防治：佛手主要受红蜘蛛、蚜虫、介壳虫等危害。6 ～ 7 月易发生红蜘蛛，可喷洒 1000 倍 40% 三氯杀螨醇稀释液除治，发生蚜虫危害可喷洒 1000 倍 25% 亚胺硫磷稀释液，介壳虫可用 40% 乐果乳油 1000 倍液或 1：1：10 烟草石灰水防治。佛手易发生炭疽病，可用 25% 菌威乳油 1000 ～ 1500 倍液、炭疽福美 800 倍液防治。

22. 金橘

◆别称：金柑、金枣、脆皮橘、罗浮、牛奶金柑。

◆科属：芸香科，金橘属。

◆生长地：原产中国南部，秦岭、

长江以南，华南及长江中下游已广为栽培。

◆**形态特征**：金橘为常绿灌木，枝密生，高3米，几乎无刺，小枝绿色。叶披针形或矩圆形，长5～9厘米，全缘，叶背散生腺点，边缘近顶部有不明显的钝齿。表面深绿色，光亮。花小，单生或数朵簇生于叶腋，白色，有芳香，花柄短，萼片5。果椭圆形或倒卵形，果皮平滑，金黄色，多腺点，有香味。果熟期11～12月。

◆**生活习性**：金橘性喜阳光、温暖、湿润的气候，不耐寒，稍能耐阴，适宜土层深厚肥沃、排水良好、疏松而带酸性的沙质土壤。对有害气体硫、氟、氯等有吸收能力。金橘硕果累累，一株可以结10个以上的小橘，而且呈金黄色，为冬季主要的观果树种，新春佳节一般出口香港地区，深受香港人欢迎，可盆栽观赏，也可地栽观赏。其药用价值较高。

◆**繁育管理**：金橘一般采用嫁接方法进行繁殖。多用枸橘、酸橙或播种的实生苗为砧木，用芽接法或切接法，在3月中旬前后进行。盆栽土用疏松肥沃的腐叶土和适量沙土、腐熟饼肥制成，盆底可放入25～50克蹄角片或复合肥料作基肥，生长2年后换1次大盆。早春第一次修剪后施1次麻酱渣水或者蹄角片水，以后每10天再施1次或每月施颗粒复合肥1次，每次10～15克，每次摘心后施1次麻酱渣水或者蹄角片水。梅雨季节施饼肥末。坐果初期停止施肥，疏果后每周施肥1次，秋后控制施肥。春、秋可每天浇1次水，夏季每天早、晚各浇1次水，冬季一般4～5天浇1次水。在春季果后春芽萌发前进行一次重修剪，以促进春梢萌发。地栽金橘每年春季发芽前，疏剪一部分去年结果的母枝，并将所留枝条适当剪短。

◆**病虫害防治**：金橘常出现介壳虫危害，并引发煤烟病，可用1000倍40%氧化乐果灌根或者用15%涕灭威颗粒埋撒于盆中，

按花盆口径每20厘米施1～1.5克。

23. 代代

◆**别称**：代代花、回青橙、玳玳橙。

◆**科属**：芸香科，柑橘属。

◆**生长地**：原产浙江黄岩等地，华北及长江流域中下游各地多盆栽。

◆**形态特征**：代代为常绿灌木或小乔木，枝上有短刺，无毛，单叶互生，长0.5～10厘米，革质，卵状椭圆形，先端钝尖，边缘波状缺刻，叶柄有宽翅。花纯白色，芳香浓郁，单生或数朵簇生于叶腋，花期4月末至5月初。果扁球形，直径7～8厘米，果皮当年冬季橙黄色，如不采摘，翌年夏季以后皮色逐渐变青，能经4～5年不落。

◆**生活习性**：性喜冬季无严寒、夏季无酷暑的湿润气候和充足的阳光。性喜光，喜温暖湿润气候，好肥，不耐寒。适宜湿润肥沃的沙质壤土。代代花香气浓郁，果实美丽，主要用于盆栽观果，也可作盆栽。代代春夏之交开花，花色洁白，香浓扑鼻，果实橙黄，挂满枝头，为优秀的观赏植物。暖地可露地栽培，植于庭院角落。室内盆栽，陈设于书房、门厅、客厅，气势不凡。代代还有一特性，果成熟后如不采摘，可在树上留2～3年，保存完好，当年果皮由绿变黄，翌年又由黄变绿，甚有趣。花可熏茶，果实可入药。

◆**繁育管理**：可用嫁接和压条法繁殖，华南各省可露地栽植，华东及长江以北只能盆栽，冬季需入温室越冬，室温应在5℃以上，夏季移出温室放露地阳光处养护。4～5月每周施1次15%～20%的腐熟饼肥水或加5倍水的腐熟人粪尿，5～8月可每周浇 1 次稀薄麻酱渣水，6 ～ 8 月还可每 2 周施 1 次麻酱渣与硫酸亚铁混合沤制的矾肥水，以保持盆土酸化，防止叶片黄化。秋季减少施肥。夏季每天早晚各浇水 1 次，5 ～ 8 月应常向枝叶上喷水，秋天 3 ～ 4 天浇水 1 次，冬天以保持盆土湿润即可。

◆**病虫害防治**：代代易发生炭疽病，用 25% 菌威乳油 1000 ～ 1500 倍液，或炭疽福美 800 倍液防治。代代易受红蜘蛛、蚜虫、介壳虫等危害。发生蚜虫危害，可喷洒 1000 倍 25% 亚胺硫磷稀释液。介壳虫的防治可用 40% 乐果乳油 1000 倍液或 1：1：10 烟草石灰水防治。6 ～ 7 月易发生红蜘蛛，可喷洒 1000 倍 40% 三氯杀螨醇稀释液除治。

24. 火棘

◆**别称**：火把果、救兵粮等。

◆**科属**：蔷薇科，火棘属。

◆**生长地**：原产我国中南、西南及黄河以南广大地区。

◆**形态特征**：火棘为常绿灌木，高达 3 米，树拱形下垂，有枝刺，嫩枝外被锈色短柔毛，老枝暗褐色，无毛。单叶互生，叶倒卵形，先端圆钝微凹，缘有圆钝锯齿，基部全缘，无毛。复伞状花序，梨果近圆形，红色。花期 5 月，果熟期 10 ～ 12 月。

◆**生活习性**：火棘性喜光，稍耐阴，喜温暖气候，适宜肥沃、湿润、疏松及排水良好的土壤。耐贫瘠，抗干旱，不耐寒，温度可低至 0℃。火棘枝叶繁茂，叶绿，花白，果红，园林绿地中常用作刺篱、丛植，可作为观果树种，也是制作盆景的好材料。果、根、叶可入药。

◆**繁育管理**：火棘主要采用扦插和播种繁殖。扦插在春季萌芽

前或夏季新梢木质化后进行。取 1 ~ 2 年生枝，剪成长 12 ~ 15 厘米的插穗，下端马耳形，在整理好的插床上开深 10 厘米的小沟，将插穗呈 30° 斜角摆放于沟边，穗条间距 10 厘米，上部露出床面 2 ~ 5 厘米，覆土踏实，扦插时间从 11 月至翌年 3 月均可进行，成活率一般在 90% 以上。种子秋播或沙藏后春播。播种前可用 0.02% 赤霉素处理种子，在整理好的苗床上按行距 20 ~ 30 厘米，开深 5 厘米的长沟，撒播沟中，覆土 3 厘米。移栽时要带土球，定植时适当修剪，生长旺盛期施 1 次充分腐熟的稀薄蹄角片水或麻酱渣水或 0.1% 复合化肥，开花前增施 1 ~ 2 次磷、钾肥，冬天在其根际周围开沟施 1 次腐熟的堆肥作基肥。平时保持盆土湿润即可，不可积水。

◆**病虫害防治**：易受白粉病危害，发病期间喷 0.2 ~ 0.3 波美度的石硫合剂，每半月 1 次，坚持喷洒 2 ~ 3 次，炎夏可改用 0.5：1：100 或 1：1：100 的波尔多液，或 50% 退菌特 1000 倍液。其虫害为介壳虫和蚜虫，可用 40% 乐果乳油 1000 倍液或 1：1：10 烟草石灰水防治。

25. 佛肚竹

◆**别称**：佛竹、大肚竹、葫芦竹、罗汉竹、密节竹。

◆**科属**：禾本科，簕竹属。

◆**生长地**：原产我国广东省，现我国南方各地以及亚洲的马来西亚和美洲均有栽培。

◆**形态特征**：丛生灌木状竹类植物。杆矮而粗圆筒形，高 7 ~ 10 米，幼秆深绿色，稍被白粉，老时转榄黄色。节间短并膨大成肚状瓶形，节间 30 ~ 35 厘米，每节具 1 ~ 3 分枝，有 7 ~ 13 枚叶片，叶条状披针形至卵状披针形，长 12 ~ 21 厘米，宽 1.5 ~ 3.5 厘米。

◆**生活习性**：佛肚竹性喜阳光，喜温暖、湿润的环境，耐阴，不耐寒，能耐轻霜及极端 0℃左右低温，颇耐水湿，不耐旱，适宜疏松、肥沃、湿润、排水良好的偏酸性沙质土壤。佛肚竹茎秆姿色奇丽，适宜盆栽观赏。漂亮的佛肚竹也是很多工艺品、文玩物品的加工对象，如扇子、竹雕、乐器等。

◆**繁育管理**：佛肚竹多采用分株法繁殖。多在秋季选生长健壮、秆基芽肥大充实的 1 ~ 2 年生竹竿，2 ~ 3 秆成丛挖起，然后分栽。佛肚竹应每年 2 月份进行换土和分株种植。选取以疏松腐叶土和肥沃的矿质土混合成中性或微酸性的腐殖土作盆土，每 1 ~ 2 年换盆 1 次，换土时要把旧土和老根除去部分，才易长出新根。以充分腐熟的鱼杂肥稀释液或腐熟的禽畜粪作基肥，生长期隔月施腐熟的大豆饼肥水 1 次，不宜过多。秋末天气干旱，盆竹水分不足，出笋节长、腹平。平时保持土壤湿润，经常用清水喷洒叶片，冬季停止施肥，1 周浇 1 次水。

◆**病虫害防治**：其病害主要是锈病和黑痣病，锈病用 50% 萎锈灵可湿性粉剂 2000 倍液喷洒，黑痣病用 50% 甲基托布津可湿性粉剂 500 倍液喷洒。其虫害主要有蚜虫、介壳虫、金针虫、竹蝗等，防治蚜虫可在发生时喷施 1000 倍 25% 的亚胺硫磷乳剂，防治介壳虫在若虫期喷洒灭害灵，并加入适量煤油，喷虫体有封闭窒息的作用，或用 40% 氧化乐果乳油或敌敌畏乳油，按 1 : 1500 倍稀释后及时喷洒，连喷 2 ~ 3 次，喷洒 2 ~ 3 天后，应用清水将全株淋洗干净。防治金针虫可向盆土内灌注 150 ~ 200 倍 6% 的可湿性六六六液。防治竹蝗，用 90% 敌百虫原药 1500 倍液喷杀。

26. 冬珊瑚

◆**别称**：珊瑚樱、珊瑚球、吉庆果、珊瑚豆、玛瑙球。

◆**科属**：茄科，茄属。

◆**生长地**：原产南美洲巴西，在我国见于河北、陕西、四川、云南、广西、广东、湖南、江西等地。

◆**形态特征**：冬珊瑚为常绿直立小灌木，株高30～60厘米，多分枝呈丛生状，常作1～2年生栽培。单叶互生，狭长圆形至倒披针形，全缘或微呈波状，叶面无毛。花单生或稀成蝎尾状花序，夏秋开花，花序短，花小，腋生，白色。浆果圆球形，单生，深橙红色，花后结果，经久不落。花期4～7月。果熟期10月。

◆**生活习性**：冬珊瑚性喜温暖、湿润的环境，喜阳光，稍耐阴，耐寒力较弱，对土壤要求不严，但在疏松、肥沃、排水良好的微酸性或中性土中生长旺盛。耐高温，35℃以上无日灼现象。不抗旱，炎热的夏季怕雨淋、水涝。冬珊瑚果实艳丽，果期长，是重要的秋冬季盆栽观果植物，也适宜布置花坛、花径或植于林缘。

◆**繁育管理**：冬珊瑚可采用播种或扦插繁殖，多用播种法。春季3～4月盆播，冬季采收成熟的种子漂洗后晒干，第二年清明前播种，将种子均匀撒在上面，覆上一层薄土，然后在水盆里浸透水。为保持湿润，花盆口要盖玻璃或塑料薄膜，这样1周左右便可发芽，待长出新叶时，可分苗移植。如要大量育苗，可用苗床播种，栽培条件要求不高，只需一般性施肥和浇水。播种后用细孔喷壶喷透水，以后见干再喷，保持湿润即可，移栽后施一次薄肥，并放在光照充足处。扦插繁殖春、秋季均可进行，夏季生长期扦插有较高的成活率。按常规法扦插，保持苗床或盆土湿润，定期向扦穗的顶芽、顶叶喷洒水雾，气温 18 ～ 28℃，约经 10 天便可成活。秋季扦插后，冬季就可欣赏到红艳艳的累累果实。盆土用腐殖土及细沙各半混合配制，盆底放 20 ～ 50 克蹄角片作底肥，生长期内每周追施 1 次 1∶5 蹄角片水稀释肥或 0.1% ～ 0.5% 的复合化肥溶液。5 月底以前每天浇水 1 次，6 ～ 8 月每天早晚各浇 1 次水，8 月每天浇水 1 次，9 月份观果期控制浇水，不干不浇。苗长至 20 厘米时，应反复摘心，并去掉侧芽。

◆**病虫害防治**：冬珊瑚主要受介壳虫危害，只需用小刷子将虫体刷掉即可。其病害主要是疫病和炭疽病，在发病初期可用 600 倍 75% 百菌清可湿性粉剂液，每 10 ～ 15 天喷 1 次，连喷 2 ～ 3 次即可。

27. 紫薇

◆**别称**：满堂红、紫金花、痒痒树、百日红、无皮树。

◆**科属**：千屈菜科，紫薇属。

◆**生长地**：原产于亚洲南部及澳洲北部。

◆**形态特征**：紫薇为落叶灌木或小乔木。可高达 7 米，树冠不整齐，树干多扭曲，树皮光滑，灰色或灰褐色，老后表皮片状剥落，小枝纤细，具 4 棱，略成翅状。单叶对生或互生，椭圆形至倒卵形，纸质，先端钝或稍尖，全缘，表面光滑，长 2.5 ～ 7 厘米，宽 1.5 ～ 4 厘米，无柄或叶柄很短。圆锥花序顶生，花萼绿色，光滑无棱，花瓣 6，皱缩，基部有长爪，花有红色、紫色、白色三种类型，枝茎 3 ～ 4 厘米。花期 7 ～ 9 月。蒴果，椭圆状近球形，果熟期 9 ～ 10 月，种子有翅。

◆**生活习性**：紫薇性喜光，略耐阴，喜温暖、湿润气候，好生于略有湿气之地。耐旱，怕涝，适宜肥沃、湿润而排水良好的土壤，尤其适宜石灰性土壤。忌涝，忌种在地下水位高的低湿地方。萌蘖性强，生长较慢，寿命长。对有害气体二氧化硫、氯气、氟化氢的抗性较强，也具较强的吸滞粉尘能力。紫薇树姿优美，树干光滑洁净，茎秆奇特，花色美而艳，是园林绿地常用的观花、观茎、观干、观根树种，也适宜作盆栽及桩景。根、皮、叶、花皆可入药。

◆**繁育管理**：紫薇常用扦插、分株繁殖。春季用硬枝扦插，夏季可用嫩枝扦插。种子干藏，翌春 2 ~ 3 月在沙壤土上条播。苗期要经常喷水保持土壤湿润，并于每月施肥 1 次，每平方米 15 克，移栽应在早春萌动之前进行。分株繁殖可在早春 3 月将紫薇萌发的萌蘖根与母株分离，另行栽植，浇足水即可成活。冬季或早春植株萌动前，可在根部周围沟施 1 ~ 2 锹用人粪尿、杂草、落叶和垃圾堆沤腐熟的堆肥，5 ~ 6 月生长季节，每 2 周追施加 5 倍水的腐熟人畜粪尿 1 次，开花前施些磷肥。11 月开沟施腐熟堆肥，每株 10 ~ 15 千克，春季浇水 1 ~ 2 次，开花期间浇 1 ~ 2 次，霜冻前浇 1 次防冻水，秋天不宜浇水，夏季注意及时排灌。随时注意剪去枯枝、病虫枝。

◆**病虫害防治**：其虫害主要有蚜虫、刺蛾等，防治蚜虫，可在树木发芽前，喷 30 ~ 40 倍的 20 号石油乳剂杀卵，或在其发生期，喷 800 ~ 1000 倍 40% 乐果乳油或 1000 倍 25% 的亚胺硫磷乳油毒杀若虫和成虫。防治刺蛾，可喷 2000 倍 50% 辛硫磷等药杀幼虫，或于幼虫初孵期摘掉虫叶杀死幼虫。其病害主要有紫薇褐斑病，应在发病初期及时喷洒 50% 苯菌灵可湿性粉剂 1000 倍液或 75% 百菌清可湿性粉剂 800 倍液。

28.紫藤

◆**别称**:藤萝、黄环、朱藤、藤花。

◆**科属**:豆科,紫藤属。

◆**生长地**:原产我国华东地区以及山西、河南、广西、贵州、云南等地。

◆**形态特征**:紫藤是一种大型木质落叶攀援藤本植物,茎灰褐色,粗壮右旋,干皮不裂,缠绕性,嫩枝被白色柔毛。奇数羽状复叶互生,卵状长椭圆形,先端渐尖,嫩叶有毛,老叶无毛,全缘,基部钝圆或楔形或歪斜。总状花序侧生,下垂,花大,花序轴被白色柔毛,花紫色或深紫色,苞片披针形,花梗细,花萼杯状,有香味,花期4~5月。荚果长条形或倒披针形,悬垂枝上不脱落,长10~15厘米,表面密生银灰色短茸毛,种子褐色,具光泽,圆形、扁平。花期4月中旬到5月上旬,果熟期9~10月。

◆**生活习性**:紫藤为暖带及温带植物,性喜光,稍耐阴,较耐寒,耐旱。对土壤和气候适应性很强,能耐水湿及贫瘠土壤,喜土层深厚、肥沃、排水良好、疏松的土壤,适宜在向阳避风的地方栽培。对二氧化硫、氯气、氯化氢等有害气体的抗性较强。紫藤枝叶茂密,花大而美,且有芳香,是优良的棚架绿化材料,也可作地被或盆栽,并可制成桩景。

◆**繁育管理**:紫藤的繁殖方法有播种法、分根法、扦插法等,主要采用播种和扦插法繁殖。播种繁殖一般是将种子脱粒后干藏,翌春3月播种,播前用热水浸种,待开水温度降至30℃左右时,捞出种子并在冷水中淘洗片刻,然后保湿堆放一昼夜后便可播种。或将种子用湿沙贮藏,播前用清水浸泡1~2天。扦插在2~3月进行,选用健壮的3~4年生硬枝进行扦插,剪成15cm左右长的插穗,插入事先准备好的苗床,扦插深度为插穗长度的2/3。

插后喷水，加强养护，保持苗床湿润，成活率很高，当年株高可达 20 ～ 50 厘米，2 年后可出圃。宜在春初或冬末移植，移植时应带宿土，多带侧根，早春萌芽前施有机氮肥、过磷酸钙、草木灰等 1 ～ 2 次，生长期可追肥 2 ～ 3 次，开花前施入以磷、钾为主的追肥。春季萌动时至开花期间，可灌水 1 ～ 2 次，夏季高温时 2 ～ 3 天浇水 1 次，霜降后少浇水。盆栽时应加强修剪和摘心。

◆**病虫害防治**：紫藤嫩枝易受蚜虫、刺蛾幼虫危害。防治蚜虫，可在树木发芽前喷 30 ～ 40 倍的 20 号石油乳剂杀卵，或在其发生期，喷 800 ～ 1000 倍 40% 乐果乳油或 1000 倍 25% 亚胺硫磷乳油毒杀若虫和成虫。刺蛾幼虫危害期及时喷洒 1000 ～ 1500 倍 50% 辛硫磷乳油，或 1000 倍 50% 杀螟松乳油。其病害主要有软腐病，发生时会使植株整株死亡，可采用 50% 多菌灵 1000 倍液、50% 甲基托布津可湿性剂 800 倍液防治。

29. 凌霄

◆**别称**：紫葳、女藏花、凌霄花、武藏花、中国凌霄。

◆**科属**：紫葳科，凌霄属。

◆**生长地**：原产我国长江流域，在我国台湾地区有栽培，日本也有分布。

◆**形态特征**：落叶木质攀援大藤本，茎木质，树皮灰褐色，细条状纵裂，小枝紫褐色，借气生根攀附于他物上。奇数羽状复叶，对生，小叶 7 ～ 9 枚，卵状或长卵形或卵状披针形，先端渐尖，基部阔楔形，边缘有锯齿，两侧不等大，两面光滑无毛。聚伞花序圆锥状顶生，花冠唇状漏斗形，短而阔，花萼钟状，橙黄色至鲜红色，花药黄色，个字形着生。花柱线形，柱头扁平。花期7～8月。蒴果长圆形，先端钝。果熟期10月。

◆**生活习性**：凌霄花性喜充足阳光，略耐阴，喜温暖、湿润气候，不耐寒，不耐水湿，耐瘠薄。适宜排水良好、疏松、肥沃的中性土壤。忌酸性土，忌积涝、湿热，一般不需要多浇水。凌霄叶形细秀美观，花大而艳，花期较长，是园林绿地中优良的垂直绿化材料，也可盆栽修剪为悬垂式盆景。

◆**繁育管理**：凌霄花主要用扦插法和压条法繁殖。扦插繁殖常在冬季剪取10～16厘米长带气生根的健壮枝条进行沙藏，上面用玻璃覆盖，以保持足够的温度和湿度，翌年2～3月取出剪成插穗进行扦插，温度保持在23～28℃为宜，插后20天即可生根。压条在立夏前后进行，分段用土堆埋，露出芽头，保持土湿润，约50天即可生根，生根后剪下移栽。移植宜在春、秋两季进行，可裸根移植，夏季移植需带土球，定植时设以支柱。定植穴中每穴可施1～2锹腐熟的堆肥，发芽后施1次加10倍水稀释的鸡鸭粪水或复合化肥，每年开花前在根际周围挖1～2个小坑，坑中施1～2锹腐熟的堆肥（内掺过磷酸钙1000～1500克）。定植后浇足水，隔2～3天再浇水1次。生长期间，每天日浇水2～3次，夏季一般不用浇水，秋季少雨可浇水1～2次。冬季置不结冰的室内越冬，严格控制浇水，早春萌芽之前进行修剪。

◆**病虫害防治**：凌霄的病虫害主要有凌霄叶斑病、蚜虫等。新梢受蚜虫危害，可喷洒1000倍25%亚胺硫磷稀释液除治。叶斑病可用50%多菌灵可湿性粉剂1500倍液喷洒。

30. 银柳

◆**别称**：银芽柳、桂香柳、棉花柳。

◆**科属**：杨柳科，柳属。

◆**生长地**：产于我国新疆天山北

坡由东至西和南坡至喀什阿克陶山

区，前苏联也有分布。

◆**形态特征**：银柳为落叶丛生灌木，基部抽枝，新枝有茸毛。叶互生，披针形或长椭圆形，边缘有细锯齿，先端渐尖，叶背面有毛，深绿色。花芽肥大，苞片紫红色，冬季先花后叶，苞片脱落即露出银白色未开放花序，形似毛笔。花期 3 ~ 4 月，果熟期 4 ~ 5 月。因开花香味与江南桂花相似，生命力又非常顽强，故有"飘香沙漠的桂花"之美称。

◆**生活习性**：银柳性喜潮湿，好肥，耐寒，喜阳光。适于疏松、肥沃、排水良好的壤土。银柳芽饱满肥大呈银白色，是一种优良的观芽植物，适宜植于庭院路边。银柳也是优良的切花材料，观芽期长，是家庭室内装饰的理想材料。银柳叶片低矮，生长速度快。晚夏，满树花朵芳香，还能为园林提供罕见的银白色景观，也可做观赏树及背景树。银柳是很好的造林、绿化、薪炭、防风、固沙树种。

◆**繁育管理**：银柳主要用扦插法繁植，宜在春季进行。可于早春剪取枝条扦插，亦可于梅雨季节用嫩枝扦插，极易生根成活。扦插基质用田园土，保持湿润。生根后的扦插苗即可定植，翻耕前施入加 5 倍水稀释的人畜粪作基肥，生长期结合中耕除草施以 5 倍水的腐熟人粪尿，叶面喷施 0.2% 磷酸二氢钾。春季每 4 ~ 5 天浇水 1 次，夏季干旱、高温时应及时灌水，雨季时注意排涝。每年春季花凋谢后，自地平面向上 5 ~ 10 厘米处重剪，以促其萌生更多的新枝，剪取花枝后也要施肥，夏季要及时灌溉。入秋后，施 1 次磷、钾肥，以促进花芽饱满。

◆**病虫害防治**：易受红蜘蛛危害，可用 0.2～0.3 波美度的石硫合剂，每半月喷 1 次，或用 20% 三氯杀螨醇可湿性粉剂 1000倍液喷治。

31. 白皮松

◆**别称**：白果松、蟠龙松、三针松、白骨松、虎皮松。

◆**科属**：松科，松属。

◆**生长地**：为我国特有树种，产于山西（吕梁山、中条山、太行山）、河南西部、甘肃南部及天水麦积山，陕西、四川、湖北等地均有分布。

◆**形态特征**：白皮松为常绿乔木，高达 30 米，有明显主干，树冠尖塔形，树皮呈淡褐色，不规则鳞片状脱落，露出白色内皮，小枝平滑细长，灰绿色。针叶 3 针 1 束，粗硬，有细锯齿，针鞘脱落，叶背及腹面两侧均有气孔线。花单性，雌雄同株，雄球花卵圆形或椭圆形，花期 4～5 月。球果圆形，单生，成熟前淡绿色，熟时淡黄褐色，种子卵形，上部有短翅，种熟期翌年 9～10 月。

◆**生活习性**：白皮松是喜光树种，深根性，生于海拔500～1800 米地带。略耐半阴，耐干旱，不耐湿，耐贫薄土壤及干冷气候。在气候温凉、土层深厚、肥润的钙质土和黄土上生长良好。白皮松是珍贵的园林树种之一，可孤植、列植和丛植。矮小植株可作盆景观赏。白皮松经济价值高，木材加工容易，花纹美丽，耐腐力强，一般供建筑用及制家具、文具等。种子可食或榨油。球果入药，能祛痰、止咳、平喘，主治慢性气管炎、哮喘、咳嗽。

◆**繁育管理**：白皮松多用播种繁殖，播种前应进行层积或浸种催芽处理,选择排水良好、地势平坦、土层深厚的沙壤土为好。春、秋季播种,由于怕涝,应采用高床播种,播前浇足底水,培育期间多移植几次,撒播后覆土 1 ~ 1.5 厘米,罩上塑料薄膜,可提高发芽率。待幼苗出齐后,逐渐加大通风时间,以至全部去掉薄膜。播种后幼苗带壳出土,约 20 天自行脱落,这段时间要防止鸟害。幼苗期应搭棚遮阴,防止日灼,入冬前要埋土防寒。小苗主根长,侧根稀少,故移栽时应少伤侧根,2 ~ 3 年的可以定植,大苗带土球移植,否则易枯死。秋末,可于树盘内开放射状沟,埋入成捆的枝条,并施用有机肥或腐殖酸类肥料,每株 50 ~ 150 千克,埋土后浇水。平时不易多浇水,春季干旱时可浇 2 ~ 3 次,11 月中旬灌冻水。

◆**病虫害防治**:白皮松主要有种蝇、松苗立枯病等病虫危害。种蝇幼虫为害幼苗,所施基肥必须充分腐熟,捣碎。对松苗立枯病的防治,在发病严重的地区,及时进行土壤消毒,每平方米用 40% 福尔马林 50 毫升,加水 4 ~ 6 千克,浇灌苗床,1 周后播种;对新出土的幼苗,每平方米浇灌 1% 硫酸亚铁 2 ~ 4 千克预防;初发病的幼苗,可用 50% 代森锌 200 ~ 400 倍的稀释液,每平方米浇灌 2 ~ 4 千克。松大蚜为害苗木嫩枝和针叶,易招致黑霉病,造成树势衰弱,甚至死亡,可在为害初期喷 50% 辛硫磷乳剂,每千克加水 2000 千克。

32.六月雪

◆**别称**:白马骨、满天星。

◆**科属**:茜草科,六月雪属。

◆**生长地**:原产我国南方各省。

◆**形态特征**:常绿小灌木,单叶

对生或在顶端簇生，叶呈椭圆略尖，稍有革质，全缘，叶子密集。花冠漏斗状，白色，花小，单生或簇生枝顶或叶腋，花期5～6月，核果球形，果熟期10月。

◆**生活习性**：六月雪性喜阳光充足和温暖湿润的环境，耐阴，耐旱，适生于疏松肥沃、排水良好的中性至酸性土壤。耐修剪。六月雪在园林绿地中可作为绿篱或修剪组成各种造型图案，也常用作树桩盆景，是极好的盆栽花木。

◆**繁育管理**：有扦插法和分株法繁殖，一年四季皆可进行扦插，插后遮阴保持湿润。分株在9～10月休眠期或3月萌芽前进行，上盆后每1～2周施稀薄液肥1次，春季每天浇水1次，夏季每天浇水1～2次，立秋后每天浇水1次，冬季每周浇水2～3次或见干再浇。注意经常修剪，及时剪去根部萌发的蘖枝。

◆**病虫害防治**：易受蚜虫危害，可喷洒1000倍25%亚胺硫磷稀释液除治。

33. 结香

◆**别称**：黄瑞香、打结花、金腰带、家香、梦冬花。

◆**科属**：瑞香科，结香属。

◆**生长地**：原产于我国河南、陕西及长江流域以南诸省区。

◆**形态特征**：结香为落叶灌木，高0.7～1.5米，枝条粗壮柔软，褐色，常三叉分枝。叶互生，常簇生枝顶，阔披针形，两面有毛，全缘。头状花序顶生，黄色，有浓香，花期3～4月，先叶开放。果实卵形，两端有茸毛，果熟期6～8月。

◆**生活习性**：结香为暖温带树种，性喜温暖湿润的半阴环境，耐寒力较差。喜肥沃而排水良好的沙壤土，根肉质，怕积水。结香适宜盆栽观赏，也可用作园林绿化树种，枝干可作干花材料，全株入药能舒筋活络，也可作兽药，治牛跌打损伤。

◆**繁育管理**：结香用扦插及分株方法繁殖。分株宜在春季萌芽前进行。扦插一般在2～3月进行，选取健壮的一年生枝的中、下部分，剪成10～15厘米长的插条，2/3插入土中，压实，充分浇水，保持湿润，但又不宜过湿，遮阴或半遮阴，过梅雨季节就可生根了，极易成活，当年可长到50～70厘米高。扦插时期也可在6～7月进行。地栽每年施1次基肥即可，盆栽在春季萌芽抽梢期施用30%腐熟的豆饼和鸡粪混合液肥1次，9月下旬施加10倍水腐熟饼肥水1次，雨季注意排水，10月中旬浇适量水。老枝要及时修剪，移植可在冬、春季进行。

◆**病虫害防治**：病虫害主要有蚜虫和介壳虫，可喷洒1000倍25%亚胺硫磷稀释液除治。

34. 榕树

◆**别称**：小叶榕、细叶榕、成树、榕树须。

◆**科属**：桑科，榕属。

◆**生长地**：主产于华南及台湾等地。

◆**形态特征**：榕树为常绿大乔木，树冠阔卵形至扁球形，树皮灰褐色。单叶互生，倒卵形至椭圆形，全缘或波状，叶薄革质，亮绿色。花单性，雌雄同株，隐头花序单生或成对腋生，花期5～6月，瘦果近球形，紫红色，果熟期8～10月。

◆**生活习性**：榕树喜温暖湿润、光照充足的环境，耐瘠薄和水湿，耐半阴，不耐寒。对土壤要求不严，适宜肥沃、排水良好的微酸性沙壤土。不耐旱，怕烈日暴晒。耐修剪，耐移植，根系发达，气生根入土可发育成支柱根。榕树株形优美，气生根奇特，是制造桩景的优良材料，华南地区常用作行道树及庭园绿化树。

◆**繁育管理**：榕树多用扦插法繁殖，春、夏两季多浇水，秋冬季减少浇水量。采用疏松、通水性好的腐叶土，通常的比例为园土：腐质土：沙为 2：2：1。盆景上方最好放置与盆大小一致的苔藓，这样一来是美观，二来对排水透气起到很好的作用。昼夜温差相差 10℃，极易落叶死亡。平时要注意放置在通光透光的地方，在夏季时要注意适当遮阴。在北方地区，冬天进入温室维护管理。生长季节每 10 天追施 1 次充分腐熟的大豆饼肥水，2～3 年换盆 1 次，换盆的同时进行修剪，促生分枝。

◆**病虫害防治**：其虫害主要有蚜虫、红蜘蛛、介壳虫等。用 500 毫升 / 升氧化乐果喷洒叶片或 50% 亚胺硫磷可湿性粉剂 1000 倍液喷杀。用 0.1% 洗衣粉水或风油精水也很有效。

35. 桂花

◆**别称**：岩桂、木犀、九里香。

◆**科属**：木犀科，木犀属。

◆**生长地**：原产我国西南部及中部。

◆**形态特征**：桂花为常绿阔叶乔木，高可达 15 米，枝叶繁茂，叶有柄，对生，椭圆形或椭圆状披针形，边缘有细锯齿，革质，深绿色。花 3～9 朵腋生，呈聚伞状，花期 9～11 月，芳香。核果椭圆形，灰蓝色。主

要栽培品种和变种有金桂、银桂、丹桂、四季桂。

◆**生活习性**：桂花树性喜光，好温暖，耐高温，耐寒性较差。喜通风良好的环境，适宜疏松、肥沃、排水良好的偏酸性沙质土壤，忌碱土、灰尘和积水。对二氧化硫、氯气等有害气体有一定的吸收能力。桂花花朵黄白色，极香，是园林绿化的重要树种，也可做茶、香精、食用，有较高的观赏和经济价值。

◆**繁育管理**：桂花一般采用扦插、压条和嫁接法进行繁殖。扦插通常在春秋两季进行，用一年生发育充实的枝条，切成5～10厘米长，剪去下部叶片，上部留2～3片绿叶，插于河沙或黄土苗床，株行距3厘米×20厘米，插后及时灌水或喷水，并遮阴，保持温度20～25℃，相对湿度85%～90%，2个月后可生根移栽。压条宜在春季生长期进行，低压、高压皆可。选比较粗壮的低干母树，将其下部1～2年生的枝条，选易弯曲部位用利刀切割或环剥，深达木质部，然后压入3～5厘米深的条沟内，并用木条固定被压枝条，仅留梢端和叶片在外面，上下用塑料袋扎紧，培养过程中，始终保持基质湿润，到秋季发根后，剪离母株养护。嫁接可用女贞或小叶女贞为砧木，用切接法进行嫁接，用小叶女贞作砧木成活率高，嫁接苗生长快，寿命短，易形成"上粗下细"的"小脚"现象。用水蜡作砧木，生长慢，但寿命较长。栽植要选择阳光充足、排水良好、表土深厚的地段，在3～4月或秋季谢花之后带土球移植，植穴内施入腐熟的有机肥作基肥，生长期追施充分腐熟的饼肥水1～2次，7月施充分腐熟的大豆饼肥水1～2次，10月施一次1份骨粉加10份水的骨粉浸液。开花前应注意灌水，开花时要控制浇水。

◆**病虫害防治**：主要病虫害有叶斑病和介壳虫等。发生叶斑病时，在雨季前后可喷洒800～1000倍的50%代森锌液。发生介壳虫，可用 500 毫升／升氧化乐果喷洒叶片或 50％ 亚胶硫磷可湿性粉剂 1000 倍液喷杀。

36. 叶子花

◆**别称**：三角花、室中花、九重葛、贺春红。

◆**科属**：紫茉莉科，叶子花属。

◆**生长地**：原产南美、巴西，现我国各地都有栽培。

◆**形态特征**：叶子花为木质攀援藤本状灌木。嫩枝具曲刺，密生柔毛。单叶互生，卵状椭圆形，全缘，叶质薄，有光泽，叶色深绿，被厚茸毛，顶端圆钝。小花黄绿色，细小，苞 3 朵聚生于三片红苞中。苞片颜色十分鲜艳，有粉红、洋红、深红、砖红、橙黄、玫瑰红、白等色，被误认为是花瓣，因其形状似叶，故称其为叶子花。叶子花花期长，是很好的室内观赏花卉。

◆**生活习性**：叶子花喜欢生长在温暖、湿润、阳光充足的环境条件下，不耐寒不耐阴，喜水，喜肥。中国除南方地区可露地栽培越冬，其他地区都需盆栽和温室栽培。对土壤要求不严，但在排水良富含腐殖质的肥沃沙质土壤中生长旺盛。叶子花具有很强的萌生力和耐修剪的特点。

◆**繁育管理**：叶子花主要以扦插和压条繁殖为主。用压条繁殖时，选一二年生的枝条，为促使生根可进行环状剥皮，压入土中，注意浇水，保持土壤湿润，约经 1 个月即可生根。3 个月后可将压条剪开，脱离母体栽植盆中。扦插是用花后半木质化、生长健壮的木质化枝条剪成约 15 厘米长的枝条为插穗。插后保持 28℃ 的温度和较高湿度时，20 多天就可生根，30 天后可栽植盆内。初栽的小苗需要遮

阳，缓苗后放在充足的阳光处，第二年就能开花。叶子花生长势强健，繁育管理较为简单。叶子花是强阳性植物，喜光，应有充足光照。因此，四季都应放在有阳光直射、通风良好处。即使是夏季，也应将叶子花放在阳光充足的露地培养。如光线不足，则生长细弱，花也少。盆栽每 2 年换一次盆，换盆要在春季进行。盆土要用草炭土加 1/3 细沙和少量豆饼渣做基质，结合换盆剪除细弱枝条，留 2 ～ 3个芽或抹头，整成圆形。生长期间不断摘心，以控制植株生长，促使花芽形成。花后进行修剪以促进新芽生长及老枝更新，保持植株姿态美观。叶子花喜高温，开花适温为 28℃，冬季室温不低于20℃，温度过低或忽高忽低，容易造成落叶，不利开花。叶子花性喜水，生长期要大量浇水。夏季及花期浇水应及时，特别在炎热的季节或大风天叶子花不能缺水，要加大浇水量，以保证植株生长需要。若水分供给不足，易落叶。冬季室内土壤不可过湿，可适当减少浇水量。生长期要注意施肥，每星期浇适量化肥溶液，还可浇蹄片水等有机肥料，施肥宜淡肥勤施。入冬后停止生长时要停止追肥。若使其进入休眠，休眠温度保持在 1℃左右，则不会落叶，可保证第二年开花繁茂。

◆**病虫害防治**：主要病虫害有蚜虫、红蜘蛛，要注意通风。如发生虫害可及时喷洒 50% 三硫磷 1000 ～ 1500 倍液，连续喷 2 ～ 3次，可有效防治虫害。

37. 八角金盘

◆**别称**：八金盘、手树、八手。

◆**科属**：五加科、八角金盘属。

◆**生长地**：原产于日本南部，中国华北、华东及云南昆明庭园多有栽培。

◆**形态特征**：八角金盘为常绿灌木或小乔木。株高 3～5 米、直，分枝少。叶大，掌状，具长叶柄，基部肥厚，叶面光滑，革质，5～9 裂，裂至叶中部以下，叶片厚而有光泽，边缘有锯齿或波状。叶缘有时为金黄色，长柄高擎，似金盘。花序伞房状，圆锥花丛顶生，两性花，白色。浆果球形，紫黑色，外被白粉。花期夏秋间。主要品种有白边八角金盘、黄斑八角金盘、波缘八角金盘、八裂八角金盘等。

◆**生活习性**：八角金盘喜温热、湿润的环境。不耐干旱，怕酷热和强光暴晒，要求疏松、肥沃、排水良好的沙质壤土。八角金盘叶形大，四季常绿，光泽油润并较耐阳。在大厅盆栽供观赏及布置会场效果很好。室内盆栽，颇具热带风情。叶片可做插花配料。

◆**繁育管理**：八角金盘可用播种、扦插和分株繁殖。扦插可选择二年生蘖枝做插穗，剪成长 20 厘米、带 2～3 片小叶的插穗插入沙床上，遮阳并保持一定的湿度，并用塑料拱棚封闭，遮阴。温度 10℃就可生根。分株可结合春季换盆时进行。将原株丛切成数丛另行栽植。播种可在春季，将种子播在准备好的沙质土播床上，播床土要透气好，保持湿润，就可发芽。幼苗 5 厘米时就可以移植，移入盆中进行盆栽养护。八角金盘生长健壮，繁育管理比较粗放，与一般灌木养护方法相同。在北方室内越冬，适温为 10℃左右，最低室内温度不得低于 5℃。八角金盘属阴性植物，春、夏季注意适当遮阳，秋季要多晒太阳，冬季放在室内有光照之处。每年换一次盆，要阶段性地进行施肥，肥料以磷肥为主。室内盆栽要注意经常通风，以免因通风不良发生虫害。

◆**病虫害防治**：经常危害八角金盘的虫害有介壳虫、红蜘蛛，主要是因通风不良造成的。如发生虫害，要注意多通风，并用小毛刷除虫，同时喷洒 10 倍的 40% 乐果乳油防治。

38. 南天竹

◆**别称**：天竹、天竺、南天竺，天烛子，兰竹。

◆**科属**：小檗科，南天竹属

◆**生长地**：原产东亚，在我国广泛分布于长江流域。

◆**形态特征**：南天竹为常绿灌木，直立，丛生。树皮灰黑色，有纵皱纹。分枝少，可高达 2 米以上。总叶轴上有节，为三出羽状复叶，叶互生。小叶革质，椭圆形，披针状，全缘，先端渐尖，基部楔形。形如竹，因长江以南可以露地越冬栽培，故名南天竹。植株初带黄绿色，渐呈绿色，入冬呈红色。大型圆锥花序，顶生，花小，白色，雌雄同株。花期 3 ~ 6 月。浆果初为绿色，渐变红色，球形，也有淡黄色或白色果，经久不落。果期 9 ~ 11 月。

◆**生活习性**：南天竹为亚热带树种。性喜温暖、湿润、通风良好的半阴环境及排水良好的土壤。南天竹枝叶直立挺拔，秋冬叶色变红。宿存的红果累累，为观叶、赏果的优良树种，可用作盆栽或制作盆景，也可布置庭院。其根、茎、叶、果均可药用。

◆**繁育管理**：南天竹可采用播种、扦插或分株的方法繁殖。扦插的最好时间是新芽萌发前或夏季梢停止生长时进行。插穗选一年生枝条，剪成 10 ~ 12 厘米长，插后要及时喷水保持沙床湿润，经 1 个月左右，即可生根。分株可结合换盆进行，在芽萌动前换盆时分株，分别栽植即可。播种繁殖是在秋季果熟时，随采，随播。将种子播于湿润的盆土中，20℃左右，20 ~ 30 天即可发芽，播种苗生长缓慢，待数年后长至 50 厘米时开始开花，所以一般不采用播种繁殖。南天竹成苗后，春秋两季都可移栽。南天竹对盆土要求不严，只需排水良好、疏松的壤土即可，但要注意保持土壤湿润。花期应掌握少浇水，以免引起落花。每年追施 2 ~ 3 次腐熟的豆饼肥水。2 ~ 3 年换一次盆，有利于植株生长。换盆时可进行分株，结合分株剪去过密枝条，剪去果穗，以保持植株整齐。入冬则移入室内，室内温度应保持在 10℃左右，最低不能低于 5℃。

南天竹管理比较粗放，几乎不发生病虫害。

39. 双色茉莉

◆**别称**：鸳鸯茉莉、五色茉莉、番茉莉、二色茉莉。

◆**科属**：茄科，鸳鸯茉莉属。

◆**生长地**：原产南美洲，目前我国各地温室广为栽培。

◆**形态特征**：双色茉莉为多年生常绿小灌木。株高 1 米左右。叶互生，叶片矩圆形，全缘，先端渐尖，深绿色。花单生或数朵聚生，花被 5 浅裂，形似 5 瓣梅花，花在初开时呈聚伞花序，由淡紫色逐渐变为蓝色至白色。因同一植株上的每朵花开放时间不同，所以每朵花的颜色就不同，给人以两色花齐放的错觉，同时放出茉莉样浓郁的芳香，故名"鸳鸯茉莉"。花期 4 ~ 10 月。

◆**生活习性**：双色茉莉喜欢生长在温暖、湿润、阳光充足的环境条件下，耐寒性不强，要求疏松、肥沃、排水良好的微酸性沙质土壤。生长适温 18 ~ 30℃。室内栽培至少要有 4 小时的光照，在充足的日照条件下开花繁茂。12℃条件下进入休眠。花大，美丽而芳香，宜做中小型盆栽花卉观赏。

◆**繁育管理**：双色茉莉以扦插法繁殖。春季剪取一年生、木质化枝条做插穗，保持温度在 20 ~ 25℃，注意保持插床的湿度，插

床温度高于气温时，有利于生根。也可采用高空压条法进行繁殖，双色茉莉栽培管理容易，对湿度要求不高，能适应一般室内湿度。其虽喜充足的阳光，夏季中午光线过强时，需适当遮阳。冬季在室内栽培需放在阳光充足的地方，适宜的生长温度为 20 ~ 30℃。正常花期在初冬或早春。要经常保持盆土湿润，休眠期应减少水量并停止施肥。双色茉莉不耐碱，因此要用微酸性培养土栽培。生长期多施肥料，可每 2 ~ 3 周施一次液肥，每年应翻盆一次，花期过后要及时修剪整形，以保持优美的株形。

◆**病虫害防治**：双色茉莉有时感染蚜虫及白粉虱，室内养护要注意通风，并施用 40% 氧化乐果 1000 ~ 1500 倍液，每 10 天喷 1 次，连喷 3 ~ 4 次，有良好的防治效果。

40. 袖珍椰子

◆**别称**：矮生椰子、袖珍棕、矮棕。

◆**科属**：棕榈科，袖珍椰子属。

◆**生长地**：原产墨西哥、危地马拉，近年来世界各地均有盆栽种植。

◆**形态特征**：袖珍椰子为常绿灌木。袖珍椰子株形似热带椰子树，植株比较矮小，一般为 1 ~ 2 米高。茎细长，直立，深绿色，上具不规则环纹。羽状复叶，小叶细长，披针形，20 ~ 40 片，叶片深绿色，具光泽。3 ~ 4 年开花，花小，鲜橙红色。雌雄异株，肉穗花序直立。小浆果卵圆形，熟时橙红色。袖珍椰子，姿态优美，小巧玲珑，是室内盆栽观赏的极好花卉。摆放在室内可使房间具有热带风光的韵味。

◆**生活习性**：袖珍椰子性喜高温、高湿、荫蔽的环境条件，耐阴性强。生长适宜的温度是 20~30℃，温度为 13℃左右时，进入休眠。要求排水良好、肥沃、湿润的土壤。袖珍椰子喜半阴条件，高温季节忌阳光直射。在烈日下其叶色会变淡或发黄，并会产生焦叶及黑斑，失去观赏价值。

◆**繁育管理**：袖珍椰子用分株或播种方式繁殖。分株要在植株进入生长期之前进行。将新鲜种子播在播种箱内，以沙质土为好，气温保持在 24 ～ 32℃，100 天左右发芽。夏季要将袖珍椰子放在有散射光线的室内北向或东向窗台处培养，在直射光下叶片易枯黄。冬季在温室培养也应放在非阳光直射的地方。生长的适宜温度为 20 ～ 30℃，5 ～ 9 月正值夏季，为其生长期，生长旺盛，要加大浇水量，并应经常向植株叶面及周围地面喷水，提高空气湿度，浇水量要掌握宁湿勿干的原则，常年保持盆土湿润。冬季室内温度在 13℃左右时，进入休眠，停止生长，要减少浇水量，但盆土也不能过干。冬季温度一定要保持在 10℃以上，才能安全越冬，以防由于温度过低，出现冻害及烂根现象。小苗高 10 厘米时，就可栽入花盆做微型观赏盆花，以后按苗木生长的大小换合适的花盆。盆土用微酸性的培养土栽培即可。每半月施一次稀薄的液体氮肥。

◆**病虫害防治**：袖珍椰子在高温高湿下易发生褐斑病、白粉虱，应及时用 800 ～ 1000 倍托布津或百菌清防治。在空气干燥、通风不良时也易发生介壳虫。如发现介壳虫，除人工刮除外，还可用 800 ～ 1000 倍氧化乐果喷洒防治。

41. 苏铁

◆**别称**：铁树、凤尾松、凤尾蕉、凤尾铁。

◆**科属**：苏铁科，苏铁属。

◆**生长地**：原产我国、日本、菲律宾、印度尼西亚等地。

◆**形态特征**：苏铁是棕榈状常绿乔木。茎干粗壮，圆形，披满暗棕褐色、宿存的、多棱形、螺旋状排列的叶柄痕迹。大型羽状复叶着生于茎顶，小叶线形，初生时内卷，成长后挺直刚硬，先端尖，深绿色，有光泽，可多达100对以上。雌雄花异株，顶生；雄花圆柱形，雌花扁圆形。种子卵形。常见栽培观赏种有刺叶苏铁、云南苏铁、四川苏铁。

◆**生活习性**：苏铁性喜温暖、湿润、通风良好的环境，属阳性植物，喜阳光充足的条件，但能耐半阴，不耐严寒，以肥沃、微酸性的沙质土壤为宜。苏铁生长甚慢，寿命约200年。在中国南方热带及亚热带南部树龄10年以上的树木几乎每年开花结实，而长江流域及北方各地栽培的苏铁常终生不开花，或偶尔开花结实。苏铁树形古朴，主干坚硬如铁，叶片四季常青，是室内极好的观叶植物。叶子也可药用。

◆**繁育管理**：苏铁用播种繁殖，根基分蘖芽、切干繁殖均可。由于很难得到苏铁的种子，因此，一般多采用根基分蘖芽、切干繁殖。多在春季进行分蘖芽法繁殖，用利刀割下蘖株，割时动作要快，尽量少伤茎皮。待切口稍干后，培入装有含多量粗沙的腐殖质土的插床上，适当遮阳保湿、保温，温度在27～30℃时容易成活。切干法繁殖，是将干部切成15～20厘米的段，插在插床上，使其主干部周围发生新芽。盆栽苏铁在室内越冬时，要放在阳光充足的地方养护，如放在阴处，叶子过分伸长，冬季要保持室内温度5～7℃，若温度低于0℃就会受冻。春夏季节叶片生长旺盛。要多浇水，特别要注意早晚叶面喷水，保持叶片清洁；秋、冬季节要控制水分，保持土壤见干见湿即可，水分过多容易烂根。盆栽还应适时换盆。换盆时盆底需多垫放些瓦片，以利排水。盆土应掺拌骨粉等磷肥。夏季应注意每月施一次腐熟的豆饼水液肥。入秋后应控制浇水。苏铁生长缓慢，每年仅长一轮叶丛，在干长到 50 厘米时，应注意在新叶展开后将下部老叶剪掉，或 3 ~ 5 年进行一次修剪，以保持其姿态优美。花谢后，要及时割掉谢后的雄花，以免影响生长，造成歪干。

◆**病虫害防治**：苏铁容易得苏铁斑点病，平时注意通风，透气，加强水肥管理，使植株强健，可减少斑点病的发生。发病时可喷施 50% 托布津可湿性粉剂 500 ~ 1000 倍液或百菌清可湿性粉剂 600 倍液防治。

42. 鹅掌柴

◆**别称**：鸭脚木。

◆**科属**：五加科，鹅掌柴属。

◆**生长地**：原产大洋洲及我国广东、福建等亚热带雨林，日本、越南、印度也有分布。现广泛种植于世界各地。

◆**形态特征**：鹅掌柴为常绿乔木或灌木。盆栽一般株高 1 ~ 2 米。掌状复叶，互生，革质，油绿色，有光泽，有明显的脉纹。小叶 5 ~ 8 枚，叶柄长约 4 厘米，叶椭圆形或倒卵状椭圆形，全缘。圆锥花序，棒状顶生。初开的花为绿色，渐为淡粉色，最后成浓红色，有清香气味，淡雅宜人。小干果暗紫色。本种有很多的园艺变种，常见的有矮生鹅掌柴（株形小而密集）、黄绿鹅掌柴（叶色为黄绿色）、亨利鹅掌柴（叶片较大，而杂存黄色）、花叶鹅掌柴（叶片有不规则的黄、白斑，呈花叶状，比普通鹅掌柴的观赏价值更高，是比较难得的品种）。

◆**生活习性**：鹅掌柴喜光，属阳性植物，也较耐阴，适宜生长在空气湿度大、土壤深厚、肥沃的酸性土壤中，也稍耐瘠薄，不耐寒。鹅掌柴是很好的室内盆栽观赏花卉，可放在光照较差的环境下，布置凉爽环境的门厅、大厅。叶子还是很好的插花配料。

◆**繁育管理**：鹅掌柴以播种或扦插繁殖为主。扦插，利用 1 ~ 2 年生的嫩枝条，并带有 2 ~ 3 个节，剪取枝条后，立即插入事先准备好的经过消毒的沙质插床上。保持插床土壤湿润，温度保持在 25℃时，1 ~ 2 个月就可生根。生根后直接上盆。初上盆时，要有一段短时期的遮阳。种子繁殖是将前一年 12 月份采收的种子收藏到次年春季播种，在温度 20 ~ 25℃比较湿润的环境下，发芽良好，生长迅速。在苗高 5 ~ 7 厘米时移植一次，以促进根系生长，来年可定植。盆栽鹅掌柴较为简单，同一般花灌木一样管理。虽是阳性植物，但夏季在室外要遮阳，不能放置在强烈阳光下，秋季可增强光照。冬天应放置在室内有阳光处，尤其花叶鹅掌柴，光照太弱，叶面上的黄、白色斑纹会消失。鹅掌柴喜温暖、湿润，温度为 12℃时，才能安全越冬，温度过低会落叶，影响观赏。夏季需要增加水分，并要经常用细孔喷壶喷洒植株叶面，增加空气湿度，保持叶面清洁。冬季减少浇水量。夏季生长期间，每月施一次肥，可施用腐熟的豆饼水和牲畜蹄片水。每年春天换一次盆，结合换盆施一次基肥，盆底垫些碎瓦片有利于排水。

◆**病虫害防治**：鹅掌柴生长健壮，很少发生病虫害，若放置在通风不畅的地方，易受介壳虫危害，可用 800 ~ 1000 倍氧化乐果喷洒防治。

第十一章　多浆植物及仙人掌类植物的繁育技术

1.令箭荷花

◆**别称**：红孔雀、孔雀仙人掌。

◆**科属**：仙人掌科，令箭荷花属。

◆**生长地**：原产墨西哥。

◆**形态特征**：令箭荷花为多年生肉质灌木状多浆植物，高可达 40 ~ 80 厘米。老茎基部常木质化，基部主干细圆呈叶柄状，上部主干及分枝多扁平似令箭状，深绿色，边缘有粗波状齿，齿间有短刺。全株呈鲜绿色，嫩枝边缘为紫红色。扁平茎上有明显突起中脉。单花生于茎先端两侧，花大呈喇叭状，花被张开并翻卷，花色有白、黄、紫、紫红、粉红、大红等色。果实为椭圆形，红色浆果，种子黑色。花期春夏季，白天开放，单花开放 1 ~ 2 天。

◆**生活习性**：令箭荷花喜光照充足、通风良好、温暖和湿润的环境，在炎热、高温、干燥的条件下要适当遮阴，夏季温度不得高于 25℃，冬季需充足的阳光、比较干燥的土壤，温度要保持在 10℃左右。怕雨水。要求疏松、肥沃和排水良好、微酸性的腐叶土壤，具有一定抗旱能力。令箭荷花花色艳丽，枝茎清秀，是装饰厅堂及居室的盆栽植物。

◆**繁育管理**：令箭荷花可采用播种、嫁接或扦插法繁殖，其中

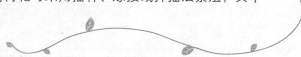

以扦插繁殖为主。扦插繁殖全年均可进行，以 6 ~ 7 月扦插成活率最高。扦插方法简单易行，将剪下的叶状枝剪成长 7 ~ 8 厘米的插穗，放置阴处晾晒 2 ~ 3 天至剪口干燥、不流汁液，然后扦插于素沙插床上，扦插深度为插穗长度的 1/4 ~ 1/3，插后要遮阳，2 ~ 3 天后进行第一次喷水，保持湿润，温度控制在 20℃左右，1 个月左右即可生根，半个月后移植。移植所用的土壤应是疏松、肥沃、排水良好、含腐殖质的沙壤土。

令箭荷花每 2 年换盆一次，以春季为好，盆土以配有有机质的沙壤土为宜。注意浇水以"见干见湿"为原则，夏季适当遮阴，以免叶片灼伤。令箭荷花每月追施加水 10 倍的人粪尿一次，腐熟后取其清液施用。有时植株生长非常茂盛，但不开花。主要是由于放置地过分荫蔽或肥水过多，引起植株徒长所致。须节制肥水，注意避免施过量的氮肥，适当多见些阳光，孕蕾期间增施 5% 磷酸二氢钾，有利现蕾开花。

◆**病虫害防治**：令箭荷花在高温、不通风时易受介壳虫危害，应注意通风管理。

2. 昙花

◆**别称**：琼花、月下美人。

◆**科属**：仙人掌科，昙花属。

◆**生长地**：原产墨西哥至巴西的热带森林。

◆**形态特征**：多年生常绿、肉质、附生类仙人掌植物，灌木状，无刺，无叶，基部老茎常木质化，茎为叶状的变态枝，嫩枝三棱状，扁平，边缘具波状不规则圆齿，深绿色，肉质肥厚，中筋木质化，表面具蜡质，有光泽。花单生于变态枝边缘波状齿凹处，花漏

斗状，无花梗，花萼红色，花重瓣，白色，花瓣披针形。花期 7～8 月，夏秋夜晚开花，有异香，4 小时左右凋谢，故有"昙花一现"之说。浆果红色，种子黑色。

◆**生活习性**：昙花喜温暖多湿的环境条件，适生于半阴处，不宜在阳光下暴晒，畏寒，冬季要放在室内越冬，越冬温度为 10～14℃，生长温度为 13～20℃。夏季忌阳光暴晒，应放在见散光的通风良好处。要求肥沃、疏松、排水良好的沙壤土，忌涝，喜淡有机液肥。一般多于温室中养护。昙花多作室内盆栽观赏。

◆**繁育管理**：昙花多采用扦插繁殖，也可播种繁殖。昙花扦插苗当年就可开花。扦插法于 5 月上旬扦插成活率最高。选生长健壮、稍老的叶状枝做插条，将片状枝用剪刀剪下，剪成 10 厘米左右长的小段，再将基部削平，放在通风处晾 2～3 天，插入素沙土内，保持 60% 左右的沙床湿度和较高的空气湿度，遮阴，1 个月即可生根，根长 2～4 厘米时，即可上盆栽植。昙花培养土以沙土和腐叶土配成。生长期间宜经常施用麻枯水，也可加施少量的人畜粪尿，若在肥液中加入少量的硫酸亚铁，可使扁平的肉质茎浓绿发亮。浇水掌握见干见湿的原则，避免根系沤烂。开花前后应加强肥水管理，以磷、钾肥为主，追施 5% 磷酸二氢钾。夏季避免烈日暴晒，应适当遮光。冬季转入温室培养，可直射光照射，但水要少浇并停止追肥。昙花多年生植株分枝较多，为保持株形，应设立支架，以防倒伏，昙花在夜晚开花，为让人们在白天欣赏到昙花开花，可采用"昼夜颠倒"法，当昙花花蕾膨大时，白天把昙花置入暗室不让见光，夜晚用灯光照射，一直处理到开花时，昙花就在白天开放了。

◆**病虫害防治**：昙花易受红蜘蛛、介壳虫为害，如有发生，应及时用低浓度的氧化乐果或三氯杀螨醇药液防治。

3. 倒挂金钟

◆**别称**：吊钟海棠、吊钟花、灯笼海棠、灯笼花等。

◆**科属**：柳叶菜科，倒挂金钟属。

◆**生长地**：原产秘鲁、智利、墨西哥等中南美洲凉爽的山岳地带。

◆**形态特征**：常绿灌木状多年生草本植物，可高达1米，茎浅褐色，光滑无毛，小枝弱且下垂。单叶对生或三叶轮生，卵状，叶缘有疏锯齿。花两性，单生于嫩枝先端的叶腋处，花梗较长，作下垂状开放，萼筒圆锥状，4片向四周裂开翻卷，质厚，花萼颜色为红、粉、白、紫等色。花瓣也有红、粉、紫等色，雄蕊8枚伸出于花瓣之外。花期4～7月。

◆**生活习性**：喜冬暖夏凉，喜空气湿润，不耐烈日暴晒，怕炎热，不耐水湿，忌雨淋。生长期要求15℃左右的气温，低于5℃易受冻害，高于30℃时生长恶化，处于半休眠状态。要求含腐殖质丰富、排水良好的肥沃沙质壤土。倒挂金钟花色鲜艳，花形奇特，适合室内盆栽观赏，也可用于布置会场。

◆**繁育管理**：倒挂金钟扦插、播种繁殖均可，以扦插为主。扦插繁殖以春、秋季进行为宜。采集一年生枝条扦插，每枝留3～4节，留顶部叶片，其余叶片去掉以减少蒸腾，插于沙床中，控制温度为15～20℃，注意保持湿度，遮阴，10～12天即可生根，生根后及时上盆。播种繁殖需辅助人工授粉，果实成熟后，应随采随播，种子不能长期贮存。盆土可用园土、腐叶土、河沙按4：4：2的比例调配。春季换盆时，可施以骨粉、复合肥作基肥。生长期可每 10 天到半月追施 1 次加 5 倍水的稀薄人畜粪尿液。由于倒挂金钟怕炎热，因此盛夏应经常用水喷洒叶面及周围地面，降温增湿。倒挂金钟生长过程中不易分枝，为使植株丰满，可多次摘心促进植株分枝，同时不断抹去下部长势较弱的侧芽，使生长旺盛，开花繁多。倒挂金钟在生长期中趋光性强，应经常转盆以防植株形态长偏。

◆**病虫害防治**：倒挂金钟有白粉虱危害，注意保持空气流通，并及时喷 25 % 氧化乐果乳油 1000 倍液防治。

4.仙人掌

◆**别称**：仙巴掌、仙人扇、霸王树、仙桃。

◆**科属**：仙人掌科，仙人掌属。

◆**生长地**：原产墨西哥等热带及亚热带地区。

◆**形态特征**：多浆、肉质植物，常丛生成灌木状，高 2～3 米，茎圆柱状，下部木质化，表皮粗糙，褐色。茎节倒卵形至长椭圆形，扁平状，顶端多分枝。表面稀疏分布刺丛，刺密集，黄褐色，短漏斗形。花单生，黄色，花期 6～7 月。浆果梨形，暗红色。

◆**生活习性**：仙人掌性强健，喜光照充足、温暖干燥、通风的环境，耐干旱，忌涝。以排水良好的沙土和沙壤为宜。仙人掌适宜盆栽观赏，我国南方地区可露地栽植。常用作仙人掌类嫁接的砧木。

◆**繁育管理**：仙人掌多用扦插法进行繁殖。夏初将充实饱满的一年生茎节切取后晾 3～5 天，晾干切口，插于沙床，插后不用浇水，保持湿润即可，20 天左右即可生根。适宜温度在 20～25℃。可用园土、沙、壳糠灰等量掺和，加少量骨粉或过磷酸钙作基质。

生长期 5～9 月间可用腐熟的饼肥水和腐熟的氮肥水交替使用，每 2 周施 1 次，有砧木的嫁接苗可每周施 1 次。冬季休眠期禁止施肥，以防植株腐烂。冬季每 1～2 周浇水 1 次，生长季节可增大浇水量，4～5 月份每周浇水 1 次，6～8 月份可隔天浇水 1 次。

◆**病虫害防治**：仙人掌主要病虫害为介壳虫，应保持通风并在介壳虫孵化若虫期用 25% 亚胺硫磷 1000 倍液或 50% 杀螟松 1000 倍液在晴天喷施。

5. 山影拳

◆**别称**：山影、仙人山。

◆**科属**：仙人掌科，仙人柱属。

◆**生长地**：原产南美阿根廷、巴西、秘鲁、乌拉圭，现各地广泛种植。

◆**形态特征**：多浆多肉植物，株高约 30 厘米，茎呈柱状，暗绿色，有长短不齐的分枝，直立，顶端钝，有 5～8 条棱，刺座螺旋状排序，有 8～9 枚褐色刺。花单生于刺座上部，花大型喇叭状或漏斗形，白色、粉色或红色，夜开昼闭，一般 20 年以上的植株才能现蕾开花，花期夏季。果红色或黄色，可食用，种子黑色。

◆**生活习性**：山影拳性喜温暖、通风、阳光充足的环境，耐干旱，忌水湿，略耐阴。适宜排水良好的沙壤土，对土壤要求不严。山影拳喜肥，但肥料充足时，肉质茎会徒长成柱，导致植株参差不齐，形状不平整，失去观赏价值。施肥过多也容易烂根，因此一般不需要施肥，每年换盆时，在盆底放少量碎骨粉做基肥即可。山影拳株形优美，层叠起伏，常作盆栽观赏，也可嫁接色彩丰富的小型仙人球，提高观赏价值。

◆**繁育管理**：山影拳很容易繁殖，一般用扦插法繁殖。在春、夏季选取带有茎顶的小变态茎段，切取 10 厘米于半阴处晾晒 1 ~ 2 天，待切口收干，插入湿润盆土中，插后暂不浇水，可适当喷一些水保持湿润。维持温度在 14 ~ 23℃的条件下，3 周左右即可生根。用掺入 1/3 粗沙和碎砖屑的沙质壤土作培养土。早春换盆时在盆底施骨粉作基肥，每盆约 25 克左右，生长季节每隔 2 ~ 3 周施 1 次稀薄的腐熟饼肥水和 1 份骨粉加 10 份水的骨粉浸液，冬天停止施肥，每月浇 1 次 0.2% 硫酸亚铁液。生长季节每周浇水 1 次，冬季则采取不干不浇的办法。

◆**病虫害防治**：山影拳容易受到锈病、红蜘蛛、介壳虫的侵害。注意要改善通风状况，防治红蜘蛛可在发生时喷洒 40% 三氯杀螨醇 1000 倍液，介壳虫可人工剔除或用有机油乳剂 50 倍液喷杀，锈病可用 50% 萎锈灵可湿性粉剂 2000 倍液抹擦病患处。

6. 蟹爪兰

◆**别称**：蟹爪莲、蟹爪、锦上添花、仙人花。

◆**科属**：仙人掌科，蟹爪属。

◆**生长地**：原产南美、巴西热带雨林的树干上或阴湿的石缝里。

◆**形态特征**：多年生肉质附生类植物，茎节多，多分枝，每节呈长椭圆形，鲜绿色，向外铺散悬垂。茎节长 7 厘米，宽 2 厘米，边缘有 2 ~ 4 对尖齿，边缘呈锐锯齿状如蟹钳，先端有刺座，刺座生有细毛，中脉显著。天气凉爽时茎节边缘有紫红色晕。花生于茎节顶端，左右对称，花瓣反卷，花冠漏斗形，有桃红、玫瑰红、深红、橙黄、白等颜色，冬春开花，花期 12 ~ 2 月，浆果梨形，红色。

◆**生活习性**：蟹爪兰性喜光，喜温暖、湿润、半阴环境，怕寒冷，

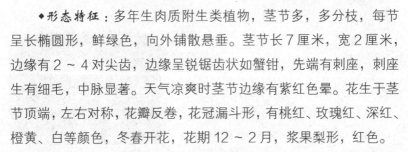

耐旱，适宜疏松、肥沃、排水良好、微酸性的沙质土壤。生长适宜温度为 15 ~ 25℃。冬季温度如低于 10℃，生长缓慢，5℃以上才能安全越冬。花期后有短暂的休眠时间。蟹爪兰花朵鲜艳绚丽，于圣诞节前后开放，严冬季节生机勃勃，是冬春季节很好的室内悬挂观赏花卉或装饰盆栽花卉。

◆**繁育管理**：蟹爪兰繁殖一般采用扦插法和嫁接法。扦插可在春秋两季进行，可直接用变态茎扦插。嫁接也在春秋两季进行，选生长肥厚的仙人掌作为砧木并能耐较低的温度。在室内一年四季均可扦插。播种一般只用于培养新品种。盆栽培养土用腐叶土、田园土、粗沙各 3 份与骨粉、草灰各 1 份混合配制，每 2 年换土 1 次。春季到入夏每半月可施 1 次稀薄腐熟的饼肥水，入夏后应停止施肥；立秋到开花，每 10 天施 1 次腐熟的稀薄饼肥水或复合化肥，开花前增施 1 ~ 2 次充分腐熟的麻酱渣稀释液。生长期间浇水不宜过多，不可当头浇，也不要受雨，半月浇 1 次水，夏季休眠期应控制浇水，但需每天喷水 2 ~ 3 次，秋后增加浇水量。夏日应防烈日直射，放置于室外通风荫蔽处，入冬移入室内保温。

◆**病虫害防治**：其病虫害主要是介壳虫、红蜘蛛。注意要改善通风状况，防治红蜘蛛可在发生时喷洒 40% 三氯杀螨醇 1000 倍液，对介壳虫可人工剔除或用有机油乳剂 50 倍液喷杀。

7. 仙人球

◆**别称**：短刺仙人球、草球、短毛球、短毛丸。

◆**科属**：仙人掌科，仙人球属。

◆**生长地**：原产阿根廷及巴西南部的干旱草原。

◆**形态特征**：多年生肉质、多浆植物，植株单生或成丛，幼株球形，老株圆筒形，具棱 11～12 个，球体淡绿色或暗绿色，四周基部常滋生多数小球，具黑色锥状刺，四周具有光泽的黄白棉毛。花着生球体侧方，大型喇叭状，白色，花径 10 厘米左右，具芳香，花期 6～7 月，傍晚开放，翌晨凋谢。仙人球形状奇特，多姿多彩，花色艳丽，观赏价值极高，是理想的居室观赏植物。

◆**生活习性**：仙人球适应性强，性喜阳光充足，但夏季仍应适当遮阳，耐旱，适宜排水透气良好、富含石灰质的沙壤土。较耐寒，在休眠的情况下如果盆土干燥，可耐 0℃低温。仙人球的茎球、针刺艳丽，姿形奇特，适宜盆栽观赏。

◆**繁育管理**：仙人球可采用扦插、嫁接和播种繁殖，扦插在 4～5 月进行，用子球插入湿沙中；嫁接在 3～4 月进行，用量天尺作砧木。盆栽用土以 3 份园土、3 份粗沙、3 份草木灰和 1 份骨粉混合而成。生长季节每 10～15 天施 1 次腐熟的稀薄饼肥水，冬季不必施肥。刚栽的植株不宜浇水，每天喷水雾 2～3 次，半个月后少量浇水，1 个月后新根已长出时可增加浇水量，坚持间干间湿的原则，夏季每 2 天喷水 1 次，冬季应控制水分以保持盆土不过分干燥为宜。温度越低，越要保持盆土干燥。随着温度的升高，适当增加浇水量。应放在半阴处，避免阳光直射。盆栽仙人球在生长季节可追施充分腐熟的稀薄肥水，每 2 星期施用一次。夏季除遮阳外，还要注意通风。栽培仙人球时光照不足、过度荫蔽或肥水太多，都将导致不开花。

◆**病虫害防治**：主要是介壳虫危害，要注意改善通风状况，可人工剔除或用有机油乳剂 50 倍液喷杀。

8. 金琥

◆**别称**：象牙球、金桶球、黄刺金琥。

◆**科属**：仙人掌科，金琥属。

◆**生长地**：原产墨西哥中部干燥、热带沙漠地区，现我国南方、北方均有引种栽培。

◆**形态特征**：多年生肉质植物，茎圆球形，呈深绿色，单生或成丛，球顶密被金黄色绵毛，球体有棱20条左右，棱沟宽而深，峰窄。刺窝非常大，放射状密生金黄色硬刺，有辐射刺8～10个，中刺3～5个。花着生于茎顶绵毛丛中，钟形，外瓣内侧带褐色，内瓣亮黄色，花筒被尖鳞片，花期6～10月。果实被鳞片和绵毛，基部孔裂。

◆**生活习性**：喜光照充足、适当干燥的环境。每天至少需要6小时的光照且待盆土完全干燥后再浇水。春季和初夏可适当浇水，盛夏气温高时，植株进入休眠状态要控制浇水。适宜肥沃、排水良好的石灰质沙壤土。金琥茎球巨大，针刺金黄色，适宜盆栽，是很好的室内观赏、装饰佳品。

◆**繁育管理**：金琥常用播种和嫁接法繁殖。果实成熟后，洗出种子晾干，稍加贮藏，3月份播种。嫁接繁殖，在早春切除母株球顶部生长丛，促使滋生子球，子球长到直径0.8～1厘米时，切下嫁接，砧木选用生长充足的量天尺或三棱箭1年生茎段。可用等量的粗沙、壤土、腐叶土、少量陈灰墙屑及少量腐熟的干牛粪混合配成。生长季节每隔1周施1次含1份骨粉加10份水的骨粉浸液，冬季节制施肥。春末到整个夏季待土壤稍干时即浇水，冬季至早春要待土壤全干燥时浇水。生长过程中注意通风和光照，同时可喷雾增加空气湿度。

◆**病虫害防治**：主要是介壳虫、红蜘蛛。要注意改善通风状况，防治红蜘蛛可在发生时喷洒 40% 三氯杀螨醇 1000 倍液，介壳虫可人工剔除或用有机油乳剂 50 倍液喷杀。

9.芦荟

◆**别称**：油葱、狼牙掌、苦油葱、草芦荟、龙角。

◆**科属**：百合科，芦荟属。

◆**生长地**：原产南非和亚洲西南部、印度等地。我国云南南部有野生，一般于室内栽培。

◆**形态特征**：多年生肉质、高大多浆草本植物，体型奇特。叶基出，具有高莲座的簇生叶，呈螺旋状排列，披针形，绿色，叶片肥厚狭长，多汁，边缘有刺状小齿。夏、秋季开花，总状花序自叶丛中抽出，小花密集于花茎上部，花梗长，花管形，橙黄色并具有红色斑点，极为醒目。很少结实。

◆**生活习性**：芦荟喜阳光充足、温暖、秋冬干燥和春夏湿润的环境，抗旱，不耐阴，生长期间稍湿，休眠期宜干。喜肥沃、排水良好的沙质壤土。芦荟适于盆栽，置于室内摆设于厅堂供观赏。其根、叶、花均可入药。

◆**繁育管理**：芦荟可分株繁殖和扦插繁殖，以分株繁殖为主。早春可将过密母株结合换盆进行分根栽植，分株时尽量使每个植株上多带些根，无根的植株先将其放置 1 ~ 2 天后，再插入沙质混合基质中。扦插繁殖，于 3 ~ 4 月剪取 8 ~ 10 厘米长的茎段作插穗，去除基部小侧叶，放置 3 ~ 5 天待切口稍干缩后插入素沙中，3 ~ 4 周后出根即可栽入盆中。夏季需半阴通风，勤浇水而不积水，其余季节适当控制水分以免引起根腐病，冬季温室温度不低于 5℃ 即可

安全过冬。2～3 年换盆一次，一般在 4 月份进行，盆土以 1 份腐殖质土、1 份园土、1 份粗河沙加少量腐熟的禽肥及骨粉研细混入土中。上盆后缓苗期尽量少浇水。

◆**病虫害防治**：一般情况下芦荟病虫害较少，应注意防治介壳虫、红蜘蛛危害。注意要改善通风状况，防治介壳虫可人工剔除或用有机油乳剂 50 倍液喷杀。

10. 龙舌兰

◆**别称**：龙舌掌、番麻。

◆**科属**：龙舌兰科，龙舌兰属。

◆**生长地**：原产美洲墨西哥沙漠地带，在我国台湾、华南、云南均有野生。

◆**形态特征**：龙舌兰为多年生常绿草本植物。植株高大，茎短，叶丛生，披针形，肉质肥厚，先端有尖刺，边缘有锯齿，簇生于基部排列成莲花座状，灰色或蓝绿色带白粉，叶片肥厚。根据叶缘条纹颜色又有金边龙舌兰（叶缘带黄色条纹）、绿边龙舌兰（叶缘为淡绿色）、银边龙舌兰（叶缘呈白色或淡粉红色）、狭叶龙舌兰（叶窄，中心带奶油色条纹）、金心龙舌兰（叶中央带淡黄色条纹）等变种。一般 10 余年后自叶丛抽出高大花茎，穗状或总状圆锥形花序顶生，花多，淡黄或黄绿色，肉质。蒴果球形。

◆**生活习性**：龙舌兰喜阳光充足、冷凉干燥的环境，不耐阴，不耐寒。气温在 5℃以上时可陆地栽培。喜肥沃、湿润、排水良好的沙质壤土。耐寒力强。生长十几年后，自叶丛中抽出高大的花茎，顶生无数花朵。只有异花授粉时才能结实。龙舌兰叶片挺拔，终年翠绿，株形高大雄伟，极似一幅美丽的风景画，常盆栽陈设于厅、堂或庭园观赏，也可做五色草花坛的顶子。其根与叶均可入药，叶可作纤维原料。

◆**繁育管理**：龙舌兰易生蘖芽，因此主要采用分株或分根繁殖。春秋季结合翻盆切取母株旁萌生的幼苗上盆或切取带有4～6个吸芽的根茎栽植或花后摘取花序上的不定芽长成的植株栽植。如果萌蘖苗没有生根，可插在沙土中生根后再栽入盆中。龙舌兰盆栽室内越冬，每年春夏时节放在室外光线好的地方，生长期间忌强光直射。龙舌兰生长的适宜温度是15～25℃，冬季停止生长时，温度保持在5℃左右即可。每年春季换一次盆，换盆时除去死根。每月应施加10倍水稀释的饼肥澄清液或人畜粪尿液肥1次，注意通风，浇水时从盆边缘慢慢注入，以免烂叶。

◆**病虫害防治**：龙舌兰常会受到介壳虫危害，可喷40%氧化乐果乳剂1000～1500倍液，每10天喷1次，连续喷几次，即可防治。平时注意通风，可减少虫害发生。

11. 石莲花

◆**别称**：莲花掌、宝石花、石莲掌。

◆**科属**：景天科，石莲花属。

◆**生长地**：原产墨西哥，现世界各地均有栽培。

◆**形态特征**：多年生肉质草本植物，茎短粗，多分枝，丛生，圆柱形，节间短，柔软，肉质，茎有苞片带白霜。叶片直立，肥厚，排列紧密成莲座状，倒卵形，先端尖，无毛，灰绿色，表面被白粉，略带紫色晕，平滑有光泽，似玉石。花梗自叶丛中抽出，总状聚伞花序顶生，着花8～24朵，花萼5，粉绿色，花瓣5，粉红色，花期4～6月。

◆**生活习性**：石莲花性喜温暖环境，喜充足光照，耐干旱，怕涝。适宜疏松、排水良好的泥炭土或腐叶土加粗沙混合壤土。石莲花常用作盆栽观赏，亦适于布置春季花坛，在温带地区是布置岩石园的好材料。

◆**繁育管理**：石莲花常用扦插和分株繁殖。扦插繁殖，一般在春、秋季从老株上剪取萌蘖的新株或用叶片扦插，极易成活。把完整的成熟叶片平铺在湿润的沙土上，叶面朝上，叶背朝下，不用覆土，再放置在阴凉处，10天左右叶片基部即可长出小叶丛和新根。分株繁殖，即把根茎处萌发的小苗掰下直接栽于盆中即可。用粗沙和壤土等份混合作盆土，扦插苗上盆成活后给予充足光照，适当追施0.3%尿素澄清液肥，每2～3年换盆1次，换盆时施放占盆土5%的饼肥和0.5%的骨粉作底肥。越冬温度在5℃以上。

◆**病虫害防治**：石莲花易受根结线虫、锈病、叶斑病、黑象甲等危害。黑象甲可用25%西维因可湿性粉剂500倍液喷杀，根结线虫用3%呋喃丹颗粒剂防治，锈病和叶斑病可用75%百菌清可湿性粉剂800倍液喷洒。

12. 生石花

◆**别称**：石头花、曲玉、石头玉、石头草、屁股花。

◆**科属**：番杏科，生石花属。

◆**生长地**：原产南非沙漠及西南纳米比亚地区岩床缝隙、石砾地带，现世界各地可栽培。

◆**形态特征**：多年生小型常绿肉质草本植物，茎极短，常常看不到，根系深长。单叶对生联结而成倒圆锥体，变态叶片肥厚平顶，中间有缝隙，表面具褐色纹，外形及颜色似小卵石。花 1～3 朵自缝隙中抽生，花萼 3～5 裂或多裂，花瓣数十枚，有红、黄、粉、白、紫等色，多在午后开放，傍晚闭合，次日午后又开。单朵花可开 3～7 天。花期 9～11 月。蒴果，种子细小。

◆**生活习性**：生石花性喜光照充足和高温环境，耐旱，怕低温，不耐烈日直射，冬季喜凉爽，适宜排水通畅的疏松沙质土壤。生长适温 10～30℃。生石花品种较多，各具特色。形态奇特，小巧玲珑，花色艳丽。开花时花朵几乎将整个植株都盖住，非常娇美。主要用于盆栽观赏，是不可多得的花、叶兼赏花卉。

◆**繁育管理**：生石花可播种繁殖，也可分株繁殖。播种繁殖适于 5 月当温度达到 20℃时，将种子盆播，因种子细小，一般采用室内盆播，播后覆土宜薄，用木块轻镇压使种子与土层密切接触，浸盆法供水，切勿直接浇水，以免冲失种子。播种温度 15～25℃，经保温、保湿，半月左右发芽出苗。出苗后让小苗逐渐见光。小苗生长迟缓，3～5 月生长期，给予充足光照，每月追施 0.5% 尿素水溶液。仲夏每周少量给水 1～2 次，用浸盆法给水，冬季对成长植株基本不给水，越冬温度在 15℃以上。冬夏两季对水分适当减少有助蜕皮。实生苗需 2～3 年才能开花。分株繁殖，即每年春季从中间的缝隙中长出新的肉质叶，将老叶胀破裂开，老叶也随着皱缩而死亡。新叶生长迅速，到夏季又皱缩而裂开，并从缝隙中长出 2～3 株幼小新株，分栽幼株即可。

◆**病虫害防治**：生石花主要发生叶斑病、叶腐病，可用65% 代森锌可湿性粉剂 600 倍液喷洒。主要病虫害是介壳虫、蚂蚁和根结线虫、根粉蚧，可在孵化若虫期用 25% 亚胺硫磷 1000 倍液或 50% 杀螟松 1000 倍液在晴天喷施，也可以用阿维菌素灌根。可用套盆隔水养护，使蚂蚁爬不到柔嫩多汁的球状叶上。

13. 项链掌

◆**别称**：绿串珠、翡翠珠、绿铃。

◆**科属**：菊科，千里光属。

◆**生长地**：原产于西南非，是我国近年来从国外引进的花卉新品种。

◆**形态特征**：项链掌是多年生肉质、多浆草本植物。具有细长的蔓性茎，匍匐生长。若悬垂吊挂栽培，茎上生长的肉质小圆叶宛如豆粒，绿色中还带有一透明的条纹，像翡翠项链而得名。小花白色，带有紫晕，花期不定，多见于秋季。

◆**生活习性**：项链掌性喜温暖及充足的光照，耐干旱，忌高温、潮湿。冬季喜欢较冷凉而又干燥的环境。项链掌适宜做小型盆栽，或摆于书桌几案，或置于室内高处，或悬吊观赏，如绿色珍珠，晶莹可爱。

◆**繁育管理**：项链掌繁殖非常容易，细长的枝条只要一接触到土壤就会长出新根，将已生根的茎段切下，即可上盆；也可用扦插繁殖，它生根的最适温度为 15～22℃，所以以春秋两季扦插最为适宜，也极易成活；可剪取一段约 5 厘米长的段，斜插于沙壤土中，插后浇透水，把盆放于通风良好的半阴处，保持土壤湿润即可。繁育项链掌唯一应注意的是保持干燥，切割下来的茎段放几天后再扦插，约半个多月就可生根成活。项链掌喜欢生长在温暖、阳光较充足的地方，特别是生长期要有充足的阳光，春季、晚秋及冬季，应放在室内有充足光照的地方，以防止徒长，以免影响观赏价值。因项链掌是多浆植物，所以栽培的关键问题是要掌握好浇水量，宁干勿湿，即使是夏季，也要少浇水，每5天浇一次水也就足够了。特别在高温、高湿季节，更要控制浇水，为防夏季长期受到雨淋，应放置在室内通风良好的半阴处栽培，以防造成肉质叶脱落、腐烂。若冬季室温在10℃以下，可以不浇水，但最低温度不能低于5℃。栽培要求土壤疏松，可用配制的疏松培养土，每年最好在春季换一次盆。在栽培过程中，可不再施肥，因为新盆土的养分已足够用。

◆**病虫害防治**：在低温条件下，空气湿度过大或土壤水分过多，都容易发生介壳虫，可喷40%氧化乐果乳剂1000～1500倍液。

14.吊金钱

◆**别称**：腺泉花、吊灯花、可爱藤、鸽蔓花。

◆**科属**：萝摩科，吊灯花属。

◆**生长地**：原产印度、马来西亚以及非洲大陆，我国华南一带有露地栽培。

◆**形态特征**：吊金钱是多年生、多浆蔓生草本植物。在土表露有近球形的块状茎，生长蔓状茎。蔓状茎细长，达数十厘米，下垂，节间长2～8厘米，叶腋间有块状肉芽。叶心形或肾形，直径可达2厘米左右，肉质，厚而坚硬。叶面具白色、斑状花纹，叶对生，一对对的叶片像两个紧紧相连的心，在日本称此花为"恋之蔓"。花小，绿色，生于叶腋，由管状长箭形花瓣组成的花苞，带有紫色斑点，花瓣顶部连在一起，形状很像小灯笼。花盛开时，花瓣张开，又似一把把张开的小伞，十分别致。只要温度适宜，从春至秋，都可开花。

◆**生活习性**：吊金钱性喜温暖、阳光充足、气候湿润的环境，忌高温和土壤含水过多。吊金钱枝条下垂，蔓生，花姿飘然，适合做中小型盆花，是室内悬吊、摆放的极好盆栽花卉。因其叶、花小巧玲珑，只可放近处观赏。

◆**繁育管理**：吊金钱可用分根、压条、扦插繁殖，也可利用叶腋间滋生的块状肉芽种植，用各种方法繁殖都容易成活。扦插时一次浇透水后，使土壤略偏干为好，浇水过多则易腐烂，不易成活。吊金钱是适应性较强的多浆植物，繁育管理较为粗放，一般室内条件都可栽培，虽喜湿润环境，也可耐较干燥的空气。栽培土壤用排水良好的一般培养土即可，也可用粗沙 6 份、泥炭土 4 份配制而成的粗沙土栽培。每 1 ~ 2 年换一次盆，以早春换盆较好，换盆时在盆底先垫少量小石子，以利排水，然后放入蹄片或骨粉做基肥。吊金钱生长需要较温暖的环境，春季、夏初及秋末是其生长季节，生长适温为 18 ~ 25℃，越冬温度不得低于 10℃。夏季气温较高生长缓慢或停止生长。在生长季节浇水要间干间湿，浇水不能过多。每半月施一次稀薄液肥。冬季气温降低时，要停止施肥并控制浇水，每周浇水 1 ~ 2 次。虽性喜阳光充足，在半阳的条件下也能生长得很好，在尽可能多的光照条件下，会生长得更好，在室内挂在南向的窗前，或放在半阴的高处栽培。

◆**病虫害防治**：吊金钱生长健壮，一般不发生病虫害。空气湿度不够或盆土较长时间处于干燥状态时，易引起叶片干尖或落叶，甚至全株干枯。

15. 沙鱼掌

◆**别称**：白星龙、肉龙。

◆**科属**：百合科，脂麻掌属。

◆**生长地**：原产南非吉望峰，现在世界各地都有栽培。

◆**形态特征**：沙鱼掌是多年生多浆草本植物。无茎，叶由基部长出排成二列，肥厚，多汁，先端稍钝。初生叶直立，以后逐渐水平伸展，叶表面粗糙，绿色，具纯白色小突起。花萼高达 40 多厘米，总状花序疏散：小花梗红色下垂，花被 7 裂。小花似歪脖玉瓶，上端绿白相间，下部带有红晕，十分别致、美丽。沙鱼掌同属品种还有小叶沙鱼掌、虎皮掌。

◆**生活习性**：沙鱼掌性喜向阳、温暖、干燥的环境条件，不耐寒冷，耐半阴，冬季要求最低温度不低于 0℃。宜作为室内中小型盆栽花卉摆设。

◆**繁育管理**：沙鱼掌通常以分株繁殖栽培为主。在春季换盆时，可用利刀将母株侧旁生长的小植株割下，另盆栽植即可。沙鱼掌繁育管理容易，一般不做过多的管理。盆栽用土适宜用疏松、排水良好又透气的一般培养土。可用园土、粗沙各半，混入少量骨粉，或用粗泥炭与粗沙各半，加入适量骨粉混合。为防止盆土过湿，栽培用的花盆不宜过大。应采用较小的浅花盆，盆略大于植株即可。虽性喜向阳，但对光照要求不严，全日照或半阴都可生长良好。一般温室栽培放在花案下，但冬季应增加日照时间。光照充足，生长敦实，不易徒长，植株形状美观。因此，冬季有条件的还是放在室内向阳处，但不宜在高温的室内栽培，温度以不超过 1℃为适，最低温度也应在 10℃以上。盆土也要保持干燥为好，每次浇水都要等盆土干后再浇。若在花案下方摆放，而花盆漏下的水已足够用，可不再

单独浇水。春季和夏季为主要生长期。夏季则应适当遮阳,降低室内温度。每月可施一次充分腐熟的稀薄豆饼肥水,或复合颗粒肥料。冬季要停止施肥并减少浇水量。新分株的小苗,在第一年可不施肥。

◆*病虫害防治*:沙鱼掌的病虫害很少,但浇水过多则宜烂根,或底层叶腐烂,应注意掌握浇水量。

—— 第十二章　水生花卉繁育技术 ——

1. 荷花

◆**别称**:莲、芙蕖、水芙蓉、莲花等。

◆**科属**:睡莲科,莲属。

◆**生长地**:原产于亚洲热带及温带地区,南、北美洲也有分布。

◆**形态特征**:荷花是多年生水生花卉,无明显的主根,仅在地下茎节间生不定根,其地下粗大的横走根状茎称为藕。长约20厘米,地下茎肥大,多节,长圆柱形,有许多中空管道,节部生须根。母藕(也称种藕)栽种后,藕节间最初抽出的小叶,叶柄细弱,不能顶出水面,只能浮于水面,称为"钱叶"。然后在种藕先端新生如指粗的地下茎上抽出稍大的叶,能浮出水面,称为"浮叶"。由藕鞭长出而抽出水面的叶,通称为"立叶"。立秋前,藕鞭最后一节抽出的叶,称为"后把叶"。在其前方再出现一张形小、叶厚、柄短而叶背微红的叶,称为"终止叶"。由地下茎先端直接形成的肥大新藕称为"亲藕"。亲藕以后又会长出分枝,通称为"子藕"。再分枝则称为"孙藕"。当荷花的亲藕、子藕、孙藕形成时,种藕就开始发黑而渐烂。钱叶、浮叶、立叶出水前均相对卷成条形。翻卷的方向就是藕鞭前进的方向。荷花叶大,直径可达30厘米,开张多呈圆盾形全缘,叶面深绿或黄绿色,上面被蜡质白粉,下面白绿色。当水珠滴在荷叶上时,滚来滚去,犹如碧盘玉珠,花单生,两

性，花形大，花径可达 8 ~ 12 厘米，花有单瓣、复瓣、重瓣之分，花色有深红、白、粉红、淡绿及复色。花期 6 ~ 9 月。花托形如杯或呈伞形，与果实合称"莲蓬"，内有莲子 10 枚左右，坚果。

◆**生活习性**：荷花喜温暖多湿和阳光充足的环境。水是荷花的命脉，在其整个生长发育过程中都不能失水或干盆，池塘栽植荷花以水深 0.3 ~ 1.2 米为宜。荷花喜水，但极怕水淹没荷叶，严重时会造成死亡。荷花对温度要求很严，一般 8 ~ 10℃开始萌芽，14℃藕鞭开始伸长，23 ~ 30℃是荷花生长发育的适宜温度，开花需要高温，25℃生长新藕，大多数栽培种是在立秋前后气温下降时转入长藕阶段。荷花怕大风，如果大风将叶柄吹断，水灌入后将引起整株腐烂死亡。荷花喜光，不耐阴，在强光下，生长发育快，开花早，对土壤要求不严，但以富含腐殖质的肥沃黏土为宜。荷花花大色艳，叶形独特，并有缕缕清香，观赏价值高，是美化水面、点缀亭榭的良好材料，既可栽植于池塘，又可缸植、盆栽布置庭院，也可作切花用。

◆**繁育管理**：荷花以分株繁殖最为常用。春季气温稳定回升时，挖出种藕，每两节切成一段分栽，种植后成为一个新的植株。种植过早，温度低，种藕易冻烂，过迟，顶芽已萌发，易折断钱叶，影响成活。选择种藕时以带有顶芽的梢部为宜，此部位生长最为旺盛。也可采用播种繁殖，多用于培育新品种。8 ~ 9 月采收成熟的莲子储存起来，早春播种，因莲子外皮厚而坚硬，不易吸水发芽，播种前先将莲子尖端外皮磨破刻伤，即在远离发芽孔的一端用利刀削去一块种皮，而后将刻伤的种子播于装有泥塘土的花盆中，置于水下5 厘米深处，在 25 ~ 30℃条件下，1 周后发芽，但发芽后生长十分缓慢，一般要经过 3 年养护，才能移栽和开花。荷花也可分缸、分盆栽培或池塘栽植。池塘栽藕前先放干池水，翻耕池土，放入基肥，耙平后灌水。于春季 4 月上旬清明前后栽种。种藕最好在栽种前挖取，随挖随栽，并选取根茎先端的 3 个节作种藕，栽种时平铺或斜插，然后覆土 10 ~ 15 厘米，每亩约需种藕 125 ~ 250 千克。栽后不必马上灌水，待 3 ~ 5 天泥面龟裂后再灌水 10 ~ 15 厘米深，夏季高温期，加水深至 50 ~ 80 厘米，生藕期间水不宜深。1 个月后立叶抽出水面 1 ~ 2 片时，可施厩肥 1 次，长出 5 ~ 6 片叶时，追施 1 次硫酸铵。新藕鞭的地下茎开始分枝时，追肥 1 次，通常每 2 ~ 3 年翻种 1 次，防止地下茎过于密集拥挤从而影响开花。缸盆适合于栽种观赏品种。缸盆规格不宜过大，口径通常为 65 厘米，深约 35 厘米。缸盆栽荷花通常使用含有腐殖质的塘泥或稻田泥作栽培土。先拣去其中杂质及石砾，然后把它捣碎，先在缸底放入少量碎土，然后将头发、鸡毛、豆饼、鱼头、人粪、骨粉等基肥弄碎后放入，与泥土拌匀，再覆盖其余全部泥土，土层厚度一般为 20 ~ 25 厘米。缸盆栽荷花常在清明节前 10 天栽种，每缸排列种藕 1 ~ 2 行，藕节瘦弱的可排 2 ~ 3 行，种藕首尾顺序连接，头低尾高栽在盆土中。排放好后，其上覆盖栽培土 6 厘米厚，然后灌水，任其日晒，待泥土干透、龟裂，加水再晒，待钱叶出现后，加深水位，以后每早加水 1 次，出现立叶后可追施稀薄的人畜粪尿液 1 次；开始分枝时施用粪肥、饼肥或蚕沙 1 次，生藕期施用饼肥 1 次，立叶封行时停施。终止叶开始出现时，又逐渐浅灌。当浮叶过多时，应将部分老浮叶塞入泥中，待小立叶伸出水面时，除选留几片外，其余浮叶应全部塞入泥中。当大立叶伸出水面时，小浮叶及小立叶都应塞入泥中。缸盆内叶片不能拥挤。

◆**病虫害防治：**荷花易生黑斑病、腐烂病、斜纹夜蛾、蚜虫、黄刺蛾等病虫害。腐烂病发生在 6 月下旬，叶片发生黑褐色斑点，发病初期喷洒 50% 多菌灵 500 ~ 600 倍液进行防治。黑斑病发病

初期用 50% 托布津或 50% 多菌灵或 75% 百菌清 500 ～ 800 倍液喷杀。蚜虫在大量发生时在池塘或缸盆中撒 3% 呋喃丹颗粒剂杀灭。斜纹夜蛾用 50% 辛硫磷 1000 倍液，或 50% 西维因 500 ～ 800 倍液喷杀防治。黄刺蛾在 6 ～ 7 月为害荷叶和花蕾柄，可用 90% 敌百虫 1500 ～ 2000 倍液加青虫菌 800 倍液喷杀。

2. 睡莲

◆**别称**：子午莲、水芹花、水浮莲。

◆**科属**：睡莲科，睡莲属。

◆**生长地**：原产于北非及东南亚热带地区，少数产于欧亚温带及寒带地区。

◆**形态特征**：多年生浮叶水生花卉。地下横生或直立的块状根茎生于泥中，叶浮于水面上，圆形或卵圆形，边缘呈波状，全缘或有齿，基部深裂呈心脏形，有时呈盾状。叶表面深绿色，背面暗紫色或紫红色，叶柄细长。花大而美，花单生于细长的花梗顶端，浮于水面或稍挺出水面，花萼 4 片，外表面绿色，内表面白色，花瓣多数，花色有白、黄、粉红、红、淡蓝等色。花期夏秋季，单朵花可持续 1 周左右，每天下午开放，夜晚闭合。花谢后，逐渐卷缩沉入水中结果。

◆**生活习性**：睡莲喜阳光充足、通风良好、水质清洁、温暖的静水环境，光照不足只长叶不开花。要求含腐殖质丰富的黏质土壤，宜栽于平静的水池或湖面，水深 50 厘米左右，不太耐寒，需要室内保护越冬。睡莲是重要的水生花卉，是水面绿化的重要材料，可点缀于水池、湖面，也可盘栽观赏或作切花。

◆**繁育管理**：睡莲的繁殖可用分株和播种两种方法，以分株法为主。分株法多在每年春季 3 ～ 4 月间，当芽刚刚萌动时将根茎挖出，用刀分成几块，每块带有 2 ~ 3 个生长充实的芽眼，长 10 厘米左右，重栽入池内或缸内，即可成长为独立的新植株。分株一般每 2 ~ 3 年进行 1 次，不需每年挖出栽种。栽种时先在盆缸底放 3 ~ 4 厘米厚的河泥，再放约 250 克草木灰、鸡鸭毛、碎骨头、鱼刺等含磷、钾多的肥料作基肥，最后再填入肥沃的泥土，上部应留出 20 ~ 25 厘米的注水空间，然后将切好的根茎顶芽朝上埋在土表下，以 2 ~ 3 厘米为宜。栽后将盆缸放置在通风阳光充足处养护。以后随植株长大而逐渐加深水位。夏季灌水深 25 ~ 35 厘米为宜。睡莲生长期要经常剪除残叶残花，高温季节的水层要保持清洁，时间过长要进行换水以防生长水生藻类影响观赏，生长期追 1 ~ 2 次豆饼粉和河泥混合肥料。种子繁殖，睡莲果实在水中成熟，而且成熟的种子常因果壳腐烂，种子自然沉入水中泥底，因此，必须从泥底捞取种子。或用透气、透光的布袋将果实包住，种子成熟后弹入袋内不致散失。获得的种子必须放入水中贮存，否则，种子干燥即失去萌芽能力，待春季播种时，从水中捞出种子，播于浅水泥中，待种子萌芽后，再逐渐加深水位。

◆**病虫害防治**：睡莲常发生病虫害。轮纹病发病初期喷洒 50% 多菌灵 500 ~ 1000 倍液，以后每 10 天左右喷洒 1 次，连续 3 ~ 5 次。蚜虫可用 0.01% ~ 0.015% 鱼藤精喷杀，灭虫后应及时换水保持水面清洁。睡莲水螟，及时用小网捕捞浮在水面的幼虫，并喷洒 50% 杀螟松乳油 1000 倍液毒杀幼虫。

3.千屈菜

◆**别称**：水柳、水枝柳、对叶莲。

◆**科属**：千屈科，千屈菜属。

◆**生长地**：原产欧洲、亚洲温带地区，我国各地有野生分布。

◆**形态特征**：千屈菜为多年生草本植物。地下茎粗壮横卧，地上茎直立，四棱形，光滑或被白色柔毛，多分枝，株高 0.4～1 米。单叶对生或轮生，长圆状披针形，长 3～7 厘米，基部心形或近圆形，无柄，稍抱茎。顶生穗状花序，长可达 50～60 厘米。小花多数密集，6 瓣，玫瑰紫色，直径 1 厘米左右。花期 7 月上旬至 9 月上旬。蒴果包于宿存萼筒内。种子细小，长约 2 毫米，卵状披针形，黄色。

◆**生活习性**：千屈菜性喜阳光，喜水湿，自然分布于沟边溪旁，在一般土壤条件下也生长良好，对水肥要求不严，耐严寒，耐盐碱。千屈菜株丛清秀，花色艳丽，花期长，适宜丛植于水边或做花境材料，也可盆栽。全株可入药，可治痢疾、肠炎等症；另具外伤止血功效。

◆**繁育管理**：千屈菜可用播种、分株或扦插法繁殖。播种繁殖多在春季 3～4 月进行。于 8 月种子陆续成熟，采收后保存备用。种子无休眠期，自然落种或在母株周围于当年秋季萌发出小苗。或者播前将种子与细土拌匀，然后撒播于床上，覆土 1 厘米，最后盖草浇水。在湿润土壤中，2 周后种子可发芽，当年即可开花结实。分株繁殖方法最为常用，一般在 4 月进行。将根丛掘出，顺势分成数个芽为一丛的小植株，重新栽植，极易生根。也可扦插繁殖，在 6～7 月营养生长期最为适宜，将枝条剪成 13 厘米左右的插穗，插于湿沙中，30 天左右即可生根。千屈菜生性强健，繁育管理较容易。若栽植于一般露地，只要土壤不过干，即可收到良好效果。水生时，生长前期水面不宜过深，地表面湿润即可，开花期可逐渐增加水深，一般在 10 厘米左右。如土壤过干或浸水过深则花序短小，观赏效果差。盆栽时要施足基肥，开花前，应使盆面保持水深 5～10 厘米。经常保持盆土湿润。置于阳光充足，通风良好的环境。

4. 荇菜

◆**别称**：莕菜、水荷叶、水镜草、莲叶莕菜。

◆**科属**：龙胆科，莕菜属。

◆**生长地**：原产中国。日本、俄罗斯及伊朗、印度等国也有分布。

◆**形态特征**：荇菜是多年生草本水生漂浮植物。枝条有两型，长枝匍匐于水底，如横走茎；短枝从长枝的节处长出。茎细长，柔软，多分枝，茎节处生须根扎入泥中。叶互生，卵圆形，叶片基部心形，边缘微波状。叶片表面绿色，具光泽，叶背紫色，叶片平浮于水面上，下表面紫色，基部深裂成心形。伞形花序从叶腋处抽生，花梗细长，小花黄色，5 瓣，花瓣边缘具睫状毛。花期 6 ~ 10 月。蒴果扁圆形，内含多数种子，种子扁平状，边缘细齿状有刚毛。

◆**生活习性**：荇菜多生于温带、热带的淡水中，在池塘、湖泊的浅水岸边或积水洼地均有野生分布。其性耐寒，极强健。荇菜适生于多腐殖质的微酸性至中性的底泥和富营养的水域中，土壤 pH 为 5.5 ~ 7.0。在肥沃土壤及光线充足处生长良好。常有变种：水皮莲（植株较小），金眼莲花（茎不分枝，白色花多）。它们都是水面绿化的良好材料，绿色叶片浮于水面，朵朵黄、白色小花点缀其间，十分雅致。

◆**繁育管理**：荇菜可用分株或播种繁殖。分株繁殖简便，于每年 3 月份在生长季用刀将较密的株丛匍匐茎切割开，重新栽植，即可形成新植株。荇菜再生力相当强，其种子可自播繁衍。盆栽视盆的大小和植株拥挤情况，每 2 ~ 3 年要分盆一次。冬季盆中要保持有水，放背风向阳处就能越冬。荇菜在水池中种植，水深以 40 厘米左右较为合适，盆栽水深 10 厘米左右即可。以普通塘泥作基质，

不宜太肥，否则枝叶茂盛，开花反而稀少。如叶发黄时，可在盆中埋入少量复合肥或化肥片。平时保持充足阳光，盆中不得缺水，不然也很容易干枯。荠菜有很强的适应性，常处于半野生状态，一般不需过多人工管理。

◆**病虫害防治**：荠菜管理较粗放，生长期要防治蚜虫，可用 0.01% ～ 0.015% 鱼藤精喷杀。

5. 凤眼兰

◆**别称**：凤眼莲、水浮莲、水葫芦、石莲、凤眼蓝。

◆**科属**：雨久花科，凤眼兰属。

◆**生长地**：原产于南关，中国已广为栽培。

◆**形态特征**：凤眼兰是一种多年生漂浮草本植物。生于较深水域时，其须根发达，悬垂于水中。茎极短。叶丛生，卵圆形全缘，鲜绿色，质厚，具光泽，叶柄长 10 ～ 20 厘米，中下部膨胀呈葫芦状的海绵质气囊。若生

于浅水域，极可扎于泥中，植株挺水生长，叶柄无气囊形成。叶基部具有一鞘状苞叶。花单生，稍高于叶丛，短穗状花序，花蓝堇色，上部裂大，具蓝黄色斑块，故名凤眼兰。花期 8 ～ 9 月。有大花和黄花变种。

◆**生活习性**：凤眼兰对环境适应性强，在水中、泥沼、洼地均可生长，而以水深 30 厘米、水流速度不大的浅水域为宜。性喜温暖、阳光充足的条件，适宜水温为 15 ～ 23℃，不耐寒，冬季需保留母本植株于室内盆栽越冬。

◆**繁育管理**：凤眼兰繁殖速度快，单株一年中可布满几十平方米

的水面。以分株繁殖最为方便而常用。春季，将室内保存的母株株丛分离或切取带根的小腋芽，投入水中从而形成一个新的植株，极易成活。也可利用种子繁殖，但栽培实践中很少应用。凤眼兰在夏季室外自然水域中生长良好，但由于其自身繁殖迅速，往往造成生长过密，出现烂叶或影响水面倒影效果等现象。这时应及时捞出一部分植株。若夏季做盆栽，则可在花盆底部放入腐殖土或河泥，施入基肥后放水，使水深至 30 厘米左右，而后将植株放入。秋季，当气温下降到 10℃以下时，凤眼兰植株停止生长，茎叶逐渐变黄，这时选生长健壮、无病虫害的植株留做母本，保护越冬。首先在浅缸或木盆底部放些肥沃河泥，而后加浅水将种株放入其中并放置于较温暖的室内，温度保持在 7 ~ 10℃，注意给予充足的光照，否则易腐烂。

6. 香蒲

◆**别称**：东方香蒲、水蜡烛、蒲菜、猫尾草。

◆**科属**：香蒲科，香蒲属。

◆**生长地**：分布于我国东北、华北及华东地区，在欧洲及北美部分地区也有分布。

◆**形态特征**：香蒲是多年生草本挺水植物。其地下具粗壮、匍匐生长的根茎，须根，地上茎直立，细柱状，不分枝，高 1.5 ~ 2.5 米，尖端渐细，叶基部呈鞘状抱茎，质厚而轻。花单性，同株。穗状花序呈蜡烛状，浅褐色，其花序上部为雄花序，下部为雌花序，中间间隔 3 ~ 7 厘米裸露的花序轴。小坚果椭圆形至长椭圆形；果皮具长形褐色斑点。种子褐色，微弯。花果期 5 ~ 7 月。

◆**生活习性**：香蒲适应性强，对环境要求不严，性耐寒，喜阳，喜生于肥沃的浅水湖塘或池沼泥土内，适宜水深为 1 米以下。香蒲叶长如剑，宜水边栽植或盆栽，其花序可做切花或干花。

◆**繁育管理**：香蒲常采用分株法繁殖。春季 3 ~ 4 月份发芽时将地下根茎挖出，切成数段，每株带有一段根茎或须根，选浅水处，按行株距 50 厘米 ×50 厘米栽种，每穴栽 2 株，重新栽植于泥中，很易成活。栽后注意浅水养护，避免淹水过深和失水干旱，经常清除杂草，适时追肥。一般栽植 3 ~ 5 年后，由于生长旺盛，根茎生长过密交织在一起，生长势逐渐衰弱，应挖出重新种植。栽后第 2 年开花增多，产量增加即可开始收获。6 ~ 7 月花期，待雄花花粉成熟，选择晴天，用手把雄花摘下，晒干搓碎，用细筛筛去杂质即成。香蒲在合适的浅水边可自由生长，不断增殖、分株。香蒲是水生宿根作物，生长过程需水较多。对气温反应敏感，秋季蒲株地上部逐渐枯黄，但根状茎的顶芽转入休眠越冬，待翌年气温适宜时再萌发。整个生育期划分为萌发、分株和抽薹开花三个时期。萌芽时期要求气温最低为 10℃，达到 15℃时有利于蒲芽生长；分株时期是指各母株基部密集节上腋芽的萌发与生长，一般每个母株当年可繁殖 5 ~ 10 个分株，抽薹开花与分株不是截然分开的，蒲田在分株时期已有部分蒲株进入抽薹开花。冬季地上部分枯死，地下根茎留存于土中，自然越冬。

◆**病虫害防治**：发生黑斑病时要加强栽培管理，及时清除病叶。发病较严重的植株，需更换新土再行栽植，不偏施氮肥。发病时，可喷施 75% 百菌清 600 ~ 800 倍液防治。发生褐斑病要清除残叶，减少病源，发病严重的可喷施 50% 多菌灵 500 倍液或用 80% 代森锌 500 ~ 800 倍液进行防治。

附录

附录1 鲜花的寓意

　　每种花都有自己的语言，每种花代表着不同的寓意，当有人送花时，花代表了送花人的美好祝愿。

花名	花语	花名	花语
矢车菊	纤细、优雅、单身的幸福	火鹤花	新婚、祝福、幸运、快乐
麦秆菊	永恒的记忆、铭刻在心	吊兰	朴实、天真、淡雅、纯洁、宁静
万寿菊	友情	龙舌兰	为爱付出一切
瓜叶菊	快乐、喜悦快活	铃兰	幸福即将到来
翠菊	追想、可靠的爱情、请相信我	卡特兰	敬爱、倾慕
满天星	真心喜欢	含羞草	害羞、敏感、礼貌
小苍兰	纯洁、幸福、清新舒畅	紫罗兰	爱情
仙客来	腼腆	水仙花	爱之颂、神秘
爱丽丝	勇于追求爱情、稳重	菊花	高洁、长寿、吉祥
香蒲	顺从	鸡冠花	热切期盼、我引颈等待
银柳	闪光	橡树	和蔼
福禄考	回忆	雏菊	单纯
玉簪花	关怀	西洋水仙	自尊
荷包花	援助	吊钟花	尝试
萱草	忘忧	栀子花	欢乐
紫藤	美丽	唐菖蒲	热恋
薄荷	再爱我一次	鸢尾	好消息、使者、想念你
八仙花	自私	长春花	追忆
白橡树	独立	爆竹红	恋情

续表

花名	花语	花名	花语
百合	顺利、心想事成、祝福、高贵	康乃馨	母亲我爱您、热情、真情
天堂鸟	潇洒、多情公子	中国水仙	多情、想你
西洋水仙	期盼爱情、爱你、纯洁	向日葵	爱慕、光辉、忠诚
山茶花	可爱、谦让、理想的爱	非洲菊	神秘、兴奋
三色堇	沉思、请想念我	玛格丽特	骄傲、满意、喜悦
牡丹	圆满、浓情、富贵	菊花	清净、高洁、我爱你、真情
百日草	思念亡友、爱	波斯菊	野性美
石竹	纯洁的爱、才能、女性美	风信子	喜悦、爱意、幸福、浓情
矮牵牛	安全感、与你同心	葱兰	期待、洁白的爱
常春藤	友情	串铃花	悲恋
杜鹃	艳美华丽、生意兴隆、温和	大丽花	大吉大利
富贵竹	吉祥、富贵	芙蓉	精美娇艳
扶桑	相信你、永远新鲜的爱	桂花	友好、吉祥
龟背竹	健康长寿	荷花	亲人深沉的思念
蝴蝶兰	我爱你	红掌	大展宏图
红豆	相思	桔梗	不变的心、真诚不变的爱
剑兰	幽会、用心、坚固	金橘	招财进宝
金银花	献爱、诚爱	孔雀草	总是兴高采烈
兰花	高尚、绝代佳人	腊梅	坚贞不屈、慈爱心
莲花	正人君子	金鱼草	活泼热闹、傲慢
玫瑰	美丽纯洁的爱情	茉莉	和蔼可亲
铁线蕨	高洁	芍药	恐惧
文竹	永恒	飞燕草	轻薄

续表

花名	花语	花名	花语
梅花	高洁	桃花	疑惑
石斛兰	父亲之花	木棉花	英雄之花
马蹄莲	永结同心、吉祥如意	月苋草	魔力
洋绣球	自私	姜兰	无聊
芦荟	万能	薰衣草	等待爱情
桔梗花	真诚不变的爱	红色风信子	让人感动的爱
白玫瑰	我足以与你相配	时钟花	爱在你身边

附录2　送花须知

1.春节送花

春节是中国最古老、最喜庆的传统节日。在这除旧迎新的快乐时刻，大家都希望说话做事求个吉利。因此春节送花，色彩要鲜艳、吉祥，有富贵气。例如用腊梅、南天竹、银芽柳、月季，既高雅又喜庆。选择牡丹、杜鹃、火鹤、唐菖蒲、金橘、荷包花、瓜叶菊、报春花及一些红色系的花，送给亲戚朋友，或摆放在自家，均可带来祥和与生机。

2.情人节送花

每年的2月14日情人节，是玫瑰花的天下。红艳艳的玫瑰花，配一盒巧克力，送女友或男友，温情缠绵。或用红玫瑰做一朵漂亮的胸花，别在爱人的衣扣上，享受一份温馨。

3.母亲节送花

每年5月的第二个星期天是母亲节。母亲一生为养育儿女付出的心血最多，这一天正是提醒每位做儿女的，要永远记住母亲的养育之恩。康乃馨是母爱之花，在母亲节这天给妈妈送上一束红色或粉色的康乃馨，以表达对母亲的感激与爱心。另外，蝴蝶兰也适宜表达对母亲真诚的敬意。

4.父亲节送花

每年6月的第三个星期天是父亲节。做儿女的，送上一束黄色康乃馨或石斛兰，来表达对父亲终年辛劳养家的尊敬与感谢之情。

5. 中秋节送花

中秋节是全家团圆的日子，用唐菖蒲、兰花、百合、火鹤等花，配一些应季水果，插成一个花篮，表达合家团圆、家道兴旺。

6. 元旦送花

1月1日标志万象更新、新的开始，选用大丽花、唐菖蒲、月季、兰花、百合等一些色彩艳丽、生机盎然的花卉来馈赠亲友较为合适。

7. 探望病人送花

看望病人时，花的色彩不要过于素淡，香味不要过于浓烈。适合用百合、月季、菊花、火鹤、康乃馨、洋兰等，与排草或天冬草搭配成花束或花篮，放在洁白的病房里，令病人心情开朗，有助于恢复健康。

8. 祝贺生日送花

青年人过生日喜欢热闹，用月季、百合、洋兰、勿忘我，配上万年青叶或银芽柳，撒上满天星，送朋友祝贺生日，既漂亮活泼，又表达了对朋友事业有成、青春永驻的祝愿。为家中长者过生日，可选用鹤望兰、百合、康乃馨、长寿花、万年青等，以表达祝老人健康长寿的心愿。

9. 恭贺喜得千金或贵子送花

家中添丁，选用非洲菊、雏菊、满天星，表示孩子是大人心中的"小太阳"，活泼可爱。得千金多送粉色花，得男孩多送淡紫色的花。

10. 祝贺乔迁新居送花

迁居是件大喜事，选用唐菖蒲、百合、石斛兰等表示家道兴旺、万事如意。巴西木、龟背竹、米兰、文竹等绿色植物，也同样适合迁居的朋友。

附录3 送花与季节

在现代生活中人们都喜爱花，送花成了交往中的"心意之礼"。这"心意之礼"要动头脑、巧用智慧，如灵敏聪颖的妮妹眼神，总在变化，总有生动，总有魅力。

一月，黄色之花。春天的花中以浅黄水仙、连翘等为妙、为新、为灵趣。将黄色花配以白色的满天星，再用包装纸包裹，能表达出期盼春天的心情，给人希望的温情。

二月，绿色植物。二月是个酷寒的月份，"料峭阻住、春绿向枝头"，寒处的生命尤为动人——庭园中的球根植物已开始露出面庞。送绿芽与白花，给人坚韧、给人力量。这种青、绿融白的色调，正是春二月的象征。

三月，淡粉红花。三月，柔和春风拂面，感觉如"玉指纤纤"。利用淡红色包装纸来包裹淡粉红花，柔、情、润的感触在被送花者眼中如春风漾来。

四月，淡色之花。此时春光最盛、百花争艳。温暖的阳光与回暖的情绪，缠绕如藤，淡色之花正好表达"正是春好处"的意境。

五月，绿色之花，是绿的宣言。初夏的耀眼阳光，在一片绿地上，创作出缤纷世界。绿色之花代表生命茂盛与清纯。

六月，橘黄之花。梅雨时期的放晴，阳光的颜色就像鲜明的橘黄色。赠花色彩配合时节，以柔和橘黄为妙。

七月，粉红之花。在强光与闷热中，色彩鲜艳夺目的花最适合，因为它展示给人以无畏的精神与风采。

八月，白色花。在酷暑之际，人会稍感疲倦，此时送以充满凉爽气息的白花为佳。

九月，混合色花。高高澄净的天空，秋风徐徐吹来，各种花色的组合，象征着秋收、心满意骋。

十月，紫色之花。这是回忆色，沉思季节的色彩。紫色是一种老成、可信的表示，同时又是不可抑制的崛起意念。

十一月，果实世界。深秋季节，正是各种水果成熟之际，到处洋溢着甜美的水果色彩和芳香，花礼中也可加入水果作点缀。

十二月，红色花。红色代表圣诞、热情。送一束可以点燃人心的红色花，在冬季相信谁都会喜欢。

附录4　玫瑰花数量代表的意义

送玫瑰花除了向受赠者表达爱慕外，还可用来传递友情、亲情，表示尊敬、

仰慕,向受赠者祝福,不一而足。不同数量的鲜花有着各不相同的含义,送花者及受花者皆需对此有一定的了解,方能正确表达与理解送花的含义。

不同数量的花朵所代表的含义:

1 朵 你是我的唯一

2 朵 你侬我侬

3 朵 我爱你

4 朵 山盟海誓

5 朵 无怨无悔

6 朵 顺利

7 朵 喜相逢

8 朵 弥补

9 朵 长相守

10 朵 十全十美,完美的你

11 朵 最爱

12 朵 圆满

13 朵 暗恋的人

15 朵 守住你的人

16 朵 成长的喜悦

17 朵 钟情

19 朵 一生守候

20 朵 两情相悦

22 朵 双双对对

24 朵 思念

25 朵 没有猜忌

26 朵 旧爱新欢

30 朵 不需言语的爱

33 朵 深情呼唤我爱你

36 朵 浪漫心情全因为有你

44 朵　亘古不变的誓言

50 朵　这是无悔的爱

56 朵　吾爱

66 朵　细水长流

77 朵　相逢自是有缘

88 朵　用心弥补一切的错

99 朵　天长地久

100 朵　直到永远，求婚

101 朵　百分之百，白头偕老

108 朵　无尽的爱

123 朵　爱情自由

144 朵　爱情日日月月，生生世世

365 朵　天天爱你

999 朵　长长久久，亘古不变

附录5　中国部分城市市花

城市	市花	城市	市花	城市	市花	城市	市花
北京	月季、菊花	上海	玉兰	天津	月季	重庆	山茶
香港	红花羊蹄甲	郑州	月季	济南	荷花	沈阳	玫瑰
济宁	月季、荷花	长春	君子兰	福州	茉莉	蚌埠	月季
杭州	桂花	西安	石榴	焦作	月季	西宁	丁香
昆明	云南山茶	长沙	杜鹃花	广州	木棉	湛江	洋紫荆
武汉	山茶、水杉	南宁	扶桑	许昌	荷花	常德	栀子花
无锡	杜鹃花、梅花	大理	高山杜鹃	扬州	琼花	丹东	杜鹃花
衡阳	月季、山茶花	十堰	石榴、月季	洛阳	牡丹	张家口	大丽花
贵阳	兰花、紫薇	株洲	红檵木	东川	白兰花	哈尔滨	紫丁香
南京	梅花、雪松	汕头	凤凰木	玉溪	扶桑	井冈山	杜鹃花

续表

城市	市花	城市	市花	城市	市花	城市	市花
泰州	月季、梅花	桂林	桂花	漳州	水仙	连云港	石榴
芜湖	茉莉、白兰花	成都	木芙蓉	绍兴	兰花	丹江口	梅花
肇庆	鸡蛋花、荷花	岳阳	栀子花	巢湖	杜鹃花	马鞍山	桂花
泉州	刺桐、含笑	枣庄	石榴	梅州	梅花	余姚	杜鹃花
嘉兴	杜鹃花、石榴	南阳	桂花	金华	山茶	佳木斯	玫瑰
淮北	梅花、月季	兰州	玫瑰	深圳	三角花	景德镇	山茶

附录6　世界各地送花禁忌

在社会交往活动中，鲜花越来越成为最受消费者欢迎的礼品。实际上并不是任何鲜花都可以送给亲朋好友。在不同地区和国度，同一种花朵被赋予不同的寓意，有些花的意思是非常不吉利的，所以送花的时候要注意。

比如在西方，玫瑰象征爱情，康乃馨则表示伤感或拒绝，单独送人时必须谨慎细致。

比如在拉丁美洲、法国、意大利和西班牙，千万不能送菊花，人们将菊花看作"妖花"，只有人死了才会送束菊花。但是德国人和荷兰人对菊花却十分喜爱。

在印度和欧洲国家，玫瑰和白色百合花是送死者的虔诚悼念品。

欧美一带人在悲痛的时候，不要用鲜花作为赠物。

日本人最讨厌莲花，他们认为莲花是人死后的那个世界用的花。

在中国，百合花象征着百年好合，但英国、加拿大、印度等国家却认为百合花代表"死亡"，因此不能送百合花给这些国家的人。

德国和瑞士不喜欢送红玫瑰给已婚（或已有男友）的女士，因为红玫瑰代表爱情，会使女士的丈夫（或男友）产生误会。

德国人视郁金香为"无情之花"，送郁金香就表示绝交。

不同的花色，不同地域的人解释成的寓意也各不相同，应该要十分注意。

比如在巴西，绛紫的花经常用于葬礼。

比如在法国，黄色的花预示着不忠诚。

瑞士人一般认为红玫瑰带有浪漫色彩，送花给瑞士朋友时不要用红玫瑰，以免产生误会。

英国人一般不喜欢观赏或栽植红色的花。

送不同朵花，还代表着不同意思，也有禁忌

罗马尼亚人什么颜色的花都喜欢，但一般送花时，只送单数不送双数，过生日的时候却例外，如果您参加好朋友的生日酒会，将两枝鲜花的花瓶放在餐桌上，那是最受欢迎的。

在广东、香港等地，因方言关系，探视病人时切勿带剑兰（"见难"）。

不同的民族对鲜花的色彩有着不同的讲究

日本人不喜欢4、6、9这些数字，因为他们的发音分别和"死""无赖""劳苦"相似，都是非常不吉利的。

俄罗斯人忌讳"13"，他们认为这个数宁是凶险和死亡的象征，而"7"则意味着幸运和成功。

探望病人的花束或花篮不要香气过浓或色彩过于素淡，不利于病人恢复健康。也不要送整盆的花，以免病人误会为久病成根。看望病人适合送水仙、马蹄莲等，或选用病人平时喜欢的品种，有利于病人早日康复。

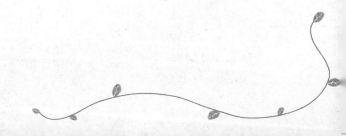

─ 参考文献

[1] 马西兰 . 观叶植物种植与欣赏 . 天津：天津科技翻译出版公司，2012.

[2] 陶克，赵存才等 . 品味花木 . 北京：中国林业出版社，2012.

[3] 霍文娟，李仕宝等 . 家庭水培花卉养护 . 天津：天津科技翻译出版公司，2012.

[4] 凤莲，向敏等 . 家庭养花实用大全集 . 北京：新世界出版社，2011.

[5] 张鲁归等 . 家庭花卉选择 . 上海：上海科学普及出版社，2010.

[6] 李作文，关正君 . 园林宿根花卉 400 种 . 沈阳：辽宁科学技术出版社，2007.

[7] 黄元森等 . 易养花卉的 59 种要领 . 济南：科学技术出版社，2007.

[8] 张秀新等 . 观叶花卉 . 青岛：青岛出版社，2001.

[9] 黄中英，崔庄 . 家庭养花一本通 . 深圳：海天出版社，2001.

[10] 秦瑞明等 . 北方花卉栽培技术 . 哈尔滨：黑龙江科学技术出版社，2000.

欢迎订阅农业类图书

书号	书名	定价/元
18211	苗木栽培技术丛书——樱花栽培管理与病虫害防治	15.0
18194	苗木栽培技术丛书——杨树丰产栽培与病虫害防治	18.0
15650	苗木栽培技术丛书——银杏丰产栽培与病虫害防治	18.0
15651	苗木栽培技术丛书——树莓蓝莓丰产栽培与病虫害防治	18.0
18188	作物栽培技术丛书——优质抗病烤烟栽培技术	19.8
17494	作物栽培技术丛书——水稻良种选择与丰产栽培技术	19.8
17426	作物栽培技术丛书——玉米良种选择与丰产栽培技术	23.0
16787	作物栽培技术丛书——种桑养蚕高效生产及病虫害防治技术	23.0
16973	A级绿色食品——花生标准化生产田间操作手册	21.0
18095	现代蔬菜病虫害防治丛书——茄果类蔬菜病虫害诊治原色图鉴	59.0
17973	现代蔬菜病虫害防治丛书——西瓜甜瓜病虫害诊治原色图鉴	39.0
17964	现代蔬菜病虫害防治丛书——瓜类蔬菜病虫害诊治原色图鉴	59.0
17951	现代蔬菜病虫害防治丛书——菜用玉米菜用花生病虫害及菜田杂草诊治图鉴	39.0
17912	现代蔬菜病虫害防治丛书——葱姜蒜薯芋类蔬菜病虫害诊治原色图鉴	39.0
17896	现代蔬菜病虫害防治丛书——多年生蔬菜、水生蔬菜病虫害诊治原色图鉴	39.8
17789	现代蔬菜病虫害防治丛书——绿叶类蔬菜病虫害诊治原色图鉴	39.9
17691	现代蔬菜病虫害防治丛书——十字花科蔬菜和根菜类蔬菜病虫害诊治原色图鉴	39.9
17445	现代蔬菜病虫害防治丛书——豆类蔬菜病虫害诊治原色图鉴	39.0
16916	中国现代果树病虫原色图鉴（全彩大全版）	298.0
16833	设施园艺实用技术丛书——设施蔬菜生产技术	39.0
16132	设施园艺实用技术丛书——园艺设施建造技术	29.0
16157	设施园艺实用技术丛书——设施育苗技术	39.0
16127	设施园艺实用技术丛书——设施果树生产技术	29.0
09334	水果栽培技术丛书——枣树无公害丰产栽培技术	16.8
14203	水果栽培技术丛书——苹果优质丰产栽培技术	18.0
09937	水果栽培技术丛书——梨无公害高产栽培技术	18
10011	水果栽培技术丛书——草莓无公害高产栽培技术	16.8
10902	水果栽培技术丛书——杏李无公害高产栽培技术	16.8
12279	杏李优质高效栽培掌中宝	18

如需以上图书的内容简介、详细目录以及更多的科技图书信息，请登录 www.cip.com.cn。

邮购地址：(100011) 北京市东城区青年湖南街 13 号 化学工业出版社

服务电话：010-64518888，64519683（销售中心）；如要出版新著，请与编辑联系：010-64519351